21世纪高等学校计算机教育实用规划教材

大学计算机基础

刘月凡　陈鑫影　李瑞　编著

清华大学出版社
北京

内 容 简 介

本书内容分为两篇,共 16 章。

第一篇 基础篇(第 1 章~第 10 章)主要介绍:计算机基础知识(包括主要介绍计算机基本知识、信息表示、计算机系统结构);Internet 基础;软件技术基础(包括程序设计基础,软件工程基础、数据库技术基础);操作系统基础。

第二篇 操作篇(第 11 章~第 16 章)主要介绍:中文 Windows 10 操作系统;中文 Microsoft Office 2016(包括文字处理软件 Word 2016,实用电子表格软件 Excel 2016,演示文稿软件 PowerPoint 2016);Internet 网络基础(包括 Internet 网络技术及应用,网页制作的基本方法)。

通过本书的学习,不但可以较全面地了解计算机通识性基础知识,学会计算机的基本操作,掌握应用计算机解决问题的基本方法,也为学习程序设计等后继课程打下必要的基础。

本书可以作为高等院校计算机专业本科、专科低年级学生学习计算机基础的入门教材,还可以作为科技人员自学参考书。

本书封面贴有清华大学出版社防伪标签,无标签者不得销售。
版权所有,侵权必究。举报:010-62782989,beiqinquan@tup.tsinghua.edu.cn。

图书在版编目(CIP)数据

大学计算机基础/刘月凡,陈鑫影,李瑞编著. —北京:清华大学出版社,2020.9
21 世纪高等学校计算机教育实用规划教材
ISBN 978-7-302-56244-3

Ⅰ.①大… Ⅱ.①刘… ②陈… ③李… Ⅲ.①电子计算机-高等学校-教材 Ⅳ.①TP3

中国版本图书馆 CIP 数据核字(2020)第 151699 号

责任编辑:贾 斌
封面设计:常雪影
责任校对:徐俊伟
责任印制:沈 露

出版发行:清华大学出版社
网　　址:http://www.tup.com.cn,http://www.wqbook.com
地　　址:北京清华大学学研大厦 A 座　　邮　　编:100084
社 总 机:010-62770175　　邮　　购:010-83470235
投稿与读者服务:010-62776969,c-service@tup.tsinghua.edu.cn
质量反馈:010-62772015,zhiliang@tup.tsinghua.edu.cn
课件下载:http://www.tup.com.cn,010-83470236

印 装 者:三河市龙大印装有限公司
经　　销:全国新华书店
开　　本:185mm×260mm　　印　张:20　　字　数:500 千字
版　　次:2020 年 10 月第 1 版　　印　次:2020 年 10 月第 1 次印刷
印　　数:1~2500
定　　价:59.00 元

产品编号:087789-01

出版说明

随着我国高等教育规模的扩大以及产业结构调整的进一步完善,社会对高层次应用型人才的需求将更加迫切。各地高校紧密结合地方经济建设发展需要,科学运用市场调节机制,合理调整和配置教育资源,在改革和改造传统学科专业的基础上,加强工程型和应用型学科专业建设,积极设置主要面向地方支柱产业、高新技术产业、服务业的工程型和应用型学科专业,积极为地方经济建设输送各类应用型人才。各高校加大了使用信息科学等现代科学技术提升、改造传统学科专业的力度,从而实现传统学科专业向工程型和应用型学科专业的发展与转变。在发挥传统学科专业师资力量强、办学经验丰富、教学资源充裕等优势的同时,不断更新教学内容、改革课程体系,使工程型和应用型学科专业教育与经济建设相适应。计算机课程教学在从传统学科向工程型和应用型学科转变中起着至关重要的作用,工程型和应用型学科专业中的计算机课程设置、内容体系和教学手段及方法等也具有不同于传统学科的鲜明特点。

为了配合高校工程型和应用型学科专业的建设和发展,急需出版一批内容新、体系新、方法新、手段新的高水平计算机课程教材。目前,工程型和应用型学科专业计算机课程教材的建设工作仍滞后于教学改革的实践,如现有的计算机教材中有不少内容陈旧(依然用传统专业计算机教材代替工程型和应用型学科专业教材),重理论、轻实践,不能满足新的教学计划、课程设置的需要;一些课程的教材可供选择的品种太少;一些基础课的教材虽然品种较多,但低水平重复严重;有些教材内容庞杂,书越编越厚;专业课教材、教学辅助教材及教学参考书短缺,等等,都不利于学生能力的提高和素质的培养。为此,在教育部相关教学指导委员会专家的指导和建议下,清华大学出版社组织出版本系列教材,以满足工程型和应用型学科专业计算机课程教学的需要。本系列教材在规划过程中体现了如下一些基本原则和特点。

(1) 面向工程型与应用型学科专业,强调计算机在各专业中的应用。教材内容坚持基本理论适度,反映基本理论和原理的综合应用,强调实践和应用环节。

(2) 反映教学需要,促进教学发展。教材规划以新的工程型和应用型专业目录为依据。教材要适应多样化的教学需要,正确把握教学内容和课程体系的改革方向,在选择教材内容和编写体系时注意体现素质教育、创新能力与实践能力的培养,为学生知识、能力、素质协调发展创造条件。

(3) 实施精品战略,突出重点,保证质量。规划教材建设仍然把重点放在公共基础课和专业基础课的教材建设上;特别注意选择并安排一部分原来基础比较好的优秀教材或讲义修订再版,逐步形成精品教材;提倡并鼓励编写体现工程型和应用型专业教学内容和课程体系改革成果的教材。

（4）主张一纲多本，合理配套。基础课和专业基础课教材要配套，同一门课程可以有多本具有不同内容特点的教材。处理好教材统一性与多样化，基本教材与辅助教材，教学参考书，文字教材与软件教材的关系，实现教材系列资源配套。

（5）依靠专家，择优选用。在制订教材规划时要依靠各课程专家在调查研究本课程教材建设现状的基础上提出规划选题。在落实主编人选时，要引入竞争机制，通过申报、评审确定主编。书稿完成后要认真实行审稿程序，确保出书质量。

繁荣教材出版事业，提高教材质量的关键是教师。建立一支高水平的以老带新的教材编写队伍才能保证教材的编写质量和建设力度，希望有志于教材建设的教师能够加入到我们的编写队伍中来。

21世纪高等学校计算机教育实用规划教材编委会

联系人：魏江江　weijj@tup.tsinghua.edu.cn

前言

《大学计算机基础》教材是在上几版的基础上进行了大量修改,计算机基础课程是大学新生入校的第一门计算机课程,也是大学各专业学生必修的公共基础课程,是学习其他计算机相关技术课程的基础课。

本书是按照 21 世纪高等学校非计算机专业大学生培养目标和教育部高等学校非计算机专业计算机基础课程教学指导委员会提出的最新教学要求和大纲的精神,根据当前学生的实际情况,结合了一线教师教学的实际经验编写而成。为了紧跟科技发展,与时代发展同步,在编写过程中,我们及时吸纳了当今计算机学科发展中最新出现的技术成果,保证了教材内容"新"的特点。

全书内容分为两篇,共 16 章,主要安排如下:

第一篇 基础篇(第 1 章~第 10 章)主要介绍:计算机基础知识(包括主要介绍计算机基本知识、信息表示、计算机系统结构);Internet 基础;软件技术基础(包括程序设计基础,软件工程基础、数据库技术基础);操作系统基础。

第二篇 操作篇(第 11 章~第 16 章)主要介绍:中文 Windows 10 操作系统;中文 Microsoft Office 2016(包括文字处理软件 Word 2016,实用电子表格软件 Excel 2016,演示文稿软件 PowerPoint 2016);Internet 网络基础(包括 Internet 网络技术及应用,网页制作的基本方法)。

通过本书的学习,不但可以较全面地了解计算机通识性基础知识,学会计算机的基本操作,掌握应用计算机解决问题的基本方法,也为学习程序设计等后继课程打下必要的基础。

本书内容丰富、图文并茂、语言流畅、通俗易懂、可操作性强,既有对基本理论及使用方法的透彻讲解,又注重实例与技巧的融会贯通。本书既可作为高等学校各专业大学计算机基础课程的教材,也可以作为各类计算机培训班和成人同类课程的教材或作为计算机爱好者学习计算机技术的参考用书。为了方便读者在学完每章内容后,检验学习效果并加深对每章内容的理解和掌握,本书在每章的最后都给出了相应的习题.并在附录中提供了部分习题的参考答案。

本书的操作篇由刘月凡编写,其中的 Windows 部分由陈鑫影编写,基础篇由李瑞编写,全书由刘月凡统稿。另外,徐克圣、张一帆、汪洋、孙俊、朱鹤祥、刘俊斑、李睿、孙鹏和张磊等同志也参加了编写工作并在整理过程中做了许多工作,在此表示感谢。

由于编者水平所限,加之计算机技术发展迅速,书中不妥之处在所难免,恳请读者批评指正,先在此表达我们的谢意!

编 者

2020 年 6 月

目 录

第一篇 基础篇

第 1 章 计算机概述 … 3
1.1 计算机的诞生 … 3
1.2 计算机的发展 … 3
1.3 计算机的特点 … 5
1.4 计算机的分类 … 5
1.5 计算机的应用 … 6
1.6 计算机系统组成 … 7
    1.6.1 计算机系统 … 7
    1.6.2 计算机的软件系统 … 9
    1.6.3 计算机的工作过程 … 9
    1.6.4 微型计算机 … 10
习题 … 12

第 2 章 计算机中的数据表示 … 15
2.1 数制 … 15
2.2 数制转换 … 16
2.3 计算机中的数据存储及其表示 … 20
习题 … 23

第 3 章 多媒体计算机 … 25
3.1 多媒体技术的基本概念 … 25
3.2 多媒体系统的组成 … 25
3.3 多媒体文件格式及标准 … 27
3.4 信息媒体数字化技术 … 28
3.5 音频处理技术 … 28
    3.5.1 声音的基本特征 … 28
    3.5.2 声音数字化的过程 … 29
    3.5.3 音频信息编码 … 29

3.5.4　MIDI 技术 ································ 29
　3.6　数字图像处理技术 ································ 29
　　　3.6.1　图形与图像的概念 ···················· 29
　　　3.6.2　图像的颜色模型 ························ 30
　　　3.6.3　图像的数字化过程 ···················· 30
　　　3.6.4　数字图像的技术指标 ················· 30
　3.7　视频处理技术 ·· 31
　　　3.7.1　视频的概念 ································ 31
　　　3.7.2　视频数字化的过程 ···················· 31
　　　3.7.3　数字视频压缩标准 ···················· 31
　3.8　多媒体技术的应用 ································ 31
　习题 ·· 32

第 4 章　计算机网络 ···································· 34

　4.1　计算机网络概述 ···································· 34
　4.2　计算机网络的发展 ································ 34
　4.3　计算机网络的体系结构 ························ 35
　4.4　计算机网络的拓扑结构 ························ 37
　4.5　计算机网络的分类 ································ 39
　4.6　计算机网络的功能 ································ 40
　习题 ·· 40

第 5 章　计算机病毒及其防治 ······················ 42

　5.1　计算机病毒概述 ···································· 42
　5.2　计算机病毒的特点 ································ 43
　5.3　计算机病毒的来源及其传播途径 ········· 44
　5.4　计算机病毒的防治 ································ 44
　5.5　计算机使用安全常识 ···························· 45
　习题 ·· 46

第 6 章　Internet 基础知识 ···························· 48

　6.1　Internet 概述 ·· 48
　　　6.1.1　Internet 的定义 ···························· 48
　　　6.1.2　Internet 的特点 ···························· 48
　6.2　Internet 的发展历程 ······························ 49
　　　6.2.1　Internet 的产生与发展 ················ 49
　　　6.2.2　Internet 在中国 ···························· 50
　　　6.2.3　Internet 的发展方向 ···················· 50
　6.3　Internet 提供的服务 ······························ 50

         6.3.1 WWW 服务 ·· 51
         6.3.2 FTP 服务 ·· 51
         6.3.3 远程登录服务 ·· 51
         6.3.4 电子邮件服务 ·· 52
     6.4 Internet 技术知识 ·· 52
         6.4.1 TCP/IP ·· 52
         6.4.2 子网掩码 ··· 55
         6.4.3 域名系统 ··· 56
         6.4.4 Internet 工作方式 ·· 56
     习题 ·· 56

第 7 章 程序设计基础 ·· 58

     7.1 算法概述 ·· 58
         7.1.1 算法的概念 ··· 58
         7.1.2 算法的表示 ··· 59
     7.2 程序设计概述 ·· 61
         7.2.1 程序的概念 ··· 61
         7.2.2 程序设计语言 ··· 62
         7.2.3 程序设计方法 ··· 64
     7.3 结构化程序设计 ·· 64
     7.4 面向对象程序设计 ·· 65
         7.4.1 面向对象基本概念 ··· 65
         7.4.2 面向对象分析 ··· 66
         7.4.3 面向对象设计 ··· 67
     习题 ·· 68

第 8 章 软件工程基础 ·· 70

     8.1 软件工程概述 ·· 70
         8.1.1 软件工程的定义 ··· 70
         8.1.2 软件生命周期 ··· 70
         8.1.3 软件工程的基本目标 ··· 72
         8.1.4 软件工程的原则 ··· 72
     8.2 需求分析 ·· 73
         8.2.1 可行性研究 ··· 73
         8.2.2 需求分析目标和任务 ··· 74
         8.2.3 结构化分析方法 ··· 74
     8.3 软件设计 ·· 76
     8.4 软件测试 ·· 77
     8.5 程序调试 ·· 79

习题 ………………………………………………………………………………………… 80

第 9 章　数据库设计基础 ………………………………………………………………… 82

9.1　数据库系统概述 …………………………………………………………………… 82
9.1.1　数据库基本概念 ……………………………………………………………… 82
9.1.2　数据管理技术发展 …………………………………………………………… 82
9.2　数据模型 ……………………………………………………………………………… 83
9.2.1　数据模型的组成要素 ………………………………………………………… 83
9.2.2　概念模型 ……………………………………………………………………… 84
9.2.3　最常用的数据模型 …………………………………………………………… 84
9.3　数据库系统结构 …………………………………………………………………… 85
9.3.1　数据库系统模式的概念 ……………………………………………………… 85
9.3.2　数据库系统的三级模式结构 ………………………………………………… 85
9.3.3　数据库系统的组成 …………………………………………………………… 86
9.4　数据库系统设计 …………………………………………………………………… 86
9.4.1　需求设计 ……………………………………………………………………… 86
9.4.2　概念设计 ……………………………………………………………………… 87
9.4.3　逻辑设计 ……………………………………………………………………… 88
9.4.4　物理设计 ……………………………………………………………………… 88

习题 ………………………………………………………………………………………… 90

第 10 章　操作系统基础知识 …………………………………………………………… 91

10.1　操作系统概述 ……………………………………………………………………… 91
10.1.1　什么是操作系统 …………………………………………………………… 91
10.1.2　操作系统的形成和发展 …………………………………………………… 92
10.2　操作系统功能与分类 ……………………………………………………………… 94
10.2.1　操作系统的功能 …………………………………………………………… 94
10.2.2　操作系统的分类 …………………………………………………………… 95

习题 ………………………………………………………………………………………… 97

第二篇　操作篇

第 11 章　中文 Windows 10 操作系统 ………………………………………………… 101

11.1　Windows 10 基础知识 …………………………………………………………… 101
11.1.1　系统启动与关闭系统 ……………………………………………………… 101
11.1.2　使用鼠标 …………………………………………………………………… 102
11.2　Windows 10 系统界面 …………………………………………………………… 103
11.2.1　系统桌面 …………………………………………………………………… 103
11.2.2　任务栏 ……………………………………………………………………… 104

11.2.3 "开始"菜单 ·································· 106
　　　11.2.4 窗口 ··· 108
　　　11.2.5 Aero 界面 ······························· 109
　11.3 Windows 10 自动工具的使用 ········· 110
　　　11.3.1 快捷方式 ································· 110
　　　11.3.2 记事本 ····································· 112
　　　11.3.3 画图 ··· 112
　　　11.3.4 计算器 ····································· 113
　11.4 Windows 10 系统设置 ······················ 116
　　　11.4.1 控制面板 ································· 116
　　　11.4.2 应用程序的卸载 ····················· 117
　　　11.4.3 控制硬件设备 ························· 117
　　　11.4.4 输入法设置 ····························· 118
　　　11.4.5 字体管理 ································· 119
　　　11.4.6 界面的美化 ····························· 120
　11.5 文件管理 ·· 122
　　　11.5.1 文件和文件夹的相关概念 ····· 122
　　　11.5.2 "计算机"和"资源管理器" ··· 124
　　　11.5.3 文件或文件夹的创建 ············· 127
　　　11.5.4 重命名文件或文件夹 ············· 129
　　　11.5.5 移动与复制文件或文件夹 ····· 130
　　　11.5.6 删除文件或文件夹 ················· 132
　　　11.5.7 文件或文件夹的属性 ············· 134
　习题 ··· 135

第 12 章　字处理软件——Word 2016 ········ 136

　12.1 输入与编辑物业告知书 ···················· 136
　　　12.1.1 情景引入 ································· 136
　　　12.1.2 作品展示 ································· 137
　　　12.1.3 知识链接 ································· 137
　　　12.1.4 任务实施 ································· 139
　　　12.1.5 拓展知识 ································· 146
　习题 ··· 148
　12.2 编排打印招生简章文档 ···················· 148
　　　12.2.1 情景引入 ································· 148
　　　12.2.2 作品展示 ································· 148
　　　12.2.3 知识链接 ································· 148
　　　12.2.4 任务实施 ································· 150
　习题 ··· 160

12.3 制作公司简介文档 ······ 160
    12.3.1 情景引入 ······ 160
    12.3.2 作品展示 ······ 161
    12.3.3 知识链接 ······ 161
    12.3.4 任务实施 ······ 161
习题 ······ 171
12.4 制作求职简历 ······ 171
    12.4.1 情景引入 ······ 171
    12.4.2 作品展示 ······ 171
    12.4.3 知识链接 ······ 171
    12.4.4 任务实施 ······ 171
    12.4.5 拓展知识 ······ 178
习题 ······ 180
12.5 编排毕业论文 ······ 180
    12.5.1 情景引入 ······ 180
    12.5.2 作品展示 ······ 180
    12.5.3 知识链接 ······ 180
    12.5.4 任务实施 ······ 181
习题 ······ 187

第13章 表格处理软件——Excel 2016 ······ 188

13.1 输入并编辑学生成绩表 ······ 188
    13.1.1 情景引入 ······ 188
    13.1.2 知识链接 ······ 189
    13.1.3 任务实施 ······ 191
习题 ······ 199
13.2 设置学生成绩表格式 ······ 199
    13.2.1 情景引入 ······ 199
    13.2.2 知识链接 ······ 199
    13.2.3 任务实施 ······ 200
习题 ······ 207
13.3 编辑和保护职称统计表 ······ 207
    13.3.1 情景引入 ······ 207
    13.3.2 知识链接 ······ 208
    13.3.3 任务实施 ······ 208
习题 ······ 212
13.4 计算学生成绩表数据 ······ 212
    13.4.1 情景引入 ······ 212
    13.4.2 知识链接 ······ 212

    13.4.3 任务实施 ·· 215
  习题 ··· 219
 13.5 管理图书销售表数据 ··· 219
    13.5.1 情景引入 ·· 219
    13.5.2 知识链接 ·· 219
    13.5.3 任务实施 ·· 220
  习题 ··· 226
 13.6 制作图书销售图表和数据透视表 ·· 226
    13.6.1 情景引入 ·· 226
    13.6.2 知识链接 ·· 227
    13.6.3 任务实施 ·· 228
  习题 ··· 234

第 14 章 演示文稿制作软件——PowerPoint 2016 ·· 235

 14.1 制作北京旅游宣传册的第 1 张幻灯片 ··· 235
    14.1.1 情景引入 ·· 235
    14.1.2 知识链接 ·· 236
    14.1.3 任务实施 ·· 237
  习题 ··· 241
 14.2 制作北京旅游宣传册的其他幻灯片 ·· 241
    14.2.1 情景引入 ·· 241
    14.2.2 知识链接 ·· 241
    14.2.3 任务实施 ·· 241
  习题 ··· 252
 14.3 设置交互和动画效果 ··· 252
    14.3.1 情景引入 ·· 252
    14.3.2 知识链接 ·· 252
    14.3.3 任务实施 ·· 253
  习题 ··· 260
 14.4 放映和打包北京旅游宣传册演示文稿 ·· 260
    14.4.1 情景引入 ·· 260
    14.4.2 知识链接 ·· 260
    14.4.3 任务实施 ·· 261
  习题 ··· 265

第 15 章 Internet 应用 ··· 266

 15.1 连接 Internet ··· 266
    15.1.1 Internet 连接方式 ·· 266
    15.1.2 IP 地址的设置 ··· 267

15.2 IE 浏览器 ··· 268
　　15.2.1 IE 浏览器的组成 ·· 268
　　15.2.2 IE 浏览器的设置 ·· 268
　　15.2.3 用 IE 浏览器访问网页 ·· 275
15.3 电子邮件 ··· 275
　　15.3.1 电子邮件初识 ·· 276
　　15.3.2 申请电子邮箱 ·· 276
　　15.3.3 收发邮件 ·· 276
15.4 Internet 资源搜索 ··· 278
　　15.4.1 搜索引擎 ·· 278
　　15.4.2 页面保存 ·· 279
　　15.4.3 文件下载 ·· 279
习题 ··· 280

第 16 章　网页设计 ·· 281

16.1 HTML 语言 ·· 281
　　16.1.1 HTML 的基本框架 ·· 281
　　16.1.2 HTML 标记 ·· 283
16.2 Dreamweaver 简介 ··· 288
　　16.2.1 Dreamweaver 8 初识 ·· 289
　　16.2.2 简单操作 ·· 290
　　16.2.3 页面布局 ·· 291
　　16.2.4 网页制作举例 ·· 293
16.3 Flash 简介 ··· 294
　　16.3.1 Flash 8 初识 ··· 294
　　16.3.2 基本操作 ·· 296
　　16.3.3 绘图工具 ·· 298
习题 ··· 299

附录　大学计算机基础习题答案 ·· 300

参考文献 ··· 305

第一篇 基础篇

第1章　计算机概述

自 1946 年世界上第一台电子数学计算机诞生以来,计算机已经广泛而深入地渗透到人类社会的各个领域。从科研、生产、国防、文化、教育、直到家庭生活都离不开计算机。计算机的使用不仅限于计算机专业人员,而且也已经成为现代人类参加政治、社会、经济、科技活动的新工具,是人类社会进入信息时代的重要标志。

计算机是一种能够快速地自动完成信息处理的电子装置,它能按照程序引导的确定步骤,对输入数据进行加工处理、存储或者传递,以便获得所期望的输出信息。

1.1　计算机的诞生

1946 年 2 月 14 日,在美国宾夕法尼亚大学的莫尔电机学院,世界上第一台现代电子计算机"埃尼阿克"(ENIAC)呈现在人们面前。这个庞然大物占地面积达 170m^2,重达 30t。在 1 秒钟内能进行 5000 次加法运算和 500 次乘法运算,这比当时最快的继电器计算机的运算速度要快 1000 多倍。还有一种说法认为,美籍保加利亚人、物理学家阿塔纳索夫才是第一台电子计算机的发明者。早在 1939 年 12 月,他就造出了世界上第一台电子计算机,但由于当时正值二战,他没有申请专利,也没有公布资料。尽管众说纷纭,"埃尼阿克"仍然是多数人公认的世界上第一台电子计算机,60 年前的情人节也因此被永远载入了人类发明史册。

1.2　计算机的发展

在短短的半个多世纪里,计算机技术发展飞速,当今的社会已经离不开计算机了,特别是计算机的核心处理器的发展已经渗透到世界和生活中的每个角落,计算机也已经不是单纯的一种模式,诸如手机等移动终端都可以看作计算机发展的延续。但是从它的发展历史来看,今天仍然认为它经过了四个重要的历史阶段,这四个阶段的划分主要是以电子元器件来划分的。

第一代是电子管计算机(1945—1956 年),它的特点是采用电子管作为原件,标志现代计算机诞生的"埃尼阿克"在费城公诸于世。ENIAC 代表了计算机发展史上的里程碑,还拥有并行计算能力。"埃尼阿克"由美国政府和宾夕法尼亚大学合作开发,使用了 18 000 个电子管、70 000 个电阻器,有 500 万个焊接点,耗电 160kW,也是第一台普通用途计算机。

第二代是晶体管计算机(1956—1963 年),晶体管代替了体积庞大的电子管,电子设备的体积不断减小。1956 年,晶体管在计算机中使用,晶体管和磁芯存储器导致了第二代计算机的产生。第二代计算机体积小、速度快、功耗低、性能更稳定。

第三代是集成电路计算机(1964—1971年),这里指的集成电路是中小规模集成电路。虽然晶体管比起电子管是一个明显的进步,但晶体管还是产生大量的热量,这会损害计算机内部的敏感部分。直到1958年发明了集成电路(IC),将三种电子元件结合到一片小小的硅片上。使更多的元件集成到单一的半导体芯片上。于是,计算机变得更小,功耗更低,速度更快。

第四代是大规模集成电路计算机(1971—现在),其最显著特点是大规模集成电路和超大规模集成电路的运用。大规模集成电路的采用,使得计算机向微型化发展。第四代计算机在语言和操作系统方面发展尤快。形成了软件工程,建立了数据库,出现了大量工具软件。在应用方面,第四代计算机全面建立了计算机网络,实现了计算机之间的相互信息交流。多媒体技术崛起,计算机集图形、图像、声音、文字处理于一体。第四代计算机还通过超线程技术(HTT技术),使处理器的性能得到很大提高。

如果从今天的发展看,这样的划分可能不能反映真实情况,特别是第四代过于笼统了,好像计算机停滞不前了似的,到底怎样来划分更能体现计算机的发展呢?至今还没有一个更有说服力的说法。

目前,计算机在处理速度、存储容量、网络化,以及软件的精巧化方面经多年的发展,已经以难以想象的方式渗入科学、商业和文化领域中,而智能工程又将令其从量变转向质的飞跃。当前计算机的发展趋势逐渐向巨型化、微型化、网络化、多媒体化和智能化发展。

1. 巨型化

巨型化是指发展高速度、大存储容量和强功能的巨型计算机。速度对于科学计算中的巨型计算机就像它对于战场上的战斗机一样重要。用于尖端科学技术研究、国家机构、军事等。

2. 微型化

因大规模、超规模集成电路的出现,计算机微型化迅速。因为微型化可渗透到许多中、小型机无法进入的领地,所以20世纪80年代以来发展异常迅速。预计性能指标将持续提高,而价格持续下降。微型化就是进一步提高集成度,利用高性能的超大规模集成电路研制质量更加可靠、性能更加优良、价格更加低廉、整机更加小巧的微型计算机,比如移动终端等都属于这个范畴。

3. 网络化

从单机走向联网是计算机发展的必然结果。在一定地理区域内,将分布在不同地点、不同机型的计算机和专门的外部设备由通信线路互联组成一个规模大、功能强的网络系统,以达到共享信息、共享资源的目的。网络化能充分利用计算机的宝贵资源并扩大计算机的使用范围,为用户提供方便、及时、可靠、广泛、灵活的信息服务,同样的移动终端等的出现催生了自媒体时代的来临。

4. 多媒体化

多媒体是"以数字技术为核心的图像、声音与计算机、通信等融为一体的信息环境"的总称。多媒体技术的目标是无论在什么地方,只需要简单的设备就能自由自在的以接近自然的交互方式收发所需要的各种媒体信息。

5. 智能化

智能化是建立在现代科学基础之上、综合性很强的边缘学科。它是让计算机模拟人的感觉、行为、思维过程的机理，使计算机具备视觉、听觉、语言、行为、思维、逻辑推理、学习、证明等能力，形成智能型、超能型计算机。智能化使计算机突破了"计算"这一初级的含义。从本质上扩充了计算机的能力，可以越来越多地代替人类脑力劳动。

1.3 计算机的特点

1. 快速的运算能力

电子计算机的工作基于电子脉冲电路原理，由电子线路构成其各个功能部件，其中电场的传播是其主要作用。现在高性能计算机每秒能进行几百亿次以上的加法运算。

2. 足够高的计算精度

电子计算机的计算精度在理论上不受限制，一般的计算机均能达到15位有效数字，通过一定的技术手段，可以实现任何精度要求。

3. 超强的记忆能力

计算机中有许多存储单元，用以记忆信息。内部记忆能力，是电子计算机和其他计算工具的一个重要区别。由于具有内部记忆信息的能力，在运算过程中就可以不必每次都从外部去取数据，而只需事先将数据输入到内部的存储单元中，运算时即可直接从存储单元中获得数据，从而大大提高了运算速度。而且它记忆力特别强。

4. 复杂的逻辑判断能力

人是有思维能力的。思维能力本质上是一种逻辑判断能力，也可以说是因果关系分析能力。借助于逻辑运算，可以让计算机做出逻辑判断，分析命题是否成立，并可根据命题成立与否做出相应的对策。

5. 按程序自动工作的能力

一般的机器是由人控制的，人给机器一个指令，机器就完成一个操作。计算机的操作也是受人控制的，但由于计算机具有内部存储能力，可以将指令事先输入计算机存储起来，在计算机开始工作以后，从存储单元中依次去取指令，用来控制计算机的操作，从而使人们可以不必干预计算机的工作，实现操作的自动化。

1.4 计算机的分类

计算机种类很多，可以从不同的角度对计算机进行分类。

（1）按照计算机原理可以将计算机分为：数字式电子计算机、模拟式电子计算机和数字混合式电子计算机。数字式电子计算机是用不连续的数字量即"0"和"1"来表示信息，其基本运算部件是数字逻辑电路。数字式电子计算机的精度高、存储量大、通用性强，能进行科学计算、信息处理、实时控制、智能模拟等方面的工作；模拟式电子计算机是用连续变化的模拟量即电压来表示信息，其基本运算部件是由运算放大器构成的微分器、积分器、通用函数运算器等运算电路组成。模拟式电子计算机解题速度极快，但精度不高、信息不易存储、通用性差，它一般用于解微分方程或自动控制系统设计中的参数模拟；数字混合式电子计算机是综合了上述两种计算机中的长处设计出来的。它既能处理数字量,又能处理模拟量。但是这种计算机结构复杂,设计困难。

(2) 按照计算机用途可以将计算机分为:通用计算机和专用计算机。通用计算机具有一定的运算速度,一定的存储容量,带有通用的外部设备,配备各种系统软件、应用软件。一般的数字式电子计算机多属此类;专用计算机是为解决一个或一类特定问题而设计的计算机。它的硬件和软件的配置依据解决特定问题的需要而定,并不求全。专用机功能单一,配有解决特定问题的固定程序,能高速、可靠地解决特定问题。一般在过程控制中使用此类计算机。

按照计算机性能可以将计算机分为:巨型机、小巨型机、大型机、小型机、工作站、微型计算机。计算机的性能主要是指其字长、运算速度、存储容量、外部设备配置、软件配置以及价格高低等。1981 年 11 月,美国电气和电子工程师学会(IEEE)根据当时计算机的性能及发展趋势,将计算机分为巨型机、大型机、小型机、工作站和微型计算机和单片机等。机器的复杂度也由复杂到简单排序,性能由高到低排序。

1.5 计算机的应用

随着计算机技术的不断发展,计算机的应用领域越来越广泛,应用水平越来越高,已经渗透到各行各业,改变着人们传统的工作、学习和生活方式,推动着人类社会的不断发展。计算机的应用包括以下几个方面:数值计算、数据处理、实时控制、计算机辅助设计(Computer Aided Design,CAD)、计算机辅助教学(Computer Aided Instruction,CAI)和人工智能(Artificial Intelligence,AI)等。

1. 数值计算

科学计算是指利用计算机来完成科学研究和工程技术中提出的数学问题的计算。在现代科学技术工作中,科学计算问题是大量的和复杂的。利用计算机的高速计算、大存储容量和连续运算的能力,可以实现人工无法解决的各种科学计算问题。因而,时至今日,数值计算仍然是计算机应用的一个重要领域。

2. 数据处理

数据处理是指对各种数据进行收集、存储、整理、分类、统计、加工、利用、传播等一系列活动的统称。据统计,80%以上的计算机主要用于数据处理,这类工作量大面宽,决定了计算机应用的主导方向。

3. 实时控制

实时控制也叫作过程控制,就是用计算机对连续工作的控制对象实行自动控制。要求计算机能及时搜集检测信号,通过计算处理,发出调节信号对控制对象进行自动调节。过程控制应用中的计算机对输入信息的处理结果的输出总是实时进行的。

4. 计算机辅助设计

计算机辅助设计是利用计算机系统辅助设计人员进行工程或产品设计,以实现最佳设计效果的一种技术。它已广泛地应用于飞机、轻工、机械、电子、建筑和汽车等领域。例如,在建筑设计过程中,可以利用 CAD 技术进行力学计算、结构计算、绘制建筑图纸等,这样不但提高了设计速度,而且可以大大提高设计质量。

5. 计算机辅助教学

计算机辅助教学是利用计算机系统使用课件来进行教学。课件可以用著作工具或高级语言来开发制作,它能引导学生循序渐进地学习,使学生轻松自如地从课件中学到所需要的知识。CAI 的主要特色是交互教育、个别指导和因人施教。

6. 人工智能

人工智能是计算机模拟人类的智能活动,诸如感知、判断、理解、学习、问题求解和图像识别等。现在人工智能的研究已取得不少成果,有些已开始走向实用阶段。例如,能模拟高水平勘测专家进行危险地带勘测的专家系统,具有一定思维能力的智能机器人等。

7. 网络应用

计算机技术与现代通信技术的结合构成了计算机网络。计算机网络的建立,不仅解决了一个单位、一个地区、一个国家中计算机与计算机之间的通信,各种软、硬件资源的共享,也大大促进了国际间的文字、图像、视频和声音等各类数据的传输与处理。

8. 娱乐

计算机正在走进家庭,在工作之余人们使用计算机欣赏 VCD 影碟和音乐,进行游戏娱乐等。

9. 移动终端

手机等移动终端的出现,使得人类社会生活发生了翻天覆地的变化,淘宝等手机 App 平台,微博、微信、QQ 等使得计算机的发展深入到人们生活的各个角落。

1.6 计算机系统组成

计算机系统由硬件系统和软件系统组成:硬件系统是指构成计算机的电子线路、电子元器件和机械装置等物理设备,看得见,摸得着,是一些实实在在的有形实体;软件系统是指程序及有关程序的技术文档资料。

1.6.1 计算机系统

计算机系统是由硬件系统和软件系统两部分组成的,而我们平时只能看到计算机的硬件,软件是在计算机系统内部运行的程序,其实现过程是无法看到的。计算机系统结构如图 1.1 所示。

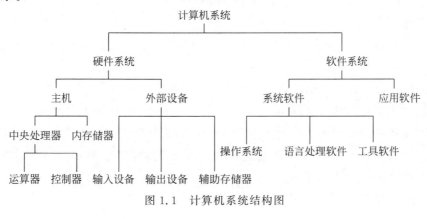

图 1.1 计算机系统结构图

硬件系统是指构成计算机的一些看得见、摸得着的物理设备,它是计算机软件运行的基础。从计算机的外观看,它是由主机、显示器、键盘和鼠标等几个部分组成,具体是由五大功能部件组成,即运算器、控制器、存储器、输入设备和输出设备。这五大功能部件相互配合,协同工作。其中,运算器和控制器集成在一片或几片大规模或超大规模集成电路中,称之为中央处理器(Center Processing Unit,CPU)。硬件系统采用总线结构,各个部件之间通过总线相连构成一个统一的整体。

主板也称为母板或者系统板,它是计算机的心脏部分。主板包含了所有的电子器件及接口。计算机通过主板将CPU等各种部件和外部设备有机地结合在一起,形成一套完整的系统。在正常运行时,系统对存储设备和其他I/O设备的操作和控制都必须通过主板来完成,因此计算机的整体运行速度和稳定性在很大程度上取决于主板的性能。

中央处理器是整台计算机的核心部件。它主要由控制器和运算器组成,是采用大规模集成电路工艺制成的芯片,又称为微处理器芯片。运算器又称为算术逻辑单元(ALU)。它是计算机对数据进行加工处理的部件,包括算术运算(加、减、乘、除等)和逻辑运算(与、或、非、异或比较等)。控制器负责从存储器中取出指令,对指令进行译码,并根据指令的要求,按时间的先后顺序向各部件发出控制信号,保证各部件协调一致地工作,一步一步地完成各种操作。控制器主要由指令寄存器、译码器、程序计数器和操作控制器等组成。

计算机中大部分操作都要通过内存才能实现。它不仅是CPU直接寻址的存储器,而且还是CPU与外部设备交流的桥梁,用来存放程序和等待处理的数据。内存一般分为只读存储器、随机存储器和高速缓存3种。

只读存储器ROM。在ROM中信息是被永久性地刻在ROM存储单元中的。其中的信息只能被读出,而不能写入或者删除。但实际上ROM又分为4种。ROM:真正意义上的只读存储器;PROM:可编程ROM,允许一次性写入数据,一旦写入不能再被修改;EPROM:可擦写可编程ROM,利用紫外线照射来进行擦写;EEPROM:电可擦写可编程ROM,利用电来进行擦写。

随机存储器RAM。即平常所说的内存,存储的是CPU需要处理和已经处理的数据以及中间的运算结果等,一旦系统断电就会丢失。当前RAM分为静态随机存储器SRAM和动态随机存储器DRAM两种。SRAM读写速度快,但集成度低,一般容量不大,常用作系统的高速缓存;DRAM即我们通常所说的计算机的物理内存,集成度高、功耗低,适于做大容量的存储器。

高速缓存RDRAM即接口动态随机内存。与ROM和RAM相比其运行速率高,但造价太高。

显示器是与计算机主机相连的最基本的输出设备。它将输入计算机的程序、数据、图形以及计算机处理后的信息以人们可以识别的形式显示出来,是人机交互的主要工具之一。显示器按照显像管的类型可以分为CRT显示器和LCD显示器两大类。CRT显示器是目前市场上的主流产品,一般用户所购买的显示器都属于这一类。与CRT显示器相比,LCD显示器具有很多优点,不但工作电压低、功耗小、无辐射,而且完全平面、无闪烁、无失真,还可以减轻眼睛的疲劳。

1.6.2 计算机的软件系统

计算机软件(Computer Software,也称软件)是指计算机系统中的程序及其文档。程序是计算任务的处理对象和处理规则的描述。文档是为了便于了解程序所需的阐明性资料。软件是用户与硬件之间的接口界面。用户主要是通过软件与计算机进行交流。软件是计算机系统设计的重要依据。

软件是一系列按照特定顺序组织的计算机数据和指令的集合。一般来讲软件被划分为系统软件、应用软件和介于这两者之间的中间件。其中系统软件为计算机使用提供最基本的功能,但是并不针对某一特定应用领域。而应用软件则恰好相反,不同的应用软件根据用户和所服务的领域提供不同的功能。

简单地说软件就是程序加文档的集合体。软件被应用于世界的各个领域,对人们的生活和工作都产生了深远的影响。根据软件用途通常将其分为两大类:系统软件和应用软件。

系统软件是负责管理计算机系统中各种独立的硬件,使得它们可以协调工作。系统软件使得计算机使用者和其他软件将计算机当作一个整体而不需要顾及底层每个硬件是如何工作的。一般来讲,系统软件包括操作系统和一系列基本的工具如数据库管理、文件系统管理和驱动管理等。

应用软件是为了某种特定的用途而被开发的软件。常见的有以下几种:文字处理软件如 WPS、Word 等、信息管理软件、辅助设计软件如 AutoCAD、实时控制软件、教育与娱乐软件等。

1.6.3 计算机的工作过程

计算机的工作过程就是执行程序的过程,而程序由指令序列组成,因此,执行程序的过程,就是执行指令序列的过程,即逐条地执行指令。由于执行每一条指令,都包括取指令与执行指令两个基本阶段,所以,计算机的工作过程,也就是不断地取指令和执行指令的过程。到目前为止,计算机的工作原理均采用冯·诺依曼的存储程序方式,即把程序存储在计算机内,由计算机自动存取指令并执行它。冯·诺依曼思想实际上是电子计算机设计的基本思想,奠定了现代电子计算机的基本结构,开创了程序设计的时代。计算机的基本结构如图 1.2 所示。

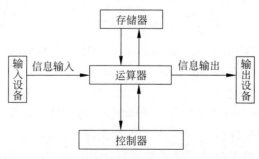

图 1.2 计算机的基本结构

存储程序和程序控制原理是计算机的基本工作原理。程序是指为解决一个信息处理任

务而预先编制的工作执行方案。原理的基本内容是:

采用二进制形式表示数据和指令;

将程序(数据和指令序列)预先存放在存储器中,使计算机在工作时能够自动高速地从存储器中取出指令,并加以执行;

由运算器、控制器、存储器、输入设备、输出设备五大基本部件组成计算机系统,并规定了这五大部件的基本功能。

1.6.4 微型计算机

微型计算机可按系统规模划分,分为单片机、单板机、个人计算机、便携式微机、工作站等几种类型,它也是由硬件系统和软件系统两大部分组成的。微型计算机的硬件系统由中央处理器(CPU)、存储器、主板、输入输出设备等部件组成。微型计算机的软件系统包括系统软件和一系列系统实用程序,如编辑程序、编译程序、调试程序、汇编程序等。

1) 中央处理器

中央处理器一般由逻辑运算单元、控制单元和存储单元组成。在逻辑运算和控制单元中包括一些寄存器,这些寄存器用于 CPU 在处理数据过程中数据的暂时保存,简单地讲是由控制器和运算器两部分组成。它是计算机的核心部件。微型计算机的所有操作都受 CPU 控制,所以它的性能指标直接影响着整个计算机系统的性能。其主要性能指标有:

(1) 主频也叫作时钟频率,单位是 MHz,用来表示 CPU 的运算速度。CPU 的主频=外频×倍频系数。CPU 的主频与 CPU 实际的运算能力是没有直接关系的,主频表示在 CPU 内数字脉冲信号震荡的速度。

(2) 外频是 CPU 的基准频率,单位也是 MHz。CPU 的外频决定着整块主板的运行速度。在台式机中,我们所说的超频,都是超 CPU 的外频(当然一般情况下,CPU 的倍频都是被锁住的)。但对于服务器 CPU 来讲,超频是绝对不允许的。前面说到 CPU 决定着主板的运行速度,两者是同步运行的,如果把服务器 CPU 超频了,改变了外频,会产生异步运行,(台式机很多主板都支持异步运行)这样会造成整个服务器系统的不稳定。

外频与前端总线(FSB)频率很容易被混为一谈,下面在前端总线中介绍两者的区别。FSB 频率(即总线频率)是直接影响 CPU 与内存直接数据交换速度。有一条公式可以计算,即数据带宽=(总线频率×数据位宽)/8,数据传输最大带宽取决于所有同时传输的数据的宽度和传输频率。例如,现在支持 64 位的至强 Nocona 处理器,前端总线是 800MHz,按照公式,它的数据传输最大带宽是 6.4GB/s。外频与 FSB 频率的区别:前端总线的速度指的是数据传输的速度,外频是 CPU 与主板之间同步运行的速度。也就是说,100MHz 外频特指数字脉冲信号在每秒钟振荡一千万次;而 100MHzFSB 指的是每秒钟 CPU 可接受的数据传输量是 100MHz×64bit÷8bit/Byte=800MB/s。

2) 存储器

微型计算机存储器指计算机的内部存储区域,以芯片格式和集成电路形式存在。"存储器"通常视为物理存储器的简称,作为保留数据的实际可用芯片。有些计算机也使用虚拟存储器,即在硬盘上扩展物理存储器。存储器分为 ROM 和 RAM 两种基本类型。

ROM(只读存储器):在 ROM 中,只读数据是预先记录的,不能被移动。ROM 不易于丢失,也就是,不管计算机处于开机还是关机状态,ROM 始终保留其内部内容。大多数个人计算机的 ROM 较小，主要用于存储一些关键性程序，诸如用来启动计算机的程序。另外，ROM 也用于计算器及外围设备等，如激光打印机，其字体存储于 ROM 中。ROM 还存在一些扩展变量，如可编程只读存储器(PROM)，即采用专用 PROM 编程器在空白芯片上写入数据。

RAM(随机存储器)：该存储器中的内容可以以任意顺序存取(读、写和移动)。时序存储器设备正好与其形成对比，如磁带、唱片等，其存储介质的机械运动驱使计算机必须以固定顺序存取数据。RAM 通常负责计算机中主要的存储任务，如数据和程序等动态信息的存储。RAM 的通用格式包括 SRAM(静态 RAM)和 DRAM(动态 RAM)。

3) 输入输出设备

输入设备是用户和计算机系统之间进行信息交换的主要装置之一。键盘、鼠标、摄像头、扫描仪、光笔、手写输入板、游戏杆、语音输入装置等都属于输入设备。是人或外部与计算机进行交互的一种装置，用于把原始数据和处理这些数的程序输入计算机中。计算机的输入设备按功能可分为字符输入设备：键盘；光学阅读设备：光学标记阅读机、光学字符阅读机；图形输入设备：鼠标器、操纵杆、光笔；图像输入设备：摄像机、扫描仪、传真机；模拟输入设备：语言模数转换识别系统。

键盘(Keyboard)是常用的输入设备，它是由一组开关矩阵组成，包括数字键、字母键、符号键、功能键及控制键等。每一个按键在计算机中都有它的唯一代码。当按下某个键时，键盘接口将该键的二进制代码送入计算机主机中，并将按键字符显示在显示器上。当快速大量输入字符，主机来不及处理时，先将这些字符的代码送往内存的键盘缓冲区，然后再从该缓冲区中取出进行分析处理。键盘接口电路多采用单片微处理器，由它控制整个键盘的工作，如通电时对键盘的自检、键盘扫描、按键代码的产生、发送及与主机的通信等。

鼠标器(Mouse)是一种手持式屏幕坐标定位设备，它是适应菜单操作的软件和图形处理环境而出现的一种输入设备，特别是在现今流行的 Windows 图形操作系统环境下应用鼠标器方便快捷。常用的鼠标器有两种，一种是机械式的，另一种是光电式的。

输出设备将计算机处理的结果转换成人们能够识别的数字、字符、图像、声音等形式显示、打印或播放出来。常用的输出设备是显示器、打印机、绘图仪等。近年来，传统 CRT 显示器的显像管从球面发展到柱面，又从柱面发展到纯平面，在视觉效果上获得了很大的飞跃，不过，长久以来，显示器与显示卡之间的通信接口，一直采用传送模拟信号的 VGA 接口为主，而随着液晶显示器的进一步普及，先进的 DVI 数字信号接口也逐步走进人们的生活。

4) 微型计算机的性能指标

微型计算机功能的强弱或性能的好坏，不是由某项指标来决定的，而是由它的系统结构、指令系统、硬件组成、软件配置等多方面的因素综合决定的。但对于大多数普通用户来说，可以从以下几个指标来综合评价计算机的性能。

(1) 字长。一般来说，计算机在同一时间内处理的一组二进制数称为一个计算机的"字"，而这组二进制数的位数就是"字长"。在其他指标相同时，字长越大计算机处理数据的速度就越快。早期的微型计算机的字长一般为 8 位和 16 位。586(Pentium，Pentium Pro，PentiumⅡ，PentiumⅢ，Pentium 4)大多是 32 位，有些微机已达到 64 位。

(2) 运算速度。运算速度是衡量计算机性能的一项重要指标。通常所说的计算机运算速度(平均运算速度)，是指每秒钟所能执行的指令条数，一般用"百万条指令/秒"(mips，

Million Instruction Per Second)来描述。同一台计算机,执行不同的运算所需时间可能不同,因而对运算速度的描述常采用不同的方法。

(3) 内存容量。内存储器中能存储的信息总字节数称为内存容量。所谓字节(Byte)是作为一个单位来处理的一串二进制数位,通常以 8 个二进制位(bit)作为一个字节。随着操作系统的升级,应用软件的不断丰富及其功能的不断扩展,人们对计算机内存容量的需求也不断提高。目前,运行 Windows XP 需要 128MB 以上的内存容量。内存容量越大,系统功能就越强大,能处理的数据量就越庞大。

(4) 外存储器的容量。外存储器容量通常是指硬盘容量(包括内置硬盘和移动硬盘)。外存储器容量越大,可存储的信息就越多,可安装的应用软件就越丰富。目前,硬盘容量一般为 80GB,有的甚至已达到 160GB。

(5) 主频即时钟频率。它在很大程度上决定了计算机的运行速度。主频单位是兆赫兹(MHz)。一般来说,主频越高,运算速度就越快。

衡量一台计算机系统的性能指标很多,除上面列举的五项主要指标外,还应考虑机器的兼容性(包括数据和文件的兼容、程序兼容、系统兼容和设备兼容),系统的可靠性(平均无故障工作时间 MTBF),系统的可维护性(平均修复时间 MTTR),机器允许配置的外部设备的最大数目,计算机系统的汉字处理能力,数据库管理系统及网络功能等。其中性能/价格比是一项综合性评价计算机性能的指标。

习　　题

一、选择题

1. 计算机的发展趋势有(　　)。
   A. 巨型化　　　　　B. 微型化　　　　　C. 网络化　　　　　D. 对媒体化
   E. 智能化
2. 计算机的特点有(　　)。
   A. 快速的运算能力　　　　　　　　　B. 足够高的计算精度
   C. 超强的记忆能力　　　　　　　　　D. 复杂的逻辑判断能力
3. 按照计算机原理可以将计算机分为(　　)。
   A. 数字式电子计算机　　　　　　　　B. 模拟式电子计算机
   C. 混合式电子计算机　　　　　　　　D. 网络式电子计算机
4. 按照计算机用途可以将计算机分为(　　)。
   A. 通用计算机　　　　　　　　　　　B. 专用计算机
   C. 数字计算机　　　　　　　　　　　D. 模拟计算机
5. 按照计算机性能可以将计算机分为(　　)。
   A. 巨型机　　　　　B. 大型机　　　　　C. 小型机　　　　　D. 微型机
   E. 小巨型机　　　　F. 工作站
6. 计算机软件运行的基础是(　　)。
   A. 硬件　　　　　　　　　　　　　　B. 程序
   C. CPU　　　　　　　　　　　　　　D. 主机

7. 显示器按照显像管的类型可以分为( )显示器和( )显示器两大类。
   A. CRT   B. LCD   C. CRD   D. LBD
8. ( )是指为解决一个信息处理任务而预先编制的工作执行方案。
   A. 算法   B. 指令   C. 程序   D. 数据
9. 到目前为止,计算机的工作原理均采用( )的存储程序方式,即把程序存储在计算机内,由计算机自动存取指令并执行它。
   A. 埃克特   B. 爱克特   C. 冯·诺依曼   D. 莫奇利
10. 微型计算机的所有操作都受( )控制,所以它的性能指标直接影响着整个计算机系统的性能。
    A. 硬件   B. 程序   C. CPU   D. 主机
11. 常用的鼠标器有两种,一种是( )的,另一种是( )的。
    A. 机械式   B. 数字式   C. 光电式   D. 模拟式
12. 常用的输出设备是( )、( )、( )。
    A. 显示器   B. 打印机   C. 鼠标   D. 绘图仪
13. ( )都是常用的输入设备。
    A. 鼠标   B. 打印机   C. 键盘   D. 摄像头
14. 微型计算机功能的强弱或性能的好坏,不是由某项指标来决定的,而是由它的( )、( )、( )、( )等多方面的因素综合决定的。
    A. 系统结构   B. 软件配置   C. 指令系统   D. 硬件组成

二、填空题
1. 计算机的应用主要有_____、_____、_____。
2. 第一台电子计算机诞生于_____年
3. 计算机于1946年问世以来短短的半个多世纪里,它经过了四个重要的历史阶段分别为_____、_____、_____、_____。
4. _____代表了计算机发展史上的里程碑,它采用电子管作为原件,标志现代计算机的诞生。
5. 第四代电子计算机是大规模集成电路计算机(1971年至现在),其最显著特点是_____的运用。
6. 计算机系统是由_____和_____两部分组成。
7. 整台计算机的核心部件是_____。
8. _____和_____原理是计算机的基本工作原理。
9. _____是一系列按照特定顺序组织的计算机数据和指令的集合。
10. 一般软件被划分为_____、_____和介于这两者之间的中间件。
11. 计算机中用_____来表示CPU的运算速度。
12. 存储器分为两种基本类型_____和_____。
13. 衡量计算机运算速度的单位是_____。
14. 一般来说,计算机在同一时间内处理的一组二进制数称为一个计算机的"字",而这组二进制数的位数就是_____。
15. 内存储器中能存储的信息总字节数称为_____。

三、简答题

1. 第一台电子计算机是如何诞生的?
2. 计算机的发展趋势是什么?
3. 计算机可以按照哪几种方式分类?
4. 计算机系统是如何组成的?
5. 计算机的工作原理是什么?
6. 什么是中央处理器?

第 2 章　计算机中的数据表示

数据是计算机处理的对象，数据对象包括多种类型，如数、字符、汉字、图像、声音等。其中，数有大小和正负之分，还有不同的进位计数制。人们已经知道在计算机中的数据采用二进制数，但是如何表示数的正负和大小等问题，这是学习计算机首先遇到的一个重要问题。

2.1　数　　制

数制也称计数制，是指用一组固定的符号和统一的规则来表示数值的方法。按进位的方法进行计数，称为进位计数制。下面介绍各种进制数的表示：

1. 十进制数

在十进制数中：

(1) 在十进制数中出现的数字字符有 10 个：0、1、2、3、4、5、6、7、8 和 9。

(2) 对任何一个 n 位整数，m 位小数的十进制数，都可按权展开，其展开形式表示为：

$$N = a_{n-1} \times 10^{n-1} + \cdots + a_1 \times 10^1 + a_0 \times 10^0 + a_{-1} \times 10^{-1} + \cdots + a_{-m} \times 10^{-m}$$

即 $N = \sum_{i=-m}^{n-1} a_i \times 10^i$。如十进制数 246.32 可以表示为：$(246.32)_{10} = 2 \times 10^2 + 4 \times 10^1 + 6 \times 10^0 + 3 \times 10^{-1} + 2 \times 10^{-2}$。

(3) 可以看出，权值为 10，因此基数为 10。

(4) 每一位计数的原则为"逢十进一"。

2. 二进制数

在二进制数中：

(1) 在二进制数中出现的数字字符只有 2 个：0 与 1。

(2) 对任何一个 n 位整数，m 位小数的二进制数，可表示为：

$$N = a_{n-1} \times 2^{n-1} + \cdots + a_1 \times 2^1 + a_0 \times 2^0 + a_{-1} \times 2^{-1} + \cdots + a_{-m} \times 2^{-m}$$

即 $N = \sum_{i=-m}^{n-1} a_i \times 2^i$。上式即为二进制数按权展开的形式。不难看出，它与十进制数的差别仅仅在于进位基数变化了，每个位的"权"表现为 2 的幂次关系，即相邻两位相同数码代表的值互为 2 倍关系。如二进制数 10010.001 可以表示为：$(10010.001)_2 = 1 \times 2^4 + 0 \times 2^3 + 0 \times 2^2 + 1 \times 2^1 + 0 \times 2^0 + 0 \times 2^{-1} + 0 \times 2^{-2} + 1 \times 2^{-3}$。

(3) 基数为 2。

(4) 每一位计数的原则为"逢二进一"。

3. 八进制数

在八进制数中:

(1) 在八进制数中出现的数字字符有 8 个:0、1、2、3、4、5、6、7。

(2) 对任何一个 n 位整数,m 位小数的八进制数,可表示为:

$$N = a_{n-1} \times 8^{n-1} + \cdots + a_1 \times 8^1 + a_0 \times 8^0 + a_{-1} \times 8^{-1} + \cdots + a_{-m} \times 8^{-m}$$

即 $N = \sum_{i=-m}^{n-1} a_i \times 8^i$。上式即为八进制数按权展开的形式。它与二进制数的差别也仅仅在于进位基数变化了,每个位的"权"表现为 $8(2^3)$ 的幂次关系,即相邻两位相同数码代表的值互为 8 倍关系。如八进制数 246.3 可以表示为:$(246.3)_8 = 2 \times 8^2 + 4 \times 8^1 + 6 \times 8^0 + 3 \times 8^{-1}$。

(3) 基数为 8。

(4) 每一位计数的原则为"逢八进一"。

4. 十六进制数

在十六进制数中:

(1) 在十六进制数中出现的数字字符有 16 个:0、1、2、3、4、5、6、7、8、9、A、B、C、D、E 和 F。这里用 A、B、C、D、E、F 代表十进制数中 10、11、12、13、14、15。

(2) 对任何一个 n 位整数,m 位小数的十六进制数,可表示为:

$$N = a_{n-1} \times 16^{n-1} + \cdots + a_1 \times 16^1 + a_0 \times 16^0 + a_{-1} \times 16^{-1} + \cdots + a_{-m} \times 16^{-m}$$

即 $N = \sum_{i=-m}^{n-1} a_i \times 16^i$。上式即为十六进制数按权展开的形式。它与二进制数的差别主要在于进位基数变化了,每个位的"权"表现为 $16(2^4)$ 的幂次关系,即相邻两位相同数码代表的值互为 16 倍关系。如十六进制数 246.3 可以表示为:$(246.3)_{16} = 2 \times 16^2 + 4 \times 16^1 + 6 \times 16^0 + 3 \times 16^{-1}$。

(3) 基数为 16。

(4) 每一位计数的原则为"逢十六进一"。

2.2 数制转换

对于以上四种计算机理论研究中出现的数制,很重要的是要了解他们之间的转换,了解同一个数值在不同进制的表示形式。对于 0~15 四种数制之间的对应形式如表 2.1 所示。

表 2.1 0~15 四种数值之间的对应关系

十进制数	二进制数	八进制数	十六进制数
0	0	0	0
1	1	1	1
2	10	2	2
3	11	3	3
4	100	4	4
5	101	5	5
6	110	6	6
7	111	7	7

十进制数	二进制数	八进制数	十六进制数
8	1000	10	8
9	1001	11	9
10	1010	12	A
11	1011	13	B
12	1100	14	C
13	1101	15	D
14	1110	16	E
15	1111	17	F

超过15以上的数,一直这样推算下去不现实,显然需要了解他们用什么规则来转换,下面介绍一下计算机中四种数制的转换,可以分成三大类来介绍。

1. 二进制数、八进制数和十六进制数转换为十进制数

这三种进制转换为十进制数,使用的是同一种方法,就是计算展开式。下面举例说明:

【例2-1】 把二进制数$(1001.11)_2$转换成十进制数。

解:$(1001.11)_2 = 1\times2^3 + 0\times2^2 + 0\times2^1 + 1\times2^0 + 1\times2^{-1} + 1\times2^{-2}$
$= 8 + 0 + 0 + 1 + 0.5 + 0.25$
$= 9.75$

【例2-2】 把八进制数246.3转换成十进制数。

解:$(246.3)_8 = 2\times8^2 + 4\times8^1 + 6\times8^0 + 3\times8^{-1}$
$= 128 + 32 + 6$
$= 166$

【例2-3】 把十六进制数246.3转换成十进制数。

解:$(246.3)_{16} = 2\times16^2 + 4\times16^1 + 6\times16^0 + 3\times16^{-1}$
$= 512 + 64 + 6$
$= 582$

2. 二进制数、八进制数和十六进制数之间的互相转换

这三种数制之间的转换,采用的是分组取数的方法完成,下面举例说明。

1)二进制数转换成八进制数

对于整数,从低位到高位将二进制数的每三位分为一组,若不够三位时,在高位左面添0,补足三位,然后将每三位二进制数用一位八进制数替换,小数部分从小数点开始,自左向右每三位一组进行转换即可完成。二进制数与八进制数对应表(参考表2.2)。

表2.2 二进制数和八进制数对应关系

$(000)_2 = (0)_8$	$(001)_2 = (1)_8$	$(010)_2 = (2)_8$	$(011)_2 = (3)_8$
$(100)_2 = (4)_8$	$(101)_2 = (5)_8$	$(110)_2 = (6)_8$	$(111)_2 = (7)_8$

【例2-4】 二进制数转换成八进制数$(1101)_2 = (15)_8$从最低位开始对应如表2.3所示。

表 2.3　二进制数和八进制数转换

从低位到高位分组	1	101
高位补零后	001	101
转化为八进制数	1	5

得到最后的值为 15。

2）八进制数转换成二进制数

只要将每位八进制数用三位二进制数替换，即可完成转换，二进制数与八进制数对应关系如表 2.3 所示。

【例 2-5】 把八进制数 $(643.503)_8$ 转换成二进制数，则对应关系如表 2.4 所示。

表 2.4　八进制数和二进制数具体对应

八进制数	6	4	3	.	5	0	3
二进制数	110	100	011	.	101	000	011

即得 $(643.503)_8 = (110100011.101000011)_2$。

3）二进制数转换成十六进制数

由于 2 的 4 次方等于 16，所以依照二进制数与八进制数的转换方法，将二进制数的每四位用一个十六进制数来表示，整数部分以小数点为界点从右往左每四位一组转换，小数部分从小数点开始自左向右每四位一组进行转换；十六进制数转换成二进制数：如将十六进制数转换成二进制数，只要将每一位十六进制数用四位相应的二进制数表示，即可完成转换。二进制数与十六进制数对应如表 2.5 所示。

表 2.5　二进制数和十六进制数具体对应

$(0000)_2 = (0)_{16}$	$(0001)_2 = (1)_{16}$	$(0010)_2 = (2)_{16}$	$(0011)_2 = (3)_{16}$
$(0100)_2 = (4)_{16}$	$(0101)_2 = (5)_{16}$	$(0110)_2 = (6)_{16}$	$(0111)_2 = (7)_{16}$
$(1000)_2 = (8)_{16}$	$(1001)_2 = (9)_{16}$	$(1010)_2 = (A)_{16}$	$(1011)_2 = (B)_{16}$
$(1100)_2 = (C)_{16}$	$(1101)_2 = (D)_{16}$	$(1110)_2 = (E)_{16}$	$(1111)_2 = (F)_{16}$

【例 2-6】 把二进制数 $(101100011.01011011)_2$ 转换成十六进制数，则对应关系如表 2.6 所示。

表 2.6　二进制数和十六进制数具体对应

二进制数	0001	0110	0011	.	0101	1011
十六进制数	1	6	3	.	5	B

即 $(101100011.01011011)_2 = (163.5B)_{16}$。

4）十六进制数转换成二进制数

【例 2-7】 把十六进制数 $(163.5B)_{16}$ 转换成二进制数，则对应关系如表 2.7 所示。

表 2.7　十六进制数和二进制数具体对应

十六进制数	1	6	3	.	5	B
二进制数	0001	0110	0011	.	0101	1011

即$(163.5B)_{16} = (101100011.01011011)_2$。

八进制数和十六进制数之间的转换,可以通过二进制数作为桥梁来转换,具体情况,可以自行练习。

3. 十进制数转换成二进制数、八进制数和十六进制数

十进制数转换成二进制数、八进制数和十六进制数,采用的是基数法,下面先以十进制数转换成二进制数为例加以说明:

(1) 十进制数转换成二进制数,采用的方法为:"除 2 取余,倒排序",即"除基取余"法,十进制数整数除以 2 取余数作最低位系数 k_0,再取商继续除以 2 取余数作高一位的系数,如此继续直到商为 0 时停止,最后一次的余数就是整数部分最高有效位的二进制系数,依次所得到的余数序列就是转换成的二进制数。因为除数 2 是二进制的基数,所以这种算法称作"除基取余"法。

【**例 2-8**】 把十进制数 5 转换成二进制数,即$(5)_{10} = (101)_2$。

```
2 | 5      取余数
2 | 2  ……  1      ↑
2 | 1  ……  0
    0  ……  1
```

对于十进制小数转换成二进制数,采用"乘 2 取整,顺排序"的方法。该方法逐次用 2 去乘待转换的十进制小数,将每次得到的整数部分(0 或 1)依次记为二进制小数的小数点后的第 1 位、第 2 位、…。

【**例 2-9**】 把十进制数 0.25 转换成二进制小数,逐次乘以 2 取整,可得$(0.25)_{10} = (0.01)_2$。用竖式表示,则为:

```
      0.25
    ×   2       取整数
      0.5  ……  0      ↓
        0
      1.0  ……  1
```

需要注意的是,并非每一个十进制小数都能转换成有限位的二进制小数。如果连续乘以 2 取整,一定次数之后,结果恰好为 0,转换则自然结束,此十进制小数可以精确地用二进制小数表示出来。如果经多次乘以 2 取整后结果仍不为 0,说明需要更多位,甚至是无限位二进制小数才能精确地将这个十进制小数表示出来。但计算机中能提供的位数是一定的,因此,只要乘到满足一定精度要求时便可终止转换。例如:若将 0.57 转换成二进制小数,读者会发现,到若干位之后将出现循环,形成无限循环二进制小数。若采取一定精度,如转换到八位二进制数,则有$(0.57)_{10} \approx (0.10010001)_2$,此时若可满足所要求的精度,则转换可到此为止。一般情况,如果没有特殊说明,只精确算到四位就可以了。

(2) 十进制数转换成八进制数。十进制数转换成八进制的方法和转换成二进制的方法类似,唯一的变化是除数由 2 变成 8,因为八进制数的基数是 8,所以基数法变成为"除 8 取余,倒排序"。

【例 2-10】 把十进制数 120 转换成八进制数。

```
  8 | 120        取余数
  8 |  15  ………… 0
  8 |   1  ………… 7
      0    ………… 1
```

即 120 转换成八进制数,结果为 170。

(3) 十进制数转换成十六进制数。十进制数转换成十六进制数的方法,和转换成二进制数的方法类似,唯一的变化是除数由 2 变成 16。"除 16 取余,倒排序"。

【例 2-11】 同样是 120,转换成十六进制数则为:

```
  16 | 120       取余数
  16 |   7  ………… 8
       0    ………… 7
```

即 120 转换为十六进制数,结果为 78。

如果是小数,十进制数转换成八进制数就是"乘 8 取整,顺排序"十进制数转换成十六进制数就是"乘 16 取整,顺排序"。

显然,这样的计算量比较大,因此,推荐采用的方法是,只熟练掌握好十进制数转换成二进制数的方法,至于十进制数转换成八进制数和十六进制数,同样可以先转换成二进制数之后,再把二进制数转换为八进制数和十六进制数,这样就简化了计算方法,同时,同学们掌握起来也容易得多。

2.3 计算机中的数据存储及其表示

人们习惯于采用十进制计数制,简称十进制。但是计算机内部一律采用二进制数表示数及其他数据对象。二进制数有两个数字,即 0 和 1,它们使用具有两种稳定状态的电气组件很容易实现。

计算机中的数据的常用存储单位有位、字节和字。计算机中最小的数据存储单位是二进制的一个数位,简称为位(bit);8 位二进制数为一个字节(Byte)。一个字节由 8 个二进制位组成。字节是计算机中用来表示存储空间大小的基本容量单位;计算机数据处理时,一次存取、加工和传送的数据长度为字。一个字是由若干字节组成的(通常取字节的整数倍)。字是计算机进行数据存储和数据处理的运算单位。计算机中的数据存储分为数和字符两种,通常把数在计算机中的存储表示形式称为机器数;而字符在计算机中又分为西文和中文两类,他们一般采用编码的形式存储在计算机中。

1. 计算机中的机器数

数在计算机中的表示形式统称为机器数。最常用的机器数表示方法有三种:原码、反码和补码,当然,他们都是二进制数的,下面说到的每个位,指的都是二进制位。

1) 原码表示法

一个机器数 X 由符号位和有效数值两部分组成。设符号位为 X_0，X 真值的绝对值 $[X]=X_1X_2\cdots X_n$，X 的机器数原码表示为：$[X]_原=X_0X_1X_2\cdots X_n$；当 $X\geq 0$ 时，$X_0=0$（符号位为 0，表示为正）；当 $X<0$ 时，$X_0=1$（符号位为 1，表示符号为负）。符号位一般都在最高位，不代表数值意义。原码表示很直观，原码加减运算时符号位不能视同数值一样参加运算，运算规则复杂，运算时间长，而计算机大量的数据处理工作是加减运算，原码表示就很不方便了。

2) 反码表示法

一个负数的原码符号位不动，其余各位取反，就是机器数的另一种表示形式。正数的反码与原码相同。设 $[X]_原=X_0X_1X_2\cdots X_n$；当 $X_0=0$ 时，$[X]_反=X_0X_1X_2\cdots X_n$；当 $X_0=1$ 时，$[X]_反=X_0(1-X_1)(1-X_2)\cdots(1-X_n)$。

3) 补码表示法

对于二进制数还有一种更加简单的方法由原码求得补码。正数的补码表示与原码一样，$[X]_补=[X]_原$；负数的补码是取其原码的反码末位再加 1。

总结：正数的原码，反码和补码相同，只有负数的有不同。真值 +0 和 -0 的补码表示是一致的，但在原码和反码表示中具有不同的形式。机器数的表示，是受二进制数的位数影响的，8 位补码机器数可以表示 -128(10000000)，但不存在 +128 的补码，由此可知 8 位二进制补码能表示数的范围是 -128～127。而 -128 是一个特殊的补码。应该注意，不存在 -128 的 8 位原码和反码形式。（思考一下，16 位二进制数，哪个补码像 8 位二进制数的 -128 一样特殊）

【例 2-12】 求 8 位二进制数下 5 和 -5 的原码、反码和补码。

$[5]_原 = 00000101$ （最高位表示符号位，1 为负、0 为正）

$[5]_反 = 00000101$

$[5]_补 = 00000101$

可见，正数的原码、反码和补码都一样。

$[-5]_原 = 10000101$ （最高位表示符号位，1 为负，0 为正）

$[-5]_反 = 11111010$ （除了最高位的符号位不变，其他的二进制位 0 变 1，1 变 0）

$[-5]_补 = 11111011$ （反码的末位加 1）

【例 2-13】 求 16 位二进制数下 5 和 -5 的原码、反码和补码。

$[5]_原 = 0000000000000101$ （最高位表示符号位，1 为负，0 为正）

$[5]_反 = 0000000000000101$

$[5]_补 = 0000000000000101$

可见，正数的原码、反码和补码都一样。

$[-5]_原 = 1000000000000101$ （最高位表示符号位，1 为负，0 为正）

$[-5]_反 = 1\ 111111111111010$（除了最高位的符号位不变，其他的二进制位 0 变 1，1 变 0）

$[-5]_补 = 1\ 111111111111011$（反码的末位加 1）

在计算机中，数据经常是以补码的形式存放的，例如在 C 语言中，数据的存放就是以补码的形式存放的。

2. 计算机中字符的表示

计算机中的字符包括西文和中文两类，在计算机中，所有信息都是用二进制代码表示。

n位二进制代码能表示2的n次方个不同的字符,这些字符的不同组合就可表示不同的信息。为使计算机使用的数据能共享和传递,必须对字符进行统一的编码。

1)西文字符的编码

西文字符在计算机中最常用的编码就是 ASCII 码,ASCII 码(美国标准信息交换码)是使用最广泛的一种编码。ASCII 码由基本的 ASCII 码和扩充的 ASCII 码组成。在 ASCII 码中,把二进制位最高位为 0 的数字都称为基本的 ASCII 码,其范围是 0~127;把二进制位最高位为 1 的数字都称为扩展的 ASCII 码,其范围是 128~255。其中包括:10 个阿拉伯数字(0~9),26 个大写字母,26 个小写英文字母,以及各种运算符号、标点符号和控制字符等,ASCII 码表如表 2.8 所示。

表 2.8 ASCII 码值与字符对照

Dec	Char	Dec	Char	Dec	Char	Dec	Char
0	NUL(null)	32	(space)	64	@	96	`
1	SOH(start of headline)	33	!	65	A	97	a
2	STX(start of text)	34	"	66	B	98	b
3	ETX(end of text)	35	#	67	C	99	c
4	EOT(end of transmission)	36	$	68	D	100	d
5	ENQ(enquiry)	37	%	69	E	101	e
6	ACK(acknowledge)	38	&	70	F	102	f
7	BEL(bell)	39	'	71	G	103	g
8	BS(backspace)	40	(	72	H	104	h
9	HT(horizontal tab)	41	)	73	I	105	i
10	LF(NL line feed, new line)	42	*	74	J	106	j
11	VT(vertical tab)	43	+	75	K	107	k
12	FF(NP form feed, new page)	44	,	76	L	108	l
13	CR(carriage return)	45	-	77	M	109	m
14	SO(shift out)	46	.	78	N	110	n
15	SI(shift in)	47	/	79	O	111	o
16	DLE(data link escape)	48	0	80	P	112	p
17	DC1(device control 1)	49	1	81	Q	113	q
18	DC2(device control 2)	50	2	82	R	114	r
19	DC3(device control 3)	51	3	83	S	115	s
20	DC4(device control 4)	52	4	84	T	116	t
21	NAK(negative acknowledge)	53	5	85	U	117	u
22	SYN(synchronous idle)	54	6	86	V	118	v
23	ETB(end of trans. block)	55	7	87	W	119	w
24	CAN(cancel)	56	8	88	X	120	x
25	EM(end of medium)	57	9	89	Y	121	y
26	SUB(substitute)	58	:	90	Z	122	z
27	ESC(escape)	59	;	91	[	123	{
28	FS(file separator)	60	<	92	\	124	|
29	GS(group separator)	61	=	93	]	125	}
30	RS(record separator)	62	>	94	^	126	~
31	US(unit separator)	63	?	95	_	127	DEL(delete)

2) 汉字编码

汉字的输入编码为能直接使用西文标准键盘输入汉字,必须为汉字设计相应的输入编码方法。汉字在计算机中的编码不止一种。常用的有输入码、机内代码、字形码。

(1) 汉字的输入码(外码)。

汉字的输入码是为了将汉字通过键盘输入计算机而设计的代码。它分三类:数字编码、拼音编码、字形编码。数字编码:用4位十进制数字符串代表一个汉字,称国标区位码。国标区位码将国家标准局公布的6763个两级汉字(一级汉字:3755个;二级汉字:3008个)分为94个区,每个区分94位,也就是一个二维数组,区码和位码各两位十进制数。如"中"字的区位码是5448,它位于第54区48位上。国标区位码在计算机中如果用二进制数表示将占用两个字节,即区码占用一个字节,位码占用一个字节。拼音编码:全拼、双拼、微软拼音等。字形编码:按汉字的形状编码。如五笔字形、表形码等。

(2) 汉字内码。

汉字内码是用于汉字信息的存储、交换、检索等操作的机内代码,一般采用两个字节表示。英文字符的机内代码是七位的 ASCII 码,当用一个字节表示时,最高位为0,为与之相区别,汉字机内代码中两个字节的最高位均为1。即把汉字输入码(外码)中的国标区位码的两个字节的最高位都置成1,就是汉字内码。

(3) 汉字的字形码。

汉字的字形码是汉字字库中存储的汉字字形的数字化信息,用于汉字的显示和打印。目前汉字字形的产生方式大多是用点阵或矢量函数表示。一个汉字的点阵有多种表示:如 $16×16$、$24×24$、$32×32$、$48×48$ 等。一个汉字块中行数、列数分得越多,描绘的汉字也越细微,但占用的存储空间也就越多。汉字字形点阵中每个点的信息要用一位二进制码来表示。

【例2-14】 一个 $24×24$ 点阵占多少字节。

解:8位二进制位为一个字节,$24×24=576$ 个二进制位

576 除以 8 = 72 字节

习 题

一、选择题

1. 计算机中,数的表示采用( )。
   A. 十进制数　　　　B. 八进制数　　　C. 二进制数　　　D. 十六进制数
2. 数在计算机中的表示形式统称为机器数。最常用的机器数表示方法有( )。
   A. 源码表示法　　　　　　　　　　　B. 反码表示法
   C. 补码表示法　　　　　　　　　　　D. 原码表示法
3. 十进制数 123.75 转换成二进制数为( )。
   A. 1111010.11　　　　　　　　　　　B. 1111011.11
   C. 1111001.11　　　　　　　　　　　D. 1111011.01
4. 十进制数 0.45 转换成二进制数,保留四位小数为( )。
   A. 0.0111　　　　　　　　　　　　　B. 0.0110
   C. 0.0101　　　　　　　　　　　　　D. 0.0001

5. 八进制数 357.162 转换成二进制数为（　　）。
   A. 11101111.00111011　　　　B. 11101111.00111001
   C. 11100111.00111001　　　　D. 11101111.00110001

二、填空题

1. 数在计算机中的表示形式统称为机器数。最常用的机器数表示方法有_____、_____、_____。

2. 为使计算机使用的数据能共享和传递，必须对字符进行统一的编码_____。

3. 在 ASCII 码中，把二进制位最高位为 0 的数字都称为基本的 ASCII 码，其范围是_____、把二进制位最高位为 1 的数字都称为扩展的 ASCII 码，其范围是_____。

4. 十六进制数 5AB.8CE 转换成二进制数为_____。

5. 二进制数 101011110.10110001 转换成八进制数为_____。

三、简答题

1. 计算机中的数据是如何表示的？
2. 如何将十进制数转换成二进制数？
3. 计算机中的字符是如何存放的？

第 3 章　多媒体计算机

3.1　多媒体技术的基本概念

"多媒体"一词译自英文"Multimedia",即"Multiple"和"Media"的合成,其核心词是媒体。媒体(medium)在计算机领域有两种含义:即媒质和媒介。(媒质:存储信息的实体,如磁盘、光盘、磁带、半导体存储器等。媒介:传递信息的载体,如数字、文字、声音、图形和图像。)多媒体就是运用计算机综合处理多种媒体信息(如文本、声音、图形、图像、动画等),使多种信息建立逻辑链接(Logic Link),并集成一个具有交互性(Interactive)的系统。

多媒体是超媒体系统中的一个子集,超媒体系统是使用超链接构成的全球信息系统,全球信息系统是因特网上使用 TCP/IP 和 UDP/IP 的应用系统。二维的多媒体网页使用 HTML 来编写,而三维的多媒体网页使用 VRML 来编写。在目前许多多媒体作品使用光盘存储器发行,在将来多媒体作品更多地使用网络来发行。

通常概念的"媒体",可分为以下五种类型:感觉媒体、表示媒体、显示媒体、存储媒体和传输媒体。

(1) 感觉媒体:能直接作用于人们的感觉器官,从而能使人产生直接感觉的媒体。如语音、音乐、各种图像、动画、文本等。

(2) 表示媒体:为了传送感觉媒体而人为研究出来的媒体。借助于此种媒体,便能更有效地存储或传送感觉媒体。如语言编码、电报码等。

(3) 显示媒体:用于通信中使电信号和感觉媒体之间产生转换用的媒体。如输入/输出设施、键盘鼠标器、显示器、打印机等。

(4) 存储媒体:用于存放某种媒体的媒体,如纸张、磁带、磁盘、光盘等。

(5) 传输媒体:用于传输某些媒体的媒体,如电话线、电缆光纤等。

3.2　多媒体系统的组成

多媒体计算机是一组硬件和软件设备,它结合了各种视觉和听觉媒体,能够产生令人印象深刻的视听效果。多媒体计算机无非就是具有了多媒体处理功能的计算机(如早期的586机型),它的硬件结构与一般所用的计算机并无太大的差别,只不过是多了一些软硬件配置而已。一般用户如果要拥有多媒体计算机大概有两种途径:一是直接购买具有多媒体功能的 PC;二是在基本的 PC 上增加多媒体套件而构成多媒体计算机。今天,对计算机厂商和开发人员来说,多媒体计算机已经成为一种必须具有的技术规范。

多媒体计算机的基本配置：一般来说，多媒体个人计算机（MPC）的基本硬件结构可以归纳为七部分：(1)至少有一个功能强大、速度快的中央处理器（CPU）；(2)可管理、控制各种接口与设备的配置；(3)具有一定容量（尽可能大）的存储空间；(4)高分辨率显示接口与设备；(5)可处理音响的接口与设备；(6)可处理图像的接口设备；(7)可存放大量数据的配置等。

1. 多媒体系统的层次结构与组成

一般的多媒体系统应该包括如下 5 个层次的结构：多媒体硬件系统、多媒体软件系统、多媒体应用程序接口、创作工具和多媒体应用系统。

(1) 多媒体硬件系统：包括计算机硬件、声音/视频处理器、多种媒体输入、输出设备及信号转换装置、通信传输设备及接口装置等。其中，最重要的是根据多媒体技术标准而研制生成的多媒体信息处理芯片、光盘驱动器等。

(2) 多媒体软件系统：包括多媒体文件系统、多媒体操作系统和多媒体通信系统。其中，最重要的是多媒体操作系统，也称为多媒体核心系统（Multimedia kernel system），具有实时任务调度、多媒体数据转换和同步控制对多媒体设备的驱动和控制，以及图形用户界面管理等。

(3) 多媒体应用程序接口（API）。

(4) 创作工具：或称为媒体处理系统工具、多媒体系统开发工具软件，是多媒体系统重要组成部分。

(5) 多媒体应用系统：根据多媒体系统终端用户要求而定制的应用软件或面向某一领域的用户应用软件系统，它是面向大规模用户的系统产品。

2. 常用多媒体设备简介

包括输入设备中的扫描仪、数码相机和语音输入系统、手写输入系统、IC 卡输入系统，输出设备中的各种打印机和绘图仪、光盘驱动器、声卡、音箱、视频卡、电视接收卡、SCSI 卡及摄像头等多媒体适配器，网络设备等。

1) 触摸屏

触摸屏是一种常见的多媒体界面，是随着多媒体技术发展而兴起的一种新型输入设备，它提供了一种人与计算机非常简单、直观的输入方式。

从原理上来看，触摸屏主要分为：红外线式、电阻式、电容式、表面声波式及压力式。目前常用的是电阻式和电容式。电阻式触摸屏由二层膜组成，膜之间有网格触点阵列，对膜的压力会造成电阻的变化，从而定位压点的位置。与电阻式触摸屏略为不同的是，电容式触摸屏上镀有一层金属膜，通过触摸金属膜而产生的电流变化来定位压点的位置。

2) DVD

DVD 原本称为数字视盘（Digital Video Disk），现在一般称 DVD 为数字通用光盘（Digital Versatile Disk）。关于 DVD 的技术实际上有很多：DVD-ROM 用作存储电脑数据；DVD-Video 用作存储图像；DVD-Audio 用作存储音乐；DVD-R 只可写入一次刻录碟片；DVD-RAM 可重复写入刻录碟片。

DVD 是按照国际标准组织（ISO）和国际电工委员会（IEC）制定的 MPEG-2 标准的基本级进行制作的，是一种体积小、容量大的存储设备。激光头采用红色半导体激光器，比 CD 用的激光波长短 15% 以上，信号读取效率比 CD 高 20% 以上。采用波长更短的蓝色半导体激光器的 DVD 机还会进一步提高容量。

3) 顶置型摄像机

顶置型摄像机通过一个布满成千上万电荷耦合设备——CCD 的微型芯片将光转换成电脉冲,光线越强,电荷量越大。CCD 可以把亮度分级,但并不认识颜色,彩色摄像机通常用三个 CCD 芯片来建立真彩色合成。摄像机用三个彩色滤色镜来为 CCD 提供合适的光线:红色、绿色、蓝色。CCD 的精度决定了最高分辨率,这是选购摄像机时就考虑的一个重要参数,当然镜头的质量和图像处理技术也是一个重要的性能指标。

和单独使用的数字相机及数字摄像机不一样,这类摄像机自身没有存储器来存放图像,而是直接把数据实时送往系统。

3.3 多媒体文件格式及标准

1. 常见音频文件格式

WAV(Waveform audio format)是微软与 IBM 公司所开发的一种声音编码格式,在 Windows 平台受到广泛的支持。由于此音频格式未经过压缩,所以在音质方面不会出现失真的情况,但也因此在众多音频格式中体积较大。

MP3 全称是动态影像专家压缩标准音频层面 3(Moving Picture Experts Group Audio Layer Ⅲ)。是当今较流行的一种数字音频编码和有损压缩格式,它设计用来大幅度地降低音频数据量,而对于大多数用户的听觉感受来说,重放的音质与最初的不压缩音频相比没有明显的下降。

WMA(Windows Media Audio)是微软公司开发的一种数字音频压缩格式。一般情况下相同音质的 WMA 和 MP3 音频,前者文件体积较小;而"Windows Media Audio Professional"达到比 Dolby Digital(杜比数字)更优秀的音质。

2. 常见静态图像文件格式

BMP 取自位图 Bit Map 的缩写,也称为 DIB(与设备无关的位图)是微软视窗图形子系统(Graphics Device Interface)内部使用的一种位图图形格式。BMP 图像文件的扩展名为 .bmp。BMP 文件存储数据时,图像的扫描方式是按从左到右、从下到上的顺序。BMP 文件通常是不压缩的,所以它们通常比同一幅图像的压缩图像文件格式要大很多。

JPEG 图像文件是目前使用的最广泛、最热门的静态图像文件,这是由于 JPEG 格式的图像文件具有高压缩率、高质量、便于网络传输的原因,它的扩展名为 .jpg。JPEG 是 Joint Photographic Experts Group(联合摄影专家小组)的缩写,该小组是 ISO 下属的一个组织。JPEG 采用的是有损压缩,由于它采用了高效的 DCT 变换、哈夫曼编码等技术,造成在高压缩比的情况下,仍然有着很高的图像质量。

标签图像文件格式(Tagged Image File Format,TIFF)是一种主要用来存储包括照片和艺术图在内的图像的文件格式。它最初由 Aldus 公司与微软公司一起为 PostScript 打印开发。它存储的图像细微层次的信息非常多,图像的质量也得以提高,故而非常有利于原稿的复制。TIFF 格式在业界得到了广泛的支持,图像处理应用、桌面印刷和页面排版应用,扫描、传真、文字处理、光学字符识别和其他一些应用等都支持这种格式。

3. 常见动态影像文件格式

MPEG 是 Motion Picture Experts Group（运动图画专家小组）的缩写，是 ISO 下属的一个组织。该小组于 1988 年组成，至今已经制定了 MPEG-1、MPEG-2、MPEG-3、MPEG-4、MPEG-7 等多个标准。用 MPEG 格式来存储动态影像文件，能节省大量的存储空间（压缩倍数为几百倍），同时影像的质量也很好（全屏幕、全运动、真彩色），MPEG 文件的扩展名一般为.dat 或.mpg。

AVI 是英语 Audio Video Interleave（"音频视频交织"或译为"音频视频交错"）的首字母缩写，由微软在 1992 年 11 月推出的一种多媒体文件格式，它的扩展名为.avi。现在所说的 AVI 多是指一种封装格式。即 AVI 本身只是提供了一个框架，内部的图像数据和声音数据格式可以是任意的编码形式。

3.4 信息媒体数字化技术

各种模拟信息，例如模拟的音频、图像和视频，其数字化时的实现技术有所不同。但其数字化的基本过程是一致的，即采样、量化和编码三个步骤。

1. 采样

采样（Sample）是对模拟信号进行周期性抽取样值的过程，即将信号从连续时间域上的模拟信号按照一定时间间隔采样，然后转换到离散时间域上的离散信号的过程。这个过程由模数转换器（ADC）（又称采样器）实现。经过对模拟信号采样而得到的信号称为离散信号（是连续信号的离散形式）。为了保证在采样之后数字信号能完整地保留原始信号中的信息，能不失真地恢复成原模拟信号，采样频率应不小于输入模拟信号频谱中最高频率的两倍。

2. 量化

采样把模拟信号变成了时间上离散的脉冲信号，但脉冲的幅度仍然是模拟的，还必须进行离散化处理，才能最终用数码来表示。量化（Quantization）指将信号的连续取值近似为有限多个（或较少的）离散值的过程。量化在有损数据压缩中起着相当重要的作用。

3. 编码

经采样和量化后得到的数据量非常大，所以使用编码对数据进行压缩与传输。在计算机科学和信息论中，数据压缩或者编码是按照特定的编码机制用比未经编码少的数据位（或者其他信息相关的单位）表示信息的过程。

3.5 音频处理技术

3.5.1 声音的基本特征

模拟音频信号有两个重要物理参数：频率和幅度。频率是声波每秒钟振动的次数，表示声音的音调；幅度是从信号的基线到当前波峰的距离，表示声音的强弱；周期是指信号在两个波峰或谷底之间的相对时间。周期和频率之间的关系是互为倒数。

3.5.2 声音数字化的过程

如果要用计算机对音频信息进行处理,则首先要将模拟音频信号转变成数字信号。音频信号的数字化,是将模拟音频信号每隔一定时间间隔截取一段,并将所截取的信号振幅值用一组二进制脉冲序列表示,使连续的模拟音频信号等价地转换成离散的数字音频信号。即模拟音频数字化过程由采样、量化和编码三个步骤组成。

数字音频的技术指标主要是指采样频率和量化位数(或量化深度)。

一秒钟内采样的次数称为采样频率。采样的频率越高,丢失的信息就越少,数字化的声音就越接近源音质,存储量越大。音调越高的声音需要的采样频率也越高。

量化位数是指每个样本量化后一共可取多少个离散的数值,或用多少个二进制数位来表示。采样的位数的越高,则量化的精度就越高,数字化的声音也就越接近源音质。

3.5.3 音频信息编码

音频信息编码一般可分为波形编码、参数编码和混合编码三种类型。

波形编码方式:以数字序列编码的方式尽可能重新构建信源的波形。在时间轴上对模拟信源按一定的速率进行采样,然后将幅度样本分段量化,并用数字序列表示。解码是其反过程,将收到的数字序列恢复成模拟信号。

参数编码方式:是分析并提取信源信息模型中必要的、关键的但不是全部的特征参数,将上述参数信息通过采样、量化、编码,然后合成发送出去;在接收端通过接收到的参数取值的编码,还原出信源信息。

混合编码方式:是结合波形编码和参数编码的优点,总体上使用参数编码的保留低带宽需求优点,在重点的部分信息应用波形编码获得较高质量的合成语音,增强了语音的自然度。

3.5.4 MIDI 技术

MIDI 是 Music Instrument Digital Interface(乐器数字接口)的缩写。MIDI 是用来将电子乐器相互连接,或将 MIDI 设备与计算机连接成系统的一种通信协议。通过它各种 MIDI 设备都可以准确传送 MIDI 信息。

MIDI 的特点在于它处理音乐的方式,不是将声音编码而是将 MIDI 音乐设备上产生的每一个活动编码记录下来。在 MIDI 文件中,只包含产生某种声音的指令,这些指令包括使用什么 MIDI 乐器、乐器的音色、声音的强弱、声音持续时间的长短等。计算机将这些指令发送给声卡,声卡按照指令将声音合成出来。例如,在 MIDI 音乐设备的键盘上演奏时,MIDI 文件记录下按了哪一个键,力有多大,时间有多长。

3.6 数字图像处理技术

3.6.1 图形与图像的概念

图形图像作为一种视觉媒体,早已成为人类信息传输、思想表达的重要方式之一。数字图像处理与计算机图形学(Computer Graphics),无论在概念上还是在实用方面都是各自独立发展起来而又难以分清的技术领域。

数字图像处理是指将图像信号转换成数字信号并利用计算机对其进行处理的过程。数字图像处理主要研究的内容包括图像变换、图像编码压缩、图像增强和复原、图像分割、图像描述、图像分类(识别)等。

计算机图形学的主要研究内容就是研究如何在计算机中表示图形,以及利用计算机进行图形的计算、处理和显示的相关原理与算法。可以说,计算机图形学的一个重要研究内容就是要利用计算机产生令人赏心悦目的真实感图形。图形通常由点、线、面、体等几何元素和灰度、色彩、线型、线宽等非几何属性组成。

图形与图像两个概念间的区别越来越模糊,但还是有区别的:图像在计算机中以具有颜色信息的点阵来表示,它强调图形由哪些点组成,记录点及它的灰度或色彩。而图形(graphics)在计算机中由场景的几何模型和景物的物理属性表示,它更强调场景的几何表示,记录图形的形状参数与属性参数。它的显示形式是基于线条信息的矢量图和基于明暗(Shading)处理后的图像图。

3.6.2 图像的颜色模型

颜色模型是使用一组值(通常使用三个、四个值或者颜色成分)表示颜色方法的抽象数学模型。建立颜色模型可看作建立一个 3D 的坐标系统,其中每个空间点都代表某一特定的彩色。

颜色模型可分为面向硬设备的颜色模型和面向视觉感知的颜色模型。面向硬设备的颜色模型非常适合在输出显示场合使用,例如 RGB(Red,Green,Blue)颜色模型、CMY(Cyan,Magenta,Yellow)颜色模型。面向视觉感知的颜色模型与人类颜色视觉感知比较接近,其独立于显示设备,包含 HSI(色调 Hue、饱和度 Saturation、亮度 Intensity)颜色模型、HSV(Hue,Saturation,Value)颜色模型、LAB 颜色模型。

3.6.3 图像的数字化过程

光学图像、照片以及人的眼睛看到的一切景物,都是模拟图像,图像无法直接用计算机处理。为了使图像能在电子计算机中作处理运算,必须将模拟图像转化为离散数字所表示的图像,即所谓的数字图像。转化为数字图像的过程称为图像数字化。

图像的数字化过程同样分为采样、量化与编码三个步骤。

图像采样是指把图像分割成为 $M \times N$ 个小区域,用特定的数值来表示每一个小区域的亮度、色彩等特征。$M \times N$ 表示图像的分辨率。

采样后得到的亮度值(或色彩值)在取值空间上仍然是连续值。把采样后所得到的这些连续量表示的像素值离散化为整数值的操作叫作量化。

从信息论的观点来看,描述图像的数据是信息量(信息源)和信息冗余之和。图像数据压缩编码的本质就是减少这些冗余量。目前数字图像编码的国际标准有 JPEG 和 JPEG 2000。

3.6.4 数字图像的技术指标

数字图像的技术指标主要有图像分辨率(采样频率)和图像深度(量化位数),它们是影响数字图像质量的重要因素。

其中图像分辨率有以下几个方面的含义。

图像分辨率：数字化图像水平与垂直方向像素的总和。例如，800 万像素的数码相机，图像最高分辨率为 3264×2448 等。

屏幕分辨率：一般用显示器屏幕水平像素×垂直像素表示，如 1024×768 等。

印刷分辨率：图像在打印时，每英寸像素的个数，一般用 dpi(像素/英寸)表示。例如，普通书籍的印刷分辨率为 300dpi，精致画册印刷分辨率为 1200dpi。

3.7 视频处理技术

广义地说多媒体的视频技术包括：图像的数字化、压缩编码、数字图像处理及传输、图像编辑和变换、图像的存储、检索和组织管理技术等。

3.7.1 视频的概念

视频与图像是两个既有联系又有区别的概念。就数字媒体的语境而言，数字视频中的每帧画面均形成一幅数字图像，对视频按时间逐帧进行数字化得到的图像序列即为数字视频。因此，可以说图像是离散的视频，而视频是连续的图像。

需要指出的一点是视频数字化的概念是建立在模拟视频占主角的时代，现在通过数字摄像机摄录的信号本身已是数字信号，并且这种趋势越来越明显。

3.7.2 视频数字化的过程

视频数字化是将模拟视频信号经模数转换和彩色空间变换转为计算机可处理的数字信号。与其他媒体的数字化过程类似，视频数字化过程首先必须把连续的图像函数 $f(x,y)$ 进行空间和幅值的离散化处理，空间连续坐标(x,y)的离散化，叫作采样；$f(x,y)$颜色的离散化，称之为量化。两种离散化结合在一起，叫作数字化，离散化的结果称为数字视频。

编码技术主要分成帧内编码和帧间编码，前者用于去掉图像的空间冗余信息，后者用于去除图像的时间冗余信息。

3.7.3 数字视频压缩标准

20 世纪 90 年代以来 ITU-T(国际电信联盟)和 ISO(国际标准化组织)制定了一系列音视频编码技术标准(信源编码技术标准)和建议，主要有两大系列 ISO 制定的 MPEG 系列标准，数字电视采用的是 MPEG 系列标准 ITU 针对多媒体通信制定的 H.26x 系列视频编码标准。这些标准和建议的制定极大地推动了多媒体技术的实用化和产业化。

视频编码标准并非一个单一的算法，而是一整套的编码技术与方案，这些技术综合起来就达到了完整的压缩效果。

3.8 多媒体技术的应用

多媒体技术是当今信息技术领域发展最快、最活跃的技术，本文通过对多媒体技术的应用现状和发展趋势的分析，使我们展望到，随着日益普及的高速信息网，它正被广泛应用在咨询服务、图书、教育、通信、军事、金融、医疗等诸多行业。多媒体技术的应用领域涉及多媒体出版。国家新闻出版署对电子出版物定义为"电子出版物",是指以数字代码方式将图、文、声、像等信息存储在磁、光、电介质上,通过计算机或类似设备阅读使用,并可复制发行的大众传播媒体。该定义明确了电子出版物的重要特点。电子出版物的内容可分为电子图书、辞书手册、文档资料、报刊杂志、教育培训、娱乐游戏、宣传广告、信息咨询、简报等,许多作品是多种类型的混合。

多媒体办公自动化系统。多媒体技术为办公室增加了控制信息的能力和充分表达思想的机会,许多应用程序都是为提高工作人员的工作效率而设计的,从而产生了许多新型的办公自动化系统。由于采用了先进的数字影像和多媒体计算机技术,把文件扫描仪、图文传真机、文件资料微缩系统和通信网络等现代化办公设备综合管理起来,将构成全新的办公自动化系统,成为新的发展方向。

计算机会议。计算机会议系统是基于多媒体计算机技术的一类视频会议系统,也称为多媒体计算机会议系统,它为 CSCW 系统提供了一种重要的协同工作环境和工具。是多媒体网络的重要应用,不同地点的人员可以通过它来传送文件、讨论问题、协调工作、共享信息等。人们无须关心地理位置上的差异,只需把自己的方案、档案资料准备好,就可以随时交予"与会"各方,面对面地讨论问题。多媒体会议系统可以提高办公室自动化的质量和效率。身处不同地理位置的双方可以共享、修改、存储、显示数据和文件。文件会议和白板应用可以集语音、传真、文件、图像和视频于一体,可以直接将传真文字识别成文件保存,实现无纸办公。

多媒体信息查询系统。近年来随着计算机网络的全面普及,多媒体信息查询发展很快。IBM 公司数字图书馆方案将物理信息转化为数字多媒体形式,通过网络安全地发送给世界各地的用户。自然语言查询和概念查询对返回给用户的信息进行筛选,使相关数据的定位更为简单和精确。聚集功能将查询结果组织在一起,使用户能够简单地识别并选出相关的信息。摘要功能能够对查询结果进行主要观点的概括,这样用户不必查看全部文本就可以确定所要查找的信息。IBM Almaden 研究中心推出了 QBIC 系统。该系统开创了图像信息查询的全新领域。图像可以按照颜色、灰度、纹理和位置进行查询。查询要求将以图形方式表达,如从颜色表中选取颜色,或从例图中选择图像的纹理。查询结果可以按照相关的序列指导子序列查询的进行。这种方法能够使用户更为快速和简便地对可视化信息进行筛选和确定。

其他的应用领域包括交互式电视与视频点播、交互式影院与数字化电影、数字化图书馆、家庭信息中心、远程教育、远程医疗、计算机支持下的协同工作、虚拟现实、媒体空间等。

习　　题

一、填空题

1. 通常概念的"媒体",可分为以下五种类型:_____、_____、_____、_____和_____。

2. 一般多媒体系统包括如下五个层次的结构:_____、_____、_____、_____和_____。

3. _____或称为多媒体系统开发工具软件,是多媒体系统重要组成部分。

4. 多媒体操作系统。也称为_____,具有实时任务调度、多媒体数据转换和同步控制对多媒体设备的驱动和控制,以及图形用户界面管理等。

5. _____是一组硬件和软件设备,它结合了各种视觉和听觉媒体,能够产生令人印象深刻的视听效果。

二、简答题

1. 什么是多媒体?
2. 什么是多媒体计算机?
3. 多媒体技术的应用领域有哪些?

第 4 章　计算机网络

4.1　计算机网络概述

计算机网络就是通过通信线路、无线通信,将分布在不同地理位置上的具有独立功能的两台以上的计算机、终端及其附属设备用通信手段连接起来以实现资源共享的系统。计算机网络是用通信线路将分散在不同地点并具有独立功能的多台计算机系统互相连接,按照网络协议进行数据通信,实现资源共享的信息系统。可将计算机网络的定义概括为连网的计算机是可以独立运行的。计算机之间通过通信线路按照网络协议进行数据通信。连网的目的是实现资源共享,计算机网络主要由网络硬件和软件系统组成。

网络硬件系统包括：计算机(网络服务器、网络工作站)、通信线路、通信设备、其他设备(外部设备、防火墙)。

- 网络服务器：被网络用户访问的计算机系统,包括供网络用户使用的各种资源,并负责对这些资源的管理,协调网络用户对这些资源的访问。
- 网络工作站：能使用户在网络环境上进行工作的计算机,常被称为客户机。
- 通信线路：同轴细缆、双绞线、光纤、微波等。
- 通信设备：集线器(hub)、中继器(repeater)、交换机(switch)、路由器(router)、网络接口卡(NIC,简称网卡)、调制解调器(modem)、网关(gateway)。
- 外部设备：可被网络用户共享的常用硬件资源,通常指一些大型的、昂贵的外部设备,如大型激光打印机、绘图设备、大容量存储系统等。
- 防火墙：是在内联网和互联网之间构筑的一道屏障,用以保护内联网中的信息、资源等不受来自互联网中非法用户的侵犯。

网络软件系统：网络系统软件和网络应用软件。

- 网络系统软件：控制及管理网络运行和网络资源使用。如协议软件、通信软件；为用户提供了访问网络和操作网络的入机接口。如 Windows 2000 Server 网络操作系统。
- 网络应用软件：指为某一个应用目的而开发的网络软件,如 IE、Outlook Express 等。

4.2　计算机网络的发展

计算机网络近年来获得了飞速的发展。20 年前,很少有人接触过网络。现在,计算机通信已成为我们社会结构的一个基本组成部分。网络被用于工商业的各个方面,包括广告宣传、生产、销售、计划、报价和会计等。从学校远程教育到政府日常办公乃至现在的电子社区,很多方面都离不开网络技术。简而言之,计算机网络已遍布全球各个领域。

在 20 世纪 50 年代中期,美国的半自动地面防空系统(Semi-Automatic Ground Environment,SAGE)开始了计算机技术与通信技术相结合的尝试,在 SAGE 系统中把远程距离的雷达和其他测控设备的信息经由线路汇集至一台 IBM 计算机上进行集中处理与控制。世界上公认的、最成功的第一个远程计算机网络是在 1969 年,由美国高级研究计划署(Advanced Research Projects Agency,ARPA)组织研制成功的。该网络称为 ARPANET,它就是现在 Internet 的前身。

纵观计算机网络的发展历史可以发现,它和其他事物的发展一样,也经历了从简单到复杂,从低级到高级的过程。在这一过程中,计算机技术与通信技术紧密结合,相互促进,共同发展,最终产生了计算机网络。总体看来,计算机网络的发展可以分为四个阶段:

第一阶段:诞生阶段。20 世纪 60 年代中期之前的第一代计算机网络是以单个计算机为中心的远程联机系统。典型应用是由一台计算机和全美范围内 2 000 多个终端组成的飞机订票系统。终端是一台计算机的外部设备包括显示器和键盘,无 CPU 和内存。随着远程终端的增多,在主机前增加了前端机(FEP)。但这样的通信系统已具备了网络的雏形。

第二阶段:形成阶段。20 世纪 60 年代中期至 70 年代的第二代计算机网络是以多个主机通过通信线路互联起来,为用户提供服务,兴起于 60 年代后期,典型代表是美国国防部高级研究计划局协助开发的 ARPANET。主机之间不是直接用线路相连,而是由接口报文处理机(IMP)转接后互联的。IMP 和它们之间互联的通信线路一起负责主机间的通信任务,构成了通信子网。通信子网互联的主机负责运行程序,提供资源共享,组成了资源子网。这个时期,网络概念为"以能够相互共享资源为目的互联起来的具有独立功能的计算机之集合体",形成了计算机网络的基本概念。

第三阶段:互联互通阶段。20 世纪 70 年代末至 90 年代的第三代计算机网络是具有统一的网络体系结构并遵循国际标准的开放式和标准化的网络。ARPANET 兴起后,计算机网络发展迅猛,各大计算机公司相继推出自己的网络体系结构及实现这些结构的软硬件产品。由于没有统一的标准,不同厂商的产品之间互联很困难,人们迫切需要一种开放性的标准化实用网络环境,这样应运而生了两种国际通用的最重要的体系结构,即 TCP/IP 体系结构和国际标准化组织的 OSI 体系结构。

第四阶段:高速网络技术阶段。20 世纪 90 年代末至今的第四代计算机网络,由于局域网技术发展成熟,出现光纤及高速网络技术、多媒体网络、智能网络,整个网络就像一个对用户透明的大的计算机系统,发展为以 Internet 为代表的互联网。

4.3 计算机网络的体系结构

计算机网络是一个涉及计算机技术、通信技术等多个方面的复杂系统。现在计算机网络涉及工业、商业、军事、政府、教育、家庭等领域。网络中的各部分都必须遵照合理而严谨的结构化管理规则。这也是计算机网络体系结构研究的内容。计算机网络系统是独立的计算机通过已有通信系统连接形成的,其功能是实现计算机的远程访问和资源共享。因此,计算机网络的问题主要是解决异地独立工作的计算机之间如何实现正确、可靠的通信,计算机网络分层体系结构模型正是为解决计算机网络的这一关键问题而设计的。

体系结构是研究系统各部分组成及相互关系的技术科学。所谓网络体系就是为了完成计算机之间的通信合作,把每台计算机相连的功能划分成有明确定义的层次,并固定了同层次的进程通信的协议及相邻之间的接口及服务,将纸屑层次进程通信的协议及相邻层的接口统称为网络体系结构。

OSI 是 Open System Interconnect 的缩写,意为开放式系统互联。国际标准组织(国际标准化组织)制定了 OSI 模型。这个模型把网络通信的工作分为 7 层,分别是物理层、数据链路层、网络层、传输层、会话层、表示层和应用层。第 1～4 层被认为是低层,这些层与数据移动密切相关。第 5～7 层是高层,包含应用程序级的数据。每一层负责一项具体的工作,然后把数据传送到下一层,如图 4.1 所示。

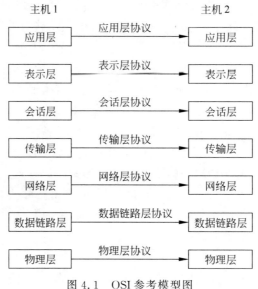

图 4.1 OSI 参考模型图

第 1 层是物理层(也即 OSI 模型中的第一层)。物理层实际上是由布线、光纤、网卡等把两台网络通信设备连接在一起。主要功能是为了完成相邻节点间原始比特流的传输。

第 2 层是数据链路层。运行以太网等协议,第 2 层中最重要的是网桥,交换机可以看成网桥,网桥都在第 2 层工作,仅关注以太网上的 MAC 地址。如果谈论有关 MAC 地址、交换机或者网卡和驱动程序,就是在第 2 层的范畴。主要功能是如何在不可靠的物理线路上进行可靠的数据通信。

第 3 层是网络层。在计算机网络中进行通信的两个计算机之间可能会经过很多个数据链路,也可能还要经过很多通信子网。网络层的任务就是选择合适的网间路由和交换节点,确保数据及时传送。完成网络中的报文传输。网络层将数据链路层提供的帧组成数据包,包中封装有网络层包头,其中含有逻辑地址信息,即源站点和目的站点地址的网络地址。

第 4 层是处理信息的传输层。第 4 层的数据单元也称作数据包(packets)。但是,TCP 的数据单元称为段(segments),而 UDP 协议的数据单元称为"数据报(data grams)"。这个层负责获取全部信息,因此,它必须跟踪数据单元碎片、乱序到达的数据包和其他在传输过程中可能发生的危险。第 4 层提供端对端的通信管理。像 TCP 等一些协议非常善于保证通信的可靠性。有些协议并不在乎一些数据包是否丢失,UDP 协议就是一个主要例子。其主要功能是完成网络中不同主机上的用户进程之间可靠通信。

第5层是会话层。这一层也可以称为会晤层或对话层,在会话层及以上的高层次中,数据传送的单位不再另外命名,统称为报文。会话层不参与具体的传输,它提供包括访问验证和会话管理在内的建立和维护应用之间通信的机制。如服务器验证用户登录便是由会话层完成的。

第6层是表示层。这一层主要解决拥护信息的语法表示问题。它将欲交换的数据从适合于某一用户的抽象语法,转换为适合于OSI系统内部使用的传送语法。即提供格式化的表示和转换数据服务。数据的压缩和解压缩,加密和解密等工作都由表示层负责。

第7层是应用层,是专门用于应用程序的。应用层确定进程之间通信的性质以满足用户需要,以及提供网络与用户应用软件之间的接口服务。如果程序需要一种具体格式的数据,可以用一些希望能够把数据发送到目的地的格式,并且创建一个第7层协议。SMTP、DNS和FTP都属于应用层协议。

4.4　计算机网络的拓扑结构

网络拓扑是指网络中各个端点相互连接的方法和形式。网络拓扑结构反映了组网的一种几何形式。局域网的拓扑结构主要有星状、环状、总线型、树状及网状拓扑结构。

1. 星状拓扑

星状拓扑结构(如图4.2所示)是中央节点和通过点到点链路连接到中央节点的各节点组成。利用星型拓扑结构的交换方式有电路交换和报文交换,尤以电路交换更为普遍。一旦建立了通道连接,可以没有延迟地在连通的两个节点之间传送数据。工作站到中央节点的线路是专用的,不会出现拥挤的瓶颈现象。

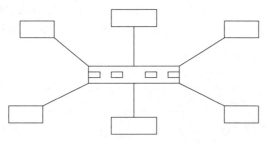

图4.2　星状拓扑结构

星状拓扑结构中,中央节点为集线器(HUB),其他外围节点为服务器或工作站。通信介质为双绞线或光纤。

星状拓扑结构被广泛地应用于网络中智能主要集中于中央节点的场合。由于所有节点的往外传输都必须经过中央节点来处理,因此,对中央节点的要求比较高。

星状拓扑结构信息发送的过程为:某一工作站有信息发送时,将向中央节点申请,中央节点响应该工作站,并将该工作站与目的工作站或服务器建立会话。此时,就可以进行无延时的会话了。

星状拓扑结构的优点为:

(1) 可靠性高。在星状拓扑的结构中,每个连接只与一个设备相连,因此,单个连接的故障只影响一个设备,不会影响全网。

(2) 方便服务。中央节点和中间接线都有一批集中点,可方便地提供服务和进行网络重新配置。

(3) 故障诊断容易。如果网络中的节点或者通信介质出现问题,只会影响到该节点或者通信介质相连的节点,不会涉及整个网络,从而比较容易判断故障的位置。

星状拓扑结构虽有许多优点,但也有缺点:

(1) 扩展困难、安装费用高。增加网络新节点时,无论有多远,都需要与中央节点直接连接,布线困难且费用高。

(2) 对中央节点的依赖性强。星状拓扑结构网络中的外围节点对中央节点的依赖性强,如果中央节点出现故障,则全部网络不能正常工作。

2. 环状拓扑

入网设备通过转发器接入网络,每个转发器仅与两个相邻的转发器有直接的物理线路。环状网的数据传输具有单向性,一个转发器发出的数据只能被另一个转发器接收并转发。所有的转发器及其物理线路构成了一个环状的网络系统,如图 4.3 所示。

环状拓扑特点:

(1) 实时性较好(信息在网中传输的最大时间固定)。

(2) 每个节点只与相邻两个节点有物理链路。

(3) 传输控制机制比较简单。

(4) 某个节点的故障将导致物理瘫痪。

(5) 单个环网的节点数有限。

环状拓扑适用于:局域网,实时性要求较高的环境。

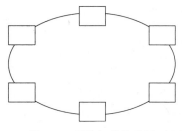

图 4.3 环状拓扑结构图

3. 总线型拓扑

总线结构是使用同一媒体或电缆连接所有端用户的一种方式,也就是说,连接端用户的物理媒体由所有设备共享,使用这种结构必须解决的一个问题是确保端用户使用媒体发送数据时不能出现冲突,如图 4.4 所示。

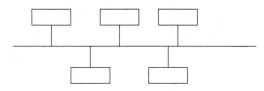

图 4.4 总线型拓扑结构图

这种结构具有费用低、数据端用户入网灵活、站点或某个端用户失效不影响其他站点或端用户通信的优点。缺点是一次仅能一个端用户发送数据,其他端用户必须等待到获得发送权。媒体访问获取机制较复杂。尽管有上述一些缺点,但由于布线要求简单,扩充容易,端用户失效、增删不影响全网工作,所以是 LAN 技术中使用最普遍的一种。

4. 树状拓扑

树状拓扑是从总线拓扑演变而来的,形状像一棵倒置的树,顶端是树根,树根以下带分支,每个分支还可再带子分支,这种拓扑的站点发送时,根接收该信号,然后再重新广播发送到全网。树状拓扑的优缺点大多和总线的优缺点相同,但也有一些特殊之处,如图 4.5 所示。

树状拓扑优点：从本质上讲，这种结构可以延伸出很多分支和子分支，这些新节点和新分支都较容易地加入网内。

故障隔离较容易，如果某一分支的节点或线路发生故障，很容易将故障分支和整个系统隔离开来。

树状拓扑的缺点是各个节点对根的依赖性太大，如果根发生故障，全网则不能下沉工作，从这一点来看树状拓扑结构的可靠性与星状拓扑结构相似。

5．网状拓扑

利用专门负责数据通信和传输的节点机构成的网状网络，入网设备直接接入节点机进行通信。网状网络通常利用冗余的设备和线路来提高网络的可靠性，因此，节点机可以根据当前的网络信息流量有选择地将数据发往不同的线路。主要用于地域范围大、入网主机多（机型多）的环境，常用于构造广域网络，如图4.6所示。

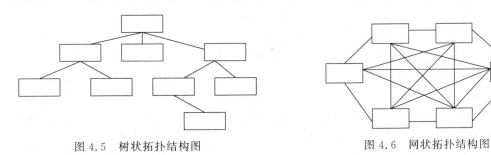

图4.5　树状拓扑结构图　　　　　图4.6　网状拓扑结构图

以上介绍的网络拓扑结构是基本结构，在组建局域网时常采用星状、环状和总线型。树状和网状拓扑结构在广域网中比较常见。另外，在一个实际的网络中，可能是上述几种网络结构的混合。

4.5　计算机网络的分类

计算机网络按传输距离可分为三类：

局域网（LAN）：局域网作用范围小，分布在一个房间、一个建筑物或一个企事业单位。地理范围在10m～1km。传输速率在1Mbps以上。目前常见局域网的速率有10Mbps、100Mbps。局域网技术成熟、发展快，是计算机网络中最活跃的领域之一。通常采用有线的方式连接起来。适合办公大楼或工厂内部的联网，局域网技术成熟，是整个计算机应用的基础。

城域网（MAN）：城域网作用范围为一个城市。地理范围为5～10km，传输速率在1Mbps以上。

广域网（WAN）：广域网作用的范围很大，可以是一个地区、一个省、一个国家及跨国集团，地理范围一般在100km以上，传输速率较低（<0.1Mbps）。广域网互联的形式主要有两种：一是局域网到局域网的连接，主要适合企业与企业之间或企业各分支机构之间的连接；二是单机到局域网的连接，适合分散用户访问企业的网络。常说的互联网是所有这些网络连接在一起的产物。从网络连接而言，它使用的也就是局域网和广域网技术（可以认为接入技术也是一种广域网技术），并利用TCP/IP将各个物理网络连接成一个单一的逻辑网

络。因此可以认为局域网和广域网技术是互联网络的逻辑互联基础。广域网的典型代表是 Internet 网。Internet 网(因特网,许多人也称其为"互联网")是最典型的广域网,它们通常连接着范围非常巨大的区域。我国比较著名的因特网中国科技信息因特网(NCFC)、中国公用计算机的因特网(CHINANET)、中国教育和科研因特网(CERNET)和中国公用经济信息因特网(CHINAGBN)。

广域网按工作方式可以分为三类:

对等网(Peer-to-Peer):每台计算机既是服务器又是工作站。

客户/服务器网(Client/Server):有些计算机作为服务器,服务器可以不止一个,不同的服务器具有不同的功能。每个工作站通过服务器共享资源。

4.6 计算机网络的功能

计算机网络的主要功能为资源共享和数据通信。

资源共享:所谓资源共享是指所有网内的用户均能享受网上计算机系统中的全部或部分资源,包括硬件资源共享(如打印机等各种设备)、信息共享(如数字图书馆)、软件资源共享(各种共享软件)等。

数据通信:数据通信是计算机网络最基本的功能。它用来快速传送计算机与终端、计算机与计算机之间的各种信息,包括文字信件、新闻消息、咨询信息、图片资料、报纸版面等。利用这一特点,可实现将分散在各个地区的单位或部门用计算机网络联系起来,进行统一的调配、控制和管理。

能够进行分布处理。在计算机网络中,用户可以根据问题性质和要求选择网内最合适的资源来处理,以便能迅速而经济地处理问题。对于综合性的大型问题可以采用合适的算法,将任务分散到不同的计算机上进行分布处理。利用网络技术还可以将许多小型机或微型机连成具有高性能的计算机系统,使它具有解决复杂问题的能力。

能够提高计算机的可靠性及可用性。在单机使用的情况下,计算机或某一部件一旦有故障便引起停机,当计算机连成网络之后,各计算机可以通过网络互为后备,还可以在网络的一些节点上设置一定的备用设备,作为全网的公用后备。另外,当网中某一计算机的负担过重时,可将新的作业转给网中另一较空闲的计算机去处理,从而减少了用户的等待时间,均衡了各计算机的负担,节省了软、硬件的开销。因为每一个用户都可以共享网中任意位置上的资源,所以网络设计者可以全面统一地考虑各工作站上的具体配置,从而达到用最低的开销获得最佳的效果。如只为个别工作站配置某些昂贵的软、硬件资源,其他工作站可以通过网络调用,从而使整个建网费用和网络功能的选择控制在最佳状态。

习 题

一、选择题

1. 计算机网络的网络硬件系统包括( )。
    A. 网络服务器、网络工作站   B. 通信线路
    C. 通信设备   D. 主机

2. 通信线路包括( )。
   A. 同轴细缆　　　B. 双绞线　　　C. 光纤　　　D. 微波
3. 通信设备包括( )。
   A. 集线器(hub)　　　　　　　　B. 中继器(repeater)
   C. 交换机(switch)　　　　　　　D. 路由器(router)
4. 下面属于外部设备的有( )。
   A. 大型激光打印机　　　　　　　B. 大容量存储系统
   C. 绘图设备　　　　　　　　　　D. 中继器
5. 网络系统软件可以控制及管理网络运行和网络资源使用,下面属于网络系统软件的有( )。
   A. 协议软件　　　B. 系统软件　　　C. 指令系统　　　D. 通信软件

二、填空题
1. 计算机网络主要由_____和_____组成。
2. 网络工作站能使用户在网络环境上进行工作的计算机,常被称为_____。
3. _____指为某一个应用目的而开发的网络软件。
4. 计算机网络的发展可以分为四个阶段,分别为:_____、_____、_____、_____。
5. 国际标准组织(国际标准化组织)制定了OSI模型。这个模型把网络通信的工作分为7层,分别是_____、_____、_____、_____、_____、_____和_____。

三、简答题
1. 什么是计算机网络?
2. 计算机网络的体系结构是什么?
3. 计算机网络的拓扑结构是如何分类的?
4. 计算机网络的功能是什么?

第 5 章　计算机病毒及其防治

5.1　计算机病毒概述

从广义上定义，凡能够引起计算机故障，破坏计算机数据的程序统称为计算机病毒。依据此定义，诸如逻辑炸弹、蠕虫等均可称为计算机病毒。国内专家和研究者对计算机病毒也做过不尽相同的定义，但一直没有公认的明确定义。

直至 1994 年 2 月 18 日，我国正式颁布实施了《中华人民共和国计算机信息系统安全保护条例》，在《条例》第二十八条中明确指出：计算机病毒，是指编制或者在计算机程序中插入的破坏计算机功能或者毁坏数据，影响计算机使用，并能自我复制的一组计算机指令或者程序。

计算机病毒是一种人为制造的、在计算机运行中对计算机信息或系统起破坏作用的程序。这种程序不是独立存在的，它隐蔽在其他可执行的程序之中，既有破坏性，又有传染性和潜伏性。轻则影响机器运行速度，使机器不能正常运行；重则使机器处于瘫痪，会给用户带来不可估量的损失。通常就把这种具有破坏作用的程序称为计算机病毒。

自从 Internet 盛行以来，含有 Java 和 ActiveX 技术的网页逐渐被广泛使用，一些别有用心的人于是利用 Java 和 ActiveX 的特性来撰写病毒。以 Java 病毒为例，Java 病毒并不能破坏储存媒介上的资料，但若使用浏览器来浏览含有 Java 病毒的网页，Java 病毒就可以强迫 Windows 不断地开启新窗口，直到系统资源被耗尽，而我们也只有重新启动。所以在 Internet 出现后，计算机病毒就应加入只要是对使用者造成不便的程序代码，就可以被归类为计算机病毒。

除复制能力外，某些计算机病毒还有其他一些共同特性：一个被污染的程序能够传送病毒载体。当看到病毒载体似乎仅仅表现在文字和图像上时，它们可能也已毁坏了文件、再格式化了硬盘驱动或引发了其他类型的灾害。若是病毒并不寄生于一个污染程序，它仍然能通过占据存贮空间给我们带来麻烦，并降低计算机的全部性能。

可以从不同角度给出计算机病毒的定义。一种定义是通过磁盘、磁带和网络等作为媒介传播扩散，能"传染"其他程序的程序。另一种是能够实现自身复制且借助一定的载体存在的具有潜伏性、传染性和破坏性的程序。还有的定义是一种人为制造的程序，它通过不同的途径潜伏或寄生在存储媒体（如磁盘、内存等）或程序里。当某种条件或时机成熟时，它会自生复制并传播，使计算机的资源受到不同程序的破坏等。这些说法在某种意义上借用了生物学病毒的概念，计算机病毒同生物病毒的相似之处是能够侵入计算机系统和网络，危害正常工作的"病原体"。它能够对计算机系统进行各种破坏，同时能够自我复制，具有传染性。

所以，计算机病毒就是能够通过某种途径潜伏在计算机存储介质(或程序)里，当达到某种条件时即被激活的具有对计算机资源进行破坏作用的一组程序或指令集合。

5.2 计算机病毒的特点

计算机病毒是一个程序、一段可执行码。就像生物病毒一样，计算机病毒有独特的复制能力。计算机病毒可以很快地蔓延，又常常难以根除。它们能把自身附着在各种类型的文件中。当文件被复制或从一个用户传送到另一个用户时，它们就随同文件一起蔓延开来。计算机病毒有如下特点：

(1) 寄生性。病毒程序的存在不是独立的，它总是悄悄地随着在磁盘系统区或文件中。寄生于文件中的病毒是文件型病毒。其中病毒程序在原来文件之前或之后的，称为文件外壳型病毒，如以色列病毒(黑色星期五)等。另一种文件型病毒为嵌入型，其病毒程序嵌入到原来文件之中，在微机病毒中尚未见到。病毒程序侵入磁盘系统区的称为系统型病毒，其中较常见的占据引导区的病毒，称为引导区病毒，如大麻病毒、2708病毒等。此外，还有一些既寄生于文件中又侵占系统区的病毒，如"幽灵"病毒、Flip病毒等，属于混合型。

(2) 隐蔽性。病毒程序在一定条件下隐蔽地进入系统。当使用带有系统病毒的磁盘来引导系统时，病毒程序先进入内存并放在常驻区，然后才开始引导系统，这时系统即带有该病毒。当运行带有病毒的程序文件(com文件或exe文件，有时包括覆盖文件)时，先执行病毒程序，然后才执行该文件的原来程序。有的病毒是将自身程序常驻内存，使系统成为病毒环境，有的病毒则不常驻内存，只在执行当时进行传染或破坏，执行完毕之后病毒不再留在系统中。

(3) 非法性。病毒程序执行的是非授权(非法)操作。当用户引导系统时，正常的操作只是引导系统，病毒的乘虚而入并不在人们预定目标之内。

(4) 传染性。传染性是计算机病毒最重要的特征，是判断一段程序代码是否为计算机病毒的依据。病毒程序一旦侵入计算机系统就开始搜索可以传染的程序或者磁介质，然后通过自我复制迅速传播。由于目前计算机网络日益发达，计算机病毒可以在极短的时间内，通过像Internet这样的网络传遍世界。

(5) 破坏性。无论何种病毒程序一旦侵入系统都会对操作系统的运行造成不同程度的影响。即使不直接产生破坏作用的病毒程序也要占用系统资源(如占用内存空间，占用磁盘存储空间以及系统运行时间等)。而绝大多数病毒程序要显示一些文字或图像，影响系统的正常运行，还有一些病毒程序删除文件，加密磁盘中的数据，甚至摧毁整个系统和数据，使之无法恢复，造成无可挽回的损失。因此，病毒程序的副作用轻者降低系统工作效率，重者导致系统崩溃、数据丢失，造成重大损失。

(6) 潜伏性。计算机病毒具有依附于其他媒体而寄生的能力，这种媒体我们称之为计算机病毒的宿主。依靠病毒的寄生能力，病毒传染合法的程序和系统后，不立即发作，而是悄悄隐藏起来，然后在用户不察觉的情况下进行传染。这样，病毒的潜伏性越好，它在系统中存在的时间也就越长，病毒传染的范围也越广，其危害性也越大。

(7) 可触发性。计算机病毒一般都有一个或者几个触发条件。满足其触发条件或者激活病毒的传染机制，使之进行传染；或者激活病毒的表现部分或破坏部分。触发的实质是一种条件的控制,病毒程序可以依据设计者的要求,在一定条件下实施攻击。这个条件可以是敲入特定字符,使用特定文件,某个特定日期或特定时刻,或者是病毒内置的计数器达到一定次数等。

5.3　计算机病毒的来源及其传播途径

　　计算机病毒的来源多种多样,有的是计算机工作人员或业余爱好者为了纯粹寻开心而制造出来的,有的则是软件公司为保护自己的产品被非法复制而制造的报复性惩罚,因为他们发现病毒比加密对付非法复制更有效且更有威胁,这种情况助长了病毒的传播等。具体可以分为以下几种:

　　(1) 从事计算机行业的人员和业余爱好者的恶作剧,寻开心制造出的病毒,例如像圆点一类的病毒。

　　(2) 软件公司及用户为保护自己的软件被非法复制而采取的报复性惩罚措施。因为它们发现对软件上锁,不如在其中藏有病毒对非法复制的打击大,这更加助长了各种病毒的传播。

　　(3) 旨在攻击和摧毁计算机信息系统和计算机系统而制造的病毒——就是蓄意进行破坏。例如1987年底出现在以色列耶路撒冷西伯莱大学的犹太人病毒,就是雇员在工作中受挫或被辞退时故意制造的。它针对性强,破坏大,产生于内部,防不胜防。

　　(4) 用于研究或有益目的而设计的程序,有益某种原因失去控制或产生意想不到的效果。例如,首例计算机病毒是一个简单的试验程序,科学家最初只是想测试该理论是否有效,结果是他们证实了该理论,但是同时也发现了部分负面影响,病毒可干扰某些正常的计算机处理,并导致误操作。

　　目前计算机病毒主要通过以下三种途径进行传播:

　　(1) 通过软盘和光盘传播。这是计算机病毒常见的传播途径。计算机由于使用带有病毒的软盘或光盘,使软盘或光盘所携带的计算机病毒传至本机。

　　(2) 通过硬盘传播。感染计算机病毒的硬盘,在计算机运行时,将病毒传至其他文件或通过对软盘的操作将计算机病毒传至软盘,从而被带走并感染其他的计算机。

　　(3) 通过计算机网络进行传播。现代信息技术的巨大进步已使空间距离不再遥远,但也为计算机病毒的传播提供了新的"高速公路"。计算机病毒可以附着在正常文件中通过网络进入一个又一个系统,国内计算机感染一种"进口"病毒已不再是什么大惊小怪的事了。在我们信息国际化的同时,我们的病毒也在国际化。估计以后这种方式将成为第一传播途径。

5.4　计算机病毒的防治

　　随着社会的发展,计算机变得越来越普及,而针对计算机的病毒也越来越多,几乎所有的计算机用户都遇到过病毒的侵袭。它使计算机的硬件系统遭到破坏、数据丢失,严重影响了人们的学习、生活和工作。因此,了解计算机病毒防治方法,对于计算机用户来说是十分必要的。

首先,在思想上重视,加强管理,防止病毒的入侵。凡是从外来的软盘往机器中复制信息,都应该先对软盘进行查毒,若有病毒必须清除,这样可以保证计算机不被新的病毒传染。此外,由于病毒具有潜伏性,可能机器中还隐蔽着某些旧病毒,一旦时机成熟还将发作,所以,要经常对磁盘进行检查,若发现病毒就及时杀除。思想重视是基础,采取有效的查毒与消毒方法是技术保证。检查病毒与消除病毒目前通常有两种手段,一种是在计算机中加一块防病毒卡,另一种是使用防病毒软件,两者工作原理基本一样,一般用防病毒软件的用户更多一些。切记要注意一点,预防与消除病毒是一项长期的工作任务,不是一劳永逸的,应坚持不懈。

病毒的侵入必将对系统资源构成威胁,即使是良性病毒,至少也要占用少量的系统空间,影响系统的正常运行。特别是通过网络传播的计算机病毒,能在很短的时间内使整个计算机网络处于瘫痪状态,从而造成巨大的损失。因此,防止病毒的侵入要比病毒入侵后再去发现和消除它更重要。因为没有病毒的入侵,也就没有病毒的传播,更不能需要消除病毒。另一方面,现有病毒已有万种,并且还在不断增多。而消毒是被动的,只有在发现病毒后,对其剖析、选取特征串,才能设计出该"已知"病毒的杀毒软件。它不能检测和消除研制者未曾见过的"未知"病毒,甚至对已知病毒的特征串稍作改动,就可能无法检测出这种变种病毒或者在杀毒时出错。这样,发现病毒时,可能该病毒已经流行起来或者已经造成破坏。

计算机病毒的防治方法:

(1) 没有一种杀毒软件是万能的。杀毒软件的编制,有赖于采集到的病毒样本。因此,对新病毒均有滞后性。而定期使用另一种杀毒软件进行查毒和杀毒,可提高防治效果。

(2) 查杀病毒的常用软件(如瑞星和金山毒霸等)一定要及时、定期升级。

(3) 由于网络传播速度快,新病毒出现后,杀毒软件往往不能及时升级,因此,防治网络传播病毒的最佳方法是不预览邮件,遇到可疑邮件立即删除。

(4) 在使用外来软盘或光盘中的数据(软件)前,应该先检查,确认无病毒后再使用。

(5) 由于数据交换频繁,感染病毒的可能性始终存在,因此,重要数据一定要备份,如存入软盘或刻入光盘。

5.5 计算机使用安全常识

保护计算机安全的几种方法:

(1) 注意防止盗窃计算机案件,在高校经常会发生此类案件。小偷趁学生疏忽、节假日外出、夜晚睡觉不关房门或外出不锁门等机会,偷盗台式电脑、笔记本电脑或掌上电脑,或者偷拆走计算机的 CPU、硬盘、内存条等部件,给学生造成学习困难和经济损失。

(2) 注意防止火灾、水害、雷电、静电、灰尘、强磁场、摔砸撞击等自然或人为因素对计算机的危害,要注意保证计算机运行环境和辅助保障系统的可靠性和安全性。

(3) 防止计算机病毒侵害电脑,要使用正版软件,不要使用盗版软件或来路不明的软件。从网络上下载免费软件要慎重,注意电子邮件的安全可靠性。不要自己制作或试验病毒。重创世界计算机界的 CIH 病毒,据说是一个台湾大学生制作的,它给全世界带来了非常严重的电子灾难。

(4) 如果把计算机接入互联网,经常进行网上冲浪,就必须小心"黑客"的袭击。

(5) 有了计算机,就要同时选用正版杀毒软件,应选用可靠的、具有实时(在线)杀毒能力的软件。

(6) 养成文件备份的好习惯。首先是系统软件的备份,重要的软件要多备份并进行写保护,有了系统软件备份就能迅速恢复被病毒破坏或因误操作被破坏的系统。其次是重要数据备份,不要以为硬盘是永不消失的保险数据库。

(7) 给计算机买个保险。据《中国经济时报》报道,中国人民保险公司开始在全国范围内推广计算机保险。包括计算机硬件损失保险、数据复制费用保险和增加费用险(设备租赁费用险)等,主要承保火灾、爆炸、水管爆裂、雷击、台风、盗抢等导致的硬件损失、数据复制费用和临时租赁费用。对于风险较难以控制的病毒、"黑客"侵害问题,则列入责任免除条款。

(8) 要树立计算机安全观念,心理上要设防。网络虽好,可是安全问题丛生,网络陷阱密布,"黑客"伺机作案,病毒层出不穷。

同时还要防止"黑客"的袭击,具体有以下几种方法:

(1) 要使用正版防病毒软件并且定期将其升级更新,这样可以防"黑客"程序侵入我们的计算机系统。

(2) 如果我们使用数字用户专线或是电缆调制解调器连接因特网,就要安装防火墙软件,监视数据流动。要尽量选用最先进的防火墙软件。

(3) 别按常规思维设置网络密码,要使用由数字、字母和汉字混排而成,令"黑客"难以破译的口令密码。另外,要经常性地变换自己的口令密码。

(4) 对不同的网站和程序,要使用不同的口令密码,而不要使用统一密码,以防止被"黑客"破译后产生"多米诺骨牌"效应。

(5) 对来路不明的电子邮件或亲友电子邮件的附件或邮件列表要保持警惕,不要一收到就马上打开。要首先用杀病毒软件查杀,确定无病毒和"黑客"程序后再打开。

(6) 要尽量使用最新版本的互联网浏览器软件、电子邮件软件和其他相关软件。

(7) 下载软件要去声誉好的专业网站,既安全又能保证较快速度,不要去资质不清楚的网站。

(8) 不要轻易给别人的网站留下我们的电子身份资料,不要允许电子商务企业随意储存你的信用卡资料。

(9) 只向有安全保证的网站发送个人信用卡资料,注意寻找浏览器底部显示的挂锁图标或钥匙形图标。

(10) 要注意确认我们要去的网站地址,注意输入的字母和标点符号的绝对正确,防止误入网上歧途,落入网络陷阱。

习　　题

一、填空题

1. 计算机病毒就是能够通过某种途径潜伏在计算机存储介质或程序里,当达到某种条件时即被激活的具有对计算机资源进行破坏作用的一组_____。

2. 计算机病毒特点有 _____、_____、_____、_____、_____、_____、_____。

3. 目前计算机病毒主要通过以下三种途径进行传播：_____、_____、_____。

二、简答题

1. 什么是计算机病毒？
2. 如何防治计算机病毒？
3. 如何安全使用计算机？

第 6 章　Internet 基础知识

6.1　Internet 概述

6.1.1　Internet 的定义

Internet 又称因特网。泛指由多个计算机网络相互连接而成的一个网络，它是在功能和逻辑上组成的一个大型网络。在英语中"Inter"的含义是"交互的"，"net"是指"网络"。简单地讲，Internet 是一个计算机交互网络。它是一个全球性的巨大的计算机网络体系，它把全球数万个计算机网络，数千万台主机连接起来，包含了难以计数的信息资源，向全世界提供信息服务。从网络通信的角度来看，Internet 是一个以 TCP/IP 网络协议连接各个国家、各个地区、各个机构的计算机网络的数据通信网。从信息资源的角度来看，Internet 是一个集各个部门，各个领域的各种信息资源为一体，供网上用户共享的信息资源网。Internet 以相互交流信息资源为目的，基于一些共同的协议，并通过许多路由器和公共互联网而成。

今天的 Internet 已经远远超过了一个网络的含义，它是一个信息社会的缩影。虽然至今还没有一个准确的定义来概括 Internet，但是这个定义应从通信协议，物理连接，资源共享，相互联系，相互通信等角度来综合加以考虑。一般认为，Internet 的定义至少包含以下三个方面的内容：

(1) Internet 是一个基于 TCP/IP 协议簇的国际互联网络。

(2) Internet 是一个网络用户的团体，用户使用网络资源，同时也为该网络的发展壮大贡献力量。

(3) Internet 是所有可被访问和利用的信息资源的集合。

6.1.2　Internet 的特点

Internet 之所以发展如此迅速主要是由于它有以下几个方面优点。

开放性：Internet 可以自由接入，没有时间和空间的限制，任何人随时随地可加入 Internet，只要遵循规定的网络协议。在 Internet 上任何人都可以享受创作的自由，所有的信息流动都不受限制，这种开放性使得网络用户不存在是与否的限制，只要你入网便是用户。

共享性：Internet 是人类社会有史以来第一个世界性的图书馆和第一个全球性论坛，网络用户在网络上可以随意调阅别人的网页或拜访电子广告牌，从中寻找自己需要的信息和资料。有的网页连接共享型数据库，可供查询的资料更多。

低廉性：Internet 的发展获益于政府对信息网络的大力支持，因此 Internet 吸引了更多的用户使用网络。Internet 有丰富的信息资源，并且大多数是免费的。Internet 的收费标准完全可以被大学、机关、企业和一般用户接受。

方便快捷：Internet 传递信息非常快，不管距离有多远都可以在很短的时间内完成，省时省力，无论在任何国家任何地方都能做到，因此称之为地球村。

交互性：Internet 采用了客户机/服务器方式，大大增加了网络信息服务的灵活性，用户可以通过自己主机上的客户程序发出请求，与装有相应服务程序的主机进行通信以获取所需信息。

6.2　Internet 的发展历程

Internet 是人类历史发展中的一个伟大的里程碑，它是信息高速公路的雏形，人类由此进入一个前所未有的信息化社会。已经成为世界上覆盖面最广、规模最大、信息资源最丰富的计算机信息网络。

6.2.1　Internet 的产生与发展

从某种意义上说，Internet 可以说是美苏冷战的产物。这样一个庞大的网络，它的由来，可以追溯到 1962 年。美国国防部为了保证美国本土防卫力量和海外防御武装在受到苏联第一次核打击以后仍然具有一定的生存和反击能力，认为有必要设计出一种分散的指挥系统，它由一个个分散的指挥点组成，当部分指挥点被摧毁后，其他点仍能正常工作，并且这些点之间，能够绕过那些已被摧毁的指挥点而继续保持联系。1969 年，美国国防部国防高级研究计划署资助建立了一个名为 ARPANET 的网络，这个网络把位于洛杉矶的加利福尼亚大学、位于圣芭芭拉的加利福尼亚大学、斯坦福大学，以及位于盐湖城的犹他州州立大学的计算机主机联接起来，位于各个节点的大型计算机采用分组交换技术，通过专门的通信交换机和专门的通信线路相互连接。1972 年，ARPANET 在首届计算机后台通信国际会议上首次与公众见面，并验证了分组交换技术的可行性，由此，ARPANET 成为现代计算机网络诞生的标志。

ARPANET 在技术上的另一个重大贡献是 TCP/IP 的开发和使用。1980 年，ARPA 投资把 TCP/IP 加进 UNIX 的内核中，TCP/IP 即成为 UNIX 操作系统的标准通信模块。1982 年，Internet 由 ARPA NET、MILNET 等几个计算机网络合并而成，作为 Internet 的早期骨干网，ARPANET 试验并奠定了 Internet 存在和发展的基础，较好地解决了异种机网络互联的一系列理论和技术问题。

局域网和其他广域网的产生和蓬勃发展对 Internet 的进一步发展起了重要的作用。其中，最为引人注目的就是美国国家科学基金会 NSF(National Science Foundation)建立的美国国家科学基金网 NSFNET，1986 年，NSF 建立起了六大超级计算机中心，为了使全国的科学家、工程师能够共享这些超级计算机设施，NSF 建立了自己的基于 TCP/IP 的计算机网络 NSFNET。于 1990 年 6 月 NSFNET 彻底取代了 ARPANET 而成为 Internet 的主干网。NSFNET 对 Internet 的最大贡献是使 Internet 向全社会开放，随着网上通信量的迅猛增长，NSF 不断采用更新的网络技术来适应发展的需要。

1995年，Internet开始大规模应用在商业领域。由于商业应用产生的巨大需求，从调制解调器到诸如Web服务器和浏览器的Internet应用市场都分外红火。在Internet蓬勃发展的同时，其本身随着用户的需求的转移也发生着产品结构上的变化。1994年，所有的Internet软件几乎全是TCP/IP协议包，那时人们需要的是能兼容TCP/IP协议的网络体系结构；如今Internet重心已转向具体的应用。Web是Internet上增长最快的应用，Internet已成为目前规模最大的国际性计算机网络。Internet的应用也渗透到了各个领域，从学术研究到股票交易、从学校教育到娱乐游戏、从联机信息检索到在线居家购物等，都有长足的进步。

6.2.2 Internet在中国

1987年9月20日，钱天白教授发出了中国第一封电子邮件，主题是"越过长城，通向世界"八个字，揭开了中国人使用互联网的序幕。正像这封邮件主题所暗示的那样，互联网在中国的发展超越了技术、人群、国界以及文化等许许多多"边界"。从1995年商业Internet正式起步以来，互联网所掀起的资本狂飙、财富冲动、创业热潮、观念摩擦、体制碰撞、新媒体神话乃至最具戏剧性的泡沫破灭等社会冲击波，曾经冲撞过每一个国人的心灵。迄今为止，互联网在中国社会依旧处于小众、边缘状态，但是主流人群、核心媒体对互联网的关注却大大超过了互联网本身能够创造的价值。

Internet在中国的发展分为五个阶段：1987—1993年为第一个阶段，是电子邮件使用阶段；1994—1995年为第二个阶段，是教育科研应用阶段；1996—1997年为第三个阶段，是商业应用阶段；1998—2000年为第四阶段，是普及阶段；2001—至今为第五阶段，是应用多元化阶段。

6.2.3 Internet的发展方向

从目前的情况来看，Internet市场仍具有巨大的发展潜力，未来其应用将涵盖从办公室共享信息到市场营销、服务等广泛领域。另外，Internet带来的电子贸易正改变着现今商业活动的传统模式，其提供的方便而广泛的互连必将对未来社会生活的各个方面带来影响。然而Internet也有其固有的缺点，可靠性能的缺乏，对于商业领域的不少应用是至关重要的。安全性问题是困扰Internet用户发展的一个主要因素。虽然现在已有不少的方案和协议来确保Internet网上的联机商业交易的可靠进行，但真正适用并将主宰市场的技术和产品目前尚不明确。另外，Internet是一个无中心的网络。

面对移动Internet，移动电子商务等新兴的Internet业务，以及企业、公司等利用Internet经营业务等各种应用。下一代Internet需要研究有关发展应用的一切问题，如完整的搜索引擎、使用XML的纵向行业标准以及视频资料的索引等。还需研究信息管理、安全保密机制和分布式的环境应用等，这样Internet才能更好地发展。

6.3 Internet提供的服务

Internet的最大优势之一是使用简单便捷，借助于现代通信手段和计算机技术实现全球信息传递，对用户提供多种形式的信息服务。下面简单介绍一下Internet的主要服务。

6.3.1 WWW 服务

WWW(World Wide Web)又称万维网,是一种交互式图形界面的 Internet 服务,具有强大的信息连接功能。它是由欧洲粒子物理实验室研制的,主要是为了解决 Internet 上的信息传递问题。商业界很快看到了其价值,许多公司建立了主页,利用 Web 在网上发布消息,并将它作为各种服务的界面,如客户服务、特定产品和服务的详细说明、宣传广告等。

WWW 采用超文本和多媒体技术,将不同文件通过关键字建立链接,提供一种交叉式查询方式。在一个超文本的文件中,一个关键字链接到另一个与关键字有关的文件,该文件可以在同一台主机上,也可以在 Internet 的另一台主机上,同样该文件也可以是另一个超文本文件。WWW 具有友好的用户界面,使用非常方便。它可以把全世界 Internet 上不同地点的相关数据信息有机的组织在一起,以供用户使用,实现全球信息共享。用户只要提出查询要求、到什么地方查询及如何查询均由 WWW 来自动完成。

WWW 是基于客户机/服务器方式的信息发现技术和超文本技术的综合。WWW 的成功在于它制定了一套标准的、易为人们掌握的超文本开发语言 HTML、信息资源的统一定位格式 URL 和超文本传送协议 HTTP。WWW 服务器通过 HTML 超文本标记语言把信息组织成为图文并茂的超文本;WWW 浏览器则为用户提供基于 HTTP 超文本传输协议的用户界面。用户使用 WWW 浏览器通过 Internet 访问远端 WWW 服务器上的 HTML 超文本。在 WWW 的客户机/服务器工作环境中,WWW 浏览器起着控制作用,WWW 浏览器的任务是使用一个 URL 来获取一个 WWW 服务器上的 Web 文档解释这个 HTML,并将文档内容以用户环境所许可的效果最大限度地显示出来。

6.3.2 FTP 服务

FTP(File Transfer Protocol)是 Internet 上使用最广泛的应用之一,是用于 Internet 上的控制文件的双向传输的协议,同时也是一个应用程序。用户可以通过它把自己的 PC 机与世界各地所有运行 FTP 协议的服务器相连,访问服务器上的大量程序和信息。

Internet 上有许多的资源都是以 FTP 的形势提供给大家使用的,包括各种文档、软件工具包等。FTP 允许用户在计算机之间传送文件,并且文件的类型不限,可以是文本文件也可以是二进制可执行文件、声音文件图像文件、数据压缩文件等。FTP 是一种实时的联机服务,在进行工作前必须首先登录到对方的计算机上,登录后才能进行文件传送和有关操作。

普通的 FTP 服务要求用户必须在要访问的计算机上有用户名和口令。而 Internet 上最受欢迎的是被称为匿名 FTP 的服务,用户在登录这些服务器时不用事先注册一个用户名和口令,而是以 Anonymous 或 FTP 为用户名,自己的电子邮件地址为口令即可。匿名 FTP 是目前 Internet 上进行资源共享的主要途径之一,它的特点是访问方便、操作简单、容易管理。

6.3.3 远程登录服务

远程登录是 Internet 提供的基本的信息服务之一,远程登录是在网络通信协议的支持下使本地计算机暂时成为远程计算机仿真终端的过程。在远程计算机上登录,必须事先成为该计算机系统的合法用户并拥有相应的账号和口令。登录时要给出远程计算机的域名或 IP 地址,并按照系统提示输入用户名及口令。登录成功后,用户便可以实时使用该系统对外开放的功能和资源,例如:共享它的软硬件资源和数据库,使用其提供的 Internet 的信息服务,如:E-mail、FTP、Archie、Gopher、WWW、WAIS 等。

利用远程登录用户可以实时使用远程计算机上对外开放的资源。此外用户还可以从自己的计算机上发出命令来运行其他计算机上的软件。Telnet 提供了大量的命令,这些命令可用于建立终端与远程主机的交互式对话,可使本地用户执行远程主机的命令。Internet 的许多服务都是通过远程登录访问来实现的。

6.3.4 电子邮件服务

电子邮件又称 E-mail,是 Internet 上使用最广泛的一种服务,是 Internet 最基本功能之一。它是用户或用户组之间通过计算机网络收发信息的服务。目前电子邮件已成为网络用户之间快速、简便、可靠且低成本低廉的现代通信手段。

电子邮件使网络用户能够发送或接收文字、图像和语音等多种形式的信息。目前 Internet 网上 60% 以上的活动都与电子邮件有关。使用 Internet 提供的电子邮件服务,实际上并不一定需要直接与 Internet 联网。只要通过已与 Internet 联网并提供 Internet 邮件服务的机构收发电子邮件即可。

电子邮件系统是采用"存储转发"方式为用户传递电子邮件。通过在一些 Internet 的通信节点计算机上运行相应的软件,可以使这些计算机充当"邮局"的角色。用户使用的电子邮箱就是建立在这类计算机上的。当用户希望通过 Internet 给某人发送信件时,他先要与为自己提供电子邮件服务的计算机联机,然后将要发送的信件与收信人的电子邮件地址送给电子邮件系统。

6.4 Internet 技术知识

Internet 的本质是计算机与计算机之间互相通信并交换信息,只不过大多是小计算机从大计算机获取各类信息。这种通信跟人与人之间信息交流一样必须具备一些条件,计算机与计算机之间通信,首先也得使用一种双方都能接受的"语言"——通信协议,然后还得知道计算机彼此的地址,通过协议和地址,计算机与计算机之间就能交流信息,这就形成了网络。

6.4.1 TCP/IP

TCP/IP 其实是两个网络基础协议:TCP 协议、IP 协议名称的组合。

1. IP 协议

IP 接收传输层送来的数据,并将其封装成 IP 数据包,然后把它们送入网络,同时接收网络连接层送来的数据,去掉 IP 包头,重新创建原来的数据,然后发送到目的主机上。在现实生活中,进行货物运输时都是把货物包装成一个个的纸箱或者是集装箱之后才进行运输,在网络世界中各种信息也是通过类似的方式进行传输的。IP 协议规定了数据传输时的基本单元和格式。如果比作货物运输,IP 协议规定了货物打包时的包装箱尺寸和包装的程序。IP协议还定义了数据包的递交办法和路由选择。同样用货物运输作比喻，IP协议规定了货物的运输方法和运输路线。

2. TCP协议

在IP协议中定义的传输是单向的，也就是说发出去的货物对方有没有收到我们是不知道的。TCP协议提供了可靠的面向对象的数据流传输服务的规则和约定。简单地说在TCP模式中，对方发一个数据包给你，你要发一个确认数据包给对方。通过这种确认来提供可靠性。

在Internet上连接的所有计算机称它为主机。为了实现各主机间的通信，每台主机都必须有一个唯一的网络地址，才不至于在传输资料时出现混乱。Internet的网络地址是指连入Internet网络的计算机的地址编号。所以网络地址唯一地标识一台计算机，这个网络地址我们称之为IP地址，即用Internet协议语言表示的地址。

IP地址包括两部分内容：一部分是网络标识，另一部分是主机标识。同一个物理网络上的所有主机都用同一个网络标识，网络上的一个主机都有一个主机标识与其对应，IP地址的4个字节划分为2个部分，一部分用以标明具体的网络段，即网络标识；另一部分用以标明具体的节点，即主机标识，也就是说某个网络中的特定的计算机号码。例如，这样一个IP地址219.216.250.6，对于该IP地址，我们可以把它分成网络标识和主机标识两部分，这样上述的IP地址就可以写成：

网络标识：219.216.250.0

主机标识：6

合起来写：219.216.250.6

目前，IP地址是一个32位的二进制地址，为了便于记忆，将它们分为4组，每组8位，由小数点分开，用四个字节来表示，而且，用点分开的每个字节的数值范围是0～255，如219.216.250.1，这种书写方法叫作点数表示法。127.0.0.1表示自己本地计算机的IP地址。

IP地址分为五类，A类保留给政府机构，B类分配给中等规模的公司，C类分配给任何需要的人，D类用于组播，E类用于实验，各类可容纳的地址数目不同。主机号为0的网络地址，表示网络本身。例如219.216.250.0表示一个C类网络。主机号全为1的地址保留作为定向广播。例如219.216.250.255表示一个广播地址。127.0.0.0保留用来测试TCP/IP以及本机进程间的通信。故网络号为127的分组永远不会出现在网络上，而且主机或者路由器永远不能为127的地址传播选路信息或者可达性信息。它不是一个网络地址。

A类IP地址首位为0，IP地址范围为1.0.0.1～127.255.255.254，主机号24位。

0	网络	主机

A类IP地址是指在IP地址的四段号码中，第一段号码为网络号码，剩下的三段号码为本地计算机的号码。如果用二进制表示IP地址的话，A类IP地址就由1字节的网络地址和3字节主机地址组成，网络地址的最高位必须是"0"。A类IP地址中网络的标识长度为7位，主机标识的长度为24位，A类网络地址数量较少，可以用于主机数达1600多万台的

大型网络。A 类 IP 地址仅使用第一个 8 位位组表示网络地址。剩下的 3 个 8 位位组表示主机地址。A 类地址的第一个位总为"0",A 类地址后面的 24 位表示可能的主机地址,A 类网络地址的范围为 1.0.0.1~127.255.255.254。127.0.0.0 也是一个 A 类地址,但是它已被保留作闭环测试之用而不能分配给一个网络。

B 类 IP 地址前两位为 10,IP 地址范围为 128.1.0.1~191.255.255.254,主机号 16 位。

| 10 | 网络 | 主机 |

B 类 IP 地址是指在 IP 地址的四段号码中,前两段号码为网络号码,B 类 IP 地址就由 2 字节的网络地址和 2 字节主机地址组成,网络地址的最高位必须是"10"。B 类 IP 地址中网络的标识长度为 14 位,主机标识的长度为 16 位,B 类网络地址适用于中等规模的网络。B 类地址的目的是支持中到大型的网络。一个 B 类 IP 地址使用两个 8 位位组表示网络号,另外两个 8 位位组表示主机号。B 类地址的第 1 个 8 位位组的前两位总置为"10",最后的 16 位标识可能为主机地址,B 类网络地址范围为 128.1.0.1~191.255.255.254。

C 类 IP 地址前三位为 110,IP 地址范围为 192.0.1.1~223.255.255.254,主机号 8 位。

| 110 | 网络 | 主机 |

C 类 IP 地址是指在 IP 地址的四段号码中,前三段号码为网络号码,剩下的一段号码为本地计算机的号码。如果用二进制表示 IP 地址的话,C 类 IP 地址就由 3 字节的网络地址和 1 字节主机地址组成,网络地址的最高位必须是"110"。C 类 IP 地址中网络的标识长度为 21 位,主机标识的长度为 8 位,C 类网络地址数量较多,适用于小规模的局域网络。C 类地址用于支持大量的小型网络。这类地址可以认为与 A 类地址正好相反。A 类地址使用第一个 8 位位组表示网络号,剩下的 3 个表示主机号,而 C 类地址使用三个 8 位位组表示网络地址,仅用一个 8 位位组表示主机号。C 类地址的前 3 位数为"110",最后一个 8 位位组用于主机寻址。C 类网络地址范围为 192.0.1.1~223.255.255.254。每一个 C 类地址理论上可支持最大 256 个主机地址(0~255),但是仅仅有 254 个可用,因为 0 和 255 不是有效的主机地址。

D 类 IP 地址前四位为 1110,IP 地址范围为 224.0.0.1~239.255.255.254。

| 1110 | 多播地址 |

D 类地址用于在 IP 网络中的组播。D 类地址的前 4 位恒为 1110,预置前 3 位为 1 意味着 D 类地址开始于 224。第 4 位为 0 意味着 D 类地址的最大值为 239,因此 D 类地址空间的范围为 224.0.0.1~239.255.255.254。

E 类 IP 地址前四位为 1111,IP 地址范围为 240.0.0.1~255.255.255.255。

| 1111 | 保留将来使用 |

E 类地址保留作研究之用。因此 Internet 上没有可用的 E 类地址。E 类地址的前 4 位恒为 1,因此有效的地址范围为 240.0.0.1~255.255.255.255。

6.4.2 子网掩码

子网掩码是一个 32 位地址,用于屏蔽 IP 地址的一部分以区别网络标识和主机标识,并说明该 IP 地址是在局域网上,还是在远程网上。

为了快速确定 IP 地址的哪部分代表网络号,哪部分代表主机号,判断两个 IP 地址是否属于同一网络,就产生了子网掩码的概念,子网掩码按 IP 地址的格式给出。A、B、C 类 IP 地址的默认子网掩码如下:

A:255.0.0.0
B:255.255.0.0
C:255.255.255.0

用子网掩码判断 IP 地址的网络号与主机号的方法是用 IP 地址与相应的子网掩码进行与运算,可以区分出网络号部分和主机号部分。

子网掩码是用来判断任意两台计算机的 IP 地址是否属于同一子网络的依据。最为简单的理解就是两台计算机各自的 IP 地址与子网掩码进行 AND 运算后,如果得出的结果是相同的,则说明这两台计算机是处于同一子网络上的,可以进行直接的通信。

| IP 地址 | 192.168.0.1 |
| 子网掩码 | 255.255.255.0 |

转换成二进制数进行运算:

IP 地址	11000000.10101000.00000000.00000001
子网掩码	11111111.11111111.11111111.00000000
AND 运算	11000000.10101000.00000000.00000000

转换成十进制数后为:192.168.0.0

| IP 地址 | 192.168.0.254 |
| 子网掩码 | 255.255.255.0 |

转换成二进制数进行运算:

IP 地址	11000000.10101000.00000000.11111110
子网掩码	11111111.11111111.11111111.00000000
AND 运算	11000000.10101000.00000000.00000000

转换成十进制数后为:192.168.0.0

| IP 地址 | 192.168.0.4 |
| 子网掩码 | 255.255.255.0 |

转换成二进制数进行运算:

IP 地址	11000000.10101000.00000000.00000100
子网掩码	11111111.11111111.11111111.00000000
AND 运算	11000000.10101000.00000000.00000000

转换成十进制数后为:192.168.0.0

通过以上对三组计算机 IP 地址与子网掩码的 AND 运算后,我们可以看到它的运算结果是一样的,均为 192.168.0.0,所以计算机就会把这三台计算机视为同一子网络,然后进行通信。

6.4.3 域名系统

Internet 上的每台主机都具有唯一的 IP 地址,这个地址是 4 个字节的二进制数。用不具有任何意义的二进制数来定位特定的设备给用户带来了很大的困扰。所以在 Internet 上采用域名系统(DNS)来完成 IP 地址域名字的映射管理。Internet 主机域名的一般格式为:四级域名.三级域名.二级域名.顶级域名,如 www.163.com。

从域名结构上可以分为:国际域名和国内域名。国际域名的后缀有:.com 表示赢利的商业实体,.net 表示网络资源或组织,.gov 表示非军事政府或组织,.mil 表示军事机构或组织,.edu 表示教育机构,.org 表示非营利性组织机构等;国内域名的后缀有:.cn 表示中国,.uk 表示英国,.us 表示美国等。

6.4.4 Internet 工作方式

客户机/服务器系统是一种新型的计算机工作方式,Internet 采用客户机/服务器方式访问资源。当用户在共享某个 Internet 资源时,通常都有两个独立的程序协同提供服务。这两个程序运行在不同的计算机上,我们把提供资源的计算机叫作服务器,而把使用资源的计算机叫作客户机。由于在 Internet 上用户往往不知道究竟是哪台计算机提供了资源,因而客户机、服务器指的是软件,即客户程序和服务程序。

当用户使用 Internet 功能时,首先启动客户机,通过有关命令告知服务器进行连接以完成某种操作,而服务器则按照此请求提供相应的服务,如图 6.1 所示。

图 6.1 客户机/服务器工作示意图

习 题

一、选择题

1. 下列( )不是 Internet 的特点。
   A. 开放性　　　　B. 健壮性　　　　C. 共享性　　　　D. 交互性
2. ( )年中国人第一次使用互联网。
   A. 1987　　　　　　　　　　　　B. 1962
   C. 1995　　　　　　　　　　　　D. 1972
3. 下列( )不是国内域名。
   A. .us　　　　　　　　　　　　　B. .uk
   C. .cn　　　　　　　　　　　　　D. .com

二、填空题

1. Internet 对于商业领域的不少应用至关重要的缺点是_____。
2. 为了实现各主机间的通信,每台主机都必须有一个唯一的_____。

3. _____年,Internet 开始大规模应用在商业领域。
4. TCP/IP 是_____和_____名称的组合。

三、简答题

1. 什么是 Internet?
2. Internet 提供哪些服务?
3. 简述客户机/服务器工作模式?

第 7 章　程序设计基础

用计算机语言为计算机编写程序从而解决某种问题,我们也称之为程序设计。程序设计需要有一定的方法来指导,也就是说,需要对问题进行分解,构造求解问题的算法。对问题如何进行抽象和分解,对程序如何进行组织,使得程序的可维护性、可读性、稳定性、效率等更好,是程序设计方法研究的主要问题。

7.1　算 法 概 述

7.1.1　算法的概念

一般地,对于一类有待求解的问题,如果建立了一套通用的解题方法,按部就班地实施这套方法就能使该类问题得以解决,那么这套解题方法是求解该类问题的一种算法。

算法有时被表示为一系列可执行的步骤,有序地执行这些步骤,就能在有限步骤解决问题,例如:从 10 个数中挑选出最大的一个数,打印输出。

引导学生以从 10 个人中挑出最高的人为例,让学生发挥想象。

设想:"打擂台"或"比武招亲",设 MAX 为大力士,T 为计数器。

(1) 先输入 1 个数——→MAX,1 ——→T;(擂主)

(2) 再输入下一个数——→X,T+1 ——→T;(上一个挑战者)

(3) 比较 X>MAX ;(比武)

(4) 若 X>MAX 成立,X ——→MAX;(打败擂主,即新的大力士产生)

否则,MAX 仍然是最厉害,即值不变;(败下阵来)

(5) 判断 T=10;(看看还有没有挑战者)

(6) 若 T=10 成立,则说明 10 个数已比较完,最大的数在 MAX 中,输出 MAX 即可;(颁奖)

(7) 否则,转(2)继续找下一个挑战者比武。

由例子看出,算法并不给出问题的精确解,只是说明怎样按步骤得到解。每一个算法都是由一系列的操作指令组成的。这些操作包括加、减、乘、除、判断等,按顺序、选择、循环等结构组成。所以,研究算法的目的就是研究怎样把各种类型的问题的求解过程分解成一些基本的操作。

算法是一组有穷的规则,它们规定了解决某一特定类型问题的一系列运算,是对解题方案的准确、完整的描述。制定一个算法,一般要经过设计、确认、分析、编码、测试、调试、计时等阶段。

具体说来,算法主要有以下特点:

(1) 有穷性(有限性)。任何一种提出的解题方法都是在有限的操作步骤内可以完成的,哪怕是失败的解题方法。

(2) 确定性(唯一性)。解题方法中的任何一个操作步骤都是清晰无误的,不会使人产生歧义或者误解。

(3) 可行性(能行性)。解题方法中的任何一个操作步骤在现有计算机软硬件条件下和逻辑思维中都能够实施实现。

(4) 有0到多个输入。解题算法中可以没有数据输入,也可以有多个输入。

(5) 有1到多个输出。一个算法执行结束之后必须有数据处理结果输出,哪怕是输出错误的数据结果,没有输出的算法是毫无意义的。

7.1.2 算法的表示

算法的表示方法有多种,具体可以归纳为以下几种:

1. 自然语言表示法

所谓的"自然语言"指的是日常生活中使用的语言,如汉语、英语或数学语言。用自然语言描述的算法通俗易懂,而且容易掌握,但算法的表达与计算机的具体高级语言形式差距较大,通常是用于介绍求解问题的一般算法。但是,用自然语言描述的算法易产生歧义性,往往需要根据上下文才能判别其含义,并且语句比较烦琐冗长,很难清楚地表达算法的逻辑流程,尤其对描述含有选择或循环结构的算法,不太方便和直观。

2. 用传统流程图描述算法

流程图也叫框图,它是用各种几何图形、流程线及文字说明来描述计算过程的框图。流程图的常用符号如图7.1所示。用流程图描述算法的优点是:直观,设计者的思路表达得清楚易懂,便于检查修改。

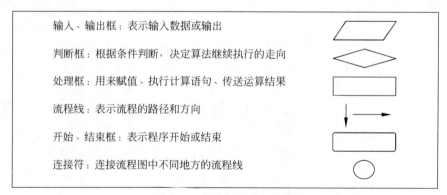

图 7.1 流程图的常用符号

流程图常用的逻辑结构如图7.2所示。用流程图描述算法时,一般要注意以下几点:

(1) 应根据解决问题的步骤从上至下顺序地画出流程图,图框中的文字要尽量简洁。

(2) 为避免流程图的图形显得过长,图中的流程线要尽量短。

(3) 用流程图描述算法时,流程图的描述可粗可细,总的原则是:根据实际问题的复杂性,流程图达到的最终效果应该是:依据此图就能用某种程序设计语言实现相应的算法(即完成编程)。

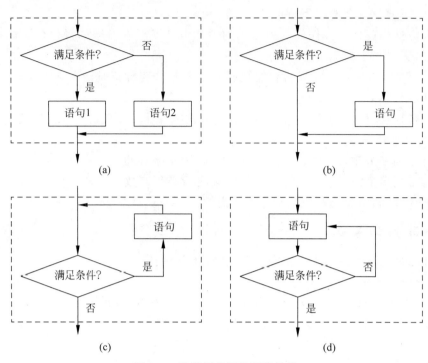

图 7.2 流程图常用的逻辑结构

3. N-S 结构化流程图表示法

N-S 结构化流程图的主要特点是取消了流程线,全部算法由一些基本的矩形框图顺序排列组成一个大矩形表示,即不允许程序任意转移,而只能顺序执行,从而使程序结构化。N-S 图中去掉了传统流程图中带箭头的流向线,全部算法以一个大的矩形框表示,该框内还可以包含一些从属于它的小矩形框,适于结构化程序设计。图 7.3 表示了结构化程序设计的三种基本结构的 N-S 流程图表示。其中,(a)表示顺序结构,(b)表示选择结构,(c)表示当型循环结构,(d)表示直到型循环结构。T 表示条件为真;F 表示条件为假。

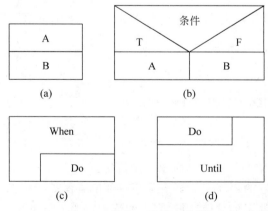

图 7.3 图的三种基本结构

任何复杂的算法都可以用顺序、选择、循环三种基本结构组合而成,故称为算法的三种基本结构。

例：求两个正整数 a 和 b 的最大公约数的步骤为：

（1）输入 a 和 b。
（2）求 a/b 的余数 x。
（3）判断余数 x 是否为 0，若是则 b 为最大公约数，结束运行。
（4）否则 b 赋给 a，x 赋给 b，继续从 b 执行。
用 N-S 流程图描述如图 7.4 的例子。

4. 伪代码表示法

伪代码(Pseudo code)是一种算法描述语言。使用伪代码的目的是为了使被描述的算法可以容易地以任何一种编程语言(Pascal、C、Java、etc)实现。因此，伪代码必须结构清晰、代码简单、可读性好，并且类似自然语言。它介于自然语言与编程语言之间。

上述求最大公约数的伪代码表示为：

```
read a, b
x == a % b
do while x <> 0
    a == b
    b == x
    x == a % b
end do
print b
```

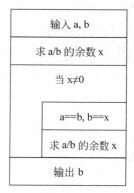

图 7.4　求最大公约数的 N-S 图

伪代码只是像流程图一样用在程序设计的初期，帮助写出程序流程。简单的程序一般都不用写流程、写思路，但是复杂的代码，最好还是把流程写下来，总体上去考虑整个功能如何实现。写完以后不仅可以用来作为以后测试、维护的基础，还可用来与他人交流。但是，如果把全部的东西写下来必定可能会让费很多时间，那么这个时候可以采用伪代码方式。这样不但可以达到文档的效果，同时可以节约时间。使结构比较清晰，表达更加直观。

7.2　程序设计概述

7.2.1　程序的概念

日常生活中，完成一项复杂的任务，常常需要进行一系列的具体工作。这些按一定次序安排的工作步骤，即为程序。简单地讲，生活中可以将程序理解为事情进行的先后次序。比如军事上，用导弹摧毁敌方目标，首先发射人员要接收上级的攻击命令，然后确定目标位置再点火发射，并在发射过程中不断修正航向，直至最终命中目标，之后，要向上级报告攻击成功。

一般地，计算机程序是指为了让计算机解决某一特定问题，用某一种程序设计语言设计编写的指令序列。计算机一步一步执行这个指令序列，就完成了人们希望它做的事情，而且整个指令序列执行过程中基本不需要人来干预。

通常，计算机程序要经过编译和链接而成为一种人们不易理解而计算机能理解的格式，然后运行。未经编译就可运行的程序通常称之为脚本程序。

严格说来,程序主要用于描述完成某项功能所设计的对象和动作规范。如上述例子中,上级、发射人员、导弹等都是对象;而接受命令、定位、点火等都是动作。这些动作的先后顺序以及它们所作用的对象,要遵守一定的规则。比如发射的是导弹而不是子弹,不能先发射后定位。

由此可见,日常生活中,程序的概念是很普遍的。然而,随着计算机的出现和大规模普及后,程序变成了计算机的专用名词,程序规定了计算机执行的动作和动作的顺序。一个程序应包括以下两方面的内容:

(1) 对数据的描述。在程序中要指定数据的类型和数据的组织形式,即数据结构。

(2) 对操作的描述,即操作步骤,也就是算法。数据是操作的对象,操作的目的是对数据进行加工处理,以得到期望的结果。作为程序设计人员,必须认真考虑和设计数据结构和操作步骤。著名的计算机科学家沃思提出了一个公式:程序=数据结构+算法。

7.2.2 程序设计语言

计算机程序设计语言的发展,经历了从机器语言、汇编语言到高级语言的历程。前两种是面向机器的低级语言,而高级语言更接近于自然语言。

1. 机器语言

机器语言又称为二进制代码语言,是一种用二进制代码"0"和"1"形式表示的,能被计算机直接识别和执行的指令序列。用机器语言编写的程序,机器的指令格式和代码所代表的含义都是硬性规定的,称为计算机机器语言程序。机器语言程序的特点是程序全部由二进制代码组成,可以直接访问和使用计算机的硬件资源,计算机可以直接识别,不需要进行任何翻译,其指令的执行效率高。它是第一代的计算机语言,用机器语言编写的程序不便于记忆、阅读和书写,所以它是一种低级语言。因此通常不用机器语言直接编写程序。

机器语言指令格式如下:

操作码表示应该进行什么样的操作,操作数表示参与操作的数本身或它在内存中的地址。

例如,某种计算机的指令为1011011000000000,它表示让计算机进行一次加法操作;而指令1011010100000000则表示进行一次减法操作。它们的前八位表示操作码,而后八位表示地址码。从上面两条指令可以看出,它们只是在操作码中从左边第0位算起的第6和第7位不同。这种机型可包含256(2的8次方)个不同的指令。

2. 汇编语言

汇编语言(也称为第二代语言)是面向机器的程序设计语言。汇编语言是一种功能很强的程序设计语言,也是利用计算机所有硬件特性并能直接控制硬件的语言。在汇编语言中,用助记符(Mnemonic)代替操作码,用地址符号(Symbol)或标号(Label)代替地址码。这样用符号代替机器语言的二进制码,就把机器语言变成了汇编语言。因此汇编语言亦称为符号语言。

例如，计算 A＝32＋18 的汇编语言程序如下：

```
MOV  A, 32    ；把 32 放入累加器 A 中
ADD  A, 18    ；18 与累加器 A 中的值相加，结果仍放入 A 中
HTL           ；程序结束，停机
```

由此可见，汇编语言在一定程度上克服了机器语言难读难改的缺点，同时保持了其编程质量高，占用存储空间少，执行速度快的特点。

使用汇编语言编写的程序，机器不能直接识别，要由一种程序将汇编语言翻译成机器语言，这种起翻译作用的程序叫汇编程序，汇编程序是系统软件中语言处理系统软件。汇编语言编译器把汇编程序翻译成机器语言的过程称为汇编。

汇编语言比机器语言易于读写、调试和修改，同时具有机器语言全部优点。但在编写复杂程序时，相对高级语言代码量较大，而且汇编语言依赖于具体的处理器体系结构，不能通用，因此不能直接在不同处理器体系结构之间移植。

但是，汇编语言还是依赖于机器，不同的计算机在指令长度、寻址方式、寄存器数目、指令表示等方面都不一样，这样导致汇编语言程序通用和可读性都比较差。从而引出了高级语言的出现。

3. 高级语言

从最初与计算机交流的痛苦经历中，人们意识到，应该设计一种这样的语言，这种语言接近于数学语言或人的自然语言，同时又不依赖于计算机硬件，编出的程序能在所有机器上通用。经过努力，1954 年，第一个完全脱离机器硬件的高级语言——FORTRAN 问世了，40 多年来，共有几百种高级语言出现，有重要意义的有几十种，影响较大、使用较普遍的有 Fortran、ALGOL、Cobol、Basic、Lisp、SNOBOL、PL/1、Pascal、C、Prolog、Ada、C++、VC、VB、Delphi、Java 等。

高级语言的优点有：

（1）高级语言接近算法语言，易学、易掌握，一般工程技术人员只要几周时间的培训就可以胜任程序员的工作；

（2）高级语言为程序员提供了结构化程序设计的环境和工具，使得设计出来的程序可读性好、可维护性强、可靠性高；

（3）高级语言远离机器语言，与具体的计算机硬件关系不大，因而所写出来的程序可移植性好，重用率高；

（4）由于把烦琐的事务交给了编译程序去做，所以自动化程度高，开发周期短，且程序员得到解脱，可以集中时间和精力去从事对于他们来说更为重要的创造性劳动，以提高程序的质量。

将高级语言程序翻译成机器语言一般有两种做法：编译方式或解释方式，相应的翻译程序称为：编译程序和解释程序。编译方式是只要编译一次，下次再执行时就不用再解释了，相对来说速度较快。解释方式，读一行解释一行，然后再执行，执行完后，再读下一行，然后再解释一下再执行。下次再执行时还要解释。运行比较慢，优点是移植性。

程序的编译与执行过程：

7.2.3 程序设计方法

在程序设计过程中,应当采取自顶向下、逐步求精的方法。简单地说,"自顶向下、逐步求精"就是把一个模块的功能逐步分解,细化为一系列具体的步骤,进而翻译成一系列用某种程序设计语言写成的程序。

自顶向下、逐步求精方法的优点:

自顶向下、逐步求精方法符合人们解决复杂问题的普遍规律。可以提高软件开发的成功率和生产率;

用先全局后局部、先整体后细节、先抽象后具体的逐步求精的过程开发出来的程序具有清晰的层次结构,程序的可读性强;

程序自顶向下,逐步细化,分解成一个树形结构。在同一层的节点上做的细化工作相互独立。在任何一步发生错误,一般只影响它下层的节点,同一层其他节点不受影响。在以后的测试中,也可以先独立地逐个节点地做,最后再集成;

程序清晰和模块化,使得在修改和重新设计一个软件时,可复用的代码量最大;

每一步工作仅在上层节点的基础上做不多的设计扩展,便于检查;

有利于设计的分工和组织工作。

一般地,评价程序质量性能的准则:

正确性:判断程序质量首要标准。

可靠性:程序反复使用中保持不失败的概率。

简明性:要求程序简明易懂。

有效性:在一定软硬件条件下,程序综合效率的反映。

可维护性:分为校正性维护、适应性维护和完善性维护。关系到程序的可用性。

可移植性:程序应尽可能适应各类运行环境,提高程序的复用。

目前,有结构化的程序设计和面向对象的程序设计两种重要的程序设计方法。

7.3 结构化程序设计

结构化程序设计是 E. W. Dijikstra 在 20 世纪 60 年代末提出的。它的主要观点是采用自顶向下、逐步求精的程序设计方法,使用三种基本控制结构构造程序,任何程序都可由顺序、选择、重复三种基本控制结构构造,其实质是控制编程中的复杂性。结构化程序设计曾被称为软件发展中的第三个里程碑。

结构化程序设计方法的要点是:

(1) 没有 GOTO 语句;在有资料里面说可以用,但要谨慎严格控制 GOTO 语句;

(2) 一个入口,一个出口;

(3) 自顶向下、逐步求精的分解;

(4) 主程序员组。

其中(1)、(2)是解决程序结构规范化问题;(3)是解决将大划小,将难化简的求解方法问题;(4)是解决软件开发的人员组织结构问题。

结构化程序设计方法主要由以下三种逻辑结构组成:

(1) 顺序结构：顺序结构是一种线性、有序的结构，它依次执行各语句模块。
(2) 循环结构：循环结构是重复执行一个或几个模块，直到满足某一条件为止。
(3) 选择结构：选择结构是根据条件成立与否选择程序执行的通路。

采用结构化程序设计方法，程序结构清晰，易于阅读、测试、排错和修改。由于每个模块执行单一功能，模块间联系较少，使程序编制比过去更简单，程序更可靠，而且增加了可维护性，每个模块可以独立编制、测试。

在结构化程序设计方法中，人们把程序看成是处理数据的一系列过程。过程或函数定义为一个接一个顺序执行的一组指令。数据与程序分开存储，编程的主要技巧在于追踪哪些函数调用哪些函数，哪些数据发生了变化。

采用结构化程序设计方法的程序员发现，每一种相对于老问题的新方法都要带来额外的开销，与可重用性相对，通常称这为重复投入。基于可重用性的思想是指建立一些具有已知特性的部件，在需要时可以插入到程序之中。这是一种模仿硬件组合方式的做法，当工程师需要一个新的晶体管时，就不用自己去发明，只要到仓库去找就行了。对于软件工程师来说，在面向对象程序设计出现之前，一直缺乏具备这种能力的工具。

7.4 面向对象程序设计

"对象"和"对象的属性"这样的概念可以追溯到20世纪50年代初，它们首先出现于关于人工智能的早期著作中。但是出现了面向对象语言之后，面向对象思想才得到了迅速的发展。过去的几十年中，程序设计语言对抽象机制的支持程度不断提高：从机器语言到汇编语言，到高级语言，直到面向对象语言。汇编语言出现后，程序员就避免了直接使用0-1，而是利用符号来表示机器指令，从而更方便地编写程序；当程序规模继续增长的时候，出现了Fortran、C、Pascal等高级语言，这些高级语言使得编写复杂的程序变得容易，程序员们可以更好地对付日益增加的复杂性。但是，如果软件系统达到一定规模，即使应用结构化程序设计方法，局势仍将变得不可控制。作为一种降低复杂性的工具，面向对象语言产生了，面向对象程序设计也随之产生。

7.4.1 面向对象基本概念

1. 对象、属性、方法

对象是系统中用来描述客观事物的一个实体，它是构成系统的一个基本单位，由一组属性和对这组属性进行操作的一组方法组成。在这里，属性和方法是构成对象的两个基本要素。属性是用来描述对象静态特征的一个数据项。方法是用来描述对象动态特征（行为）的一个操作序列。

从一般意义上讲，对象是现实世界中的一个实际存在的事物，它可以是有形的，如车辆、房屋等，也可以是无形的，如国家、生产计划等。而人们在开发一个系统时，则在一定的范围（也称问题域）内考虑和认识与系统目标有关的事物，并用系统中的对象来抽象地表示它们。在这里，对象只描述客观事物本质的、与系统目标有关的特征，而不考虑那些非本质的、与系统目标无关的特征。同时，对象是属性和方法的结合体，对象的属性值只能由这个对象的方法来读取和修改。

2. 类

类是具有相同属性和方法的一组对象的集合,它为属于该类的全部对象提供了统一的抽象描述,其内部包括属性和方法两个主要部分。类好比是一个对象模板,用它可以产生多个对象。类所代表的是一个抽象的概念或事物,在客观世界中实际存在的是类的实例,即对象。例如,在学校教学管理系统中,"学生"是一个类,其属性具有姓名、性别、年龄等,可以定义"入学注册""选课"等操作。一个具体的学生"王平"是一个对象,也是"学生"类的一个实例。

把众多的事物归纳并划分成一些类是人类在认识客观世界时经常采用的思维方法,分类的原则是抽象,从那些与当前目标有关的本质特征中找出事物的共性,并将具有共同性质的事物划分成一类,得出一个抽象的概念。例如,人、房屋、树木等都是一些抽象的概念,它们是一些具有共同特征的事物的集合,称为类。类的概念使我们能对属于该类的全部个体事物进行统一的描述。

3. 封装

封装是一种信息隐蔽技术,它体现于类的说明,是对象的重要特性。封装使数据和加工该数据的方法(函数)封装为一个整体,以实现独立性很强的模块,使得用户只能见到对象的外特性(对象能接受哪些消息,具有哪些处理能力),而对象的内特性(保存内部状态的私有数据和实现加工能力的算法)对用户是隐蔽的。封装的目的在于把对象的设计者和对象者的使用分开,使用者不必知晓行为实现的细节,只须用设计者提供的消息来访问该对象。

4. 继承性

继承性是子类自动共享父类之间数据和方法的机制。它由类的派生功能体现。一个类直接继承其他类的全部描述,同时可修改和扩充。继承具有传递性。继承分为单继承(一个子类只有一父类)和多重继承(一个类有多个父类)。类的对象是各自封闭的,如果没有继承性机制,则类对象中数据、方法就会出现大量重复。继承不仅支持系统的可重用性,而且还促进系统的可扩充性。

5. 多态性

"多态性"一词最早用于生物学,指同一种族的生物体具有相同的特性。在计算机编程中,在运行时,可以通过指向基类的指针来调用实现派生类中的方法。可以把一组对象放到一个数组中,然后调用它们的方法,在这种场合下,多态性作用就体现出来了,这些对象不必是相同类型的对象。当然,如果它们都继承自某个类,你可以把这些派生类,都放到一个数组中。如果这些对象都有同名方法,就可以调用每个对象的同名方法。

同一操作作用于不同的对象,可以有不同的解释,产生不同的执行结果,这就是多态性。多态性通过派生类重载基类中的虚函数型方法来实现。在面向对象的系统中,多态性是一个非常重要的概念,它允许客户对一个对象进行操作,由对象来完成一系列的动作,具体实现哪个动作、如何实现由系统负责解释。例如,在C#中,多态性的定义是:同一操作作用于不同的类的实例,不同的类将进行不同的解释,最后产生不同的执行结果。

7.4.2 面向对象分析

面向对象分析(OOA)就是运用面向对象的方法进行需求分析,其主要任务是分析和理解问题域,找出描述问题域和系统责任所需的类及对象,分析它们的内部构成和外部关系,建立 OOA 模型。

面向对象分析着重分析问题域和系统责任，确定问题的解决方案，暂时忽略与系统实现有关的问题，建立独立于实现的系统分析模型。

面向对象分析的基本过程如下：

1. 问题域分析

分析应用领域的业务范围、业务规则和业务处理过程，确定系统的责任、范围和边界，确定系统的需求。在分析中，需要着重对系统与外部的用户和其他系统的交互进行分析，确定交互的内容、步骤和顺序。

2. 发现和定义对象与类

识别对象和类，确定它们的内部特征，即属性和操作。这是一个从现实世界到概念模型的抽象过程，是认识从特殊到一般的提升过程。抽象是面向对象分析的基本原则，系统分析员不必了解问题域中繁杂的事物和现象的所有方面，只需研究与系统目标有关的事物及其本质特性，并且舍弃个体事物的细节差异，抽取其共同的特征而获得有关事物的概念，从而发现对象和类。

3. 识别对象的外部联系

在发现和定义对象与类的过程中，需要同时识别对象与类、类与类之间的各种外部联系，即结构性的静态联系和行为性的动态联系，包括一般与特殊、整体与部分、实例连接、消息连接等联系。对象和类是现实世界中事物的抽象，它们之间的联系要从分析现实世界事物的各种真实联系中获得。

4. 建立系统的静态结构模型

分析系统的行为，建立系统的静态结构模型，并将其用图形和文字说明表示出来，如绘制类图、对象图、系统与子系统结构图等，编制相应的说明文档。

5. 建立系统的动态结构模型

分析系统的行为，建立系统的动态行为模型，并将其用图形和文字说明表示出来，如绘制用例图、交互图、活动图、状态图等，编制相应的说明文档。

现实世界中事物的行为是极其复杂的，需要从中抽象出对建立系统模型有意义的行为。在分析中需要控制系统行为的复杂性，注意确定行为的归属和作用范围，确定事物之间的行为依赖关系，区分主动与被动，认识并发行为和状态对行为的影响。系统的静态结构模型和动态行为模型、必要的需求分析说明书、系统分析说明书等一起构成了系统的分析模型，这是系统分析活动的成果，成为下一步系统设计的基础。

7.4.3 面向对象设计

面向对象设计（OOD）就是根据已建立的分析模型，运用面向对象技术进行系统软件设计。它将OOA模型直接变成OOD模型，并且补充与一些实现有关的部分。OOA与OOD采用一致的表示法，使得从OOA到OOD不存在转换，只有局部的修改或调整，并增加了与实现有关的独立部分，因此，OOA与OOD之间不存在传统方法中分析与设计之间的鸿沟，成为面向对象方法的主要优势。

面向对象设计的主要任务是根据已建立的系统分析模型，考虑所使用的软件实现环境，实现软件设计。

面向对象设计则着重研究"怎么做"的问题，它对分析模型进行细化，适当补充和调整有关实现的细节,如人机界面、数据存储、系统管理等。

面向对象设计建立在分析模型的基础上,集中研究系统的软件实现问题,其基本过程如下:

1. 设计对象和类

在分析模型的基础上,具体设计对象与类的数据结构和操作实现算法,设计对象与类的各种外部联系的实现结构,设计消息与事件的内容与格式等,这里应当充分利用预定义的系统类库或其他来源的现有类。

2. 设计系统结构

一个复杂的软件系统由若干子系统组成,一个子系统由若干个软件组件组成。设计系统结构的主要任务是设计组件和子系统,以及它们相互的静态和动态关系。

3. 设计问题域部分

将面向对象分析中产生的类图直接引入设计的问题域部分,根据具体的实现环境,对其适当进行调整、增补和改进。

4. 设计人机交互部分

设计人机交互部分的主要任务是设计用户界面,包括用户分类、描述交互场景、设计人机交互操作命令、命令层次和操作顺序、设计人机交互类,如窗口、对话框、菜单等。人机交互部分的类与所使用的操作系统和编程语言密切相关,如C++语言的MFC类库。

5. 设计数据管理部分

数据管理部分包括数据的录入、操作、检索、存储、对永久性数据的访问控制等,其主要任务是确定数据管理的方法,设计数据库与数据文件的逻辑结构和物理结构,设计实现数据管理的对象类。

6. 设计任务管理部分

设计软件系统的内部模块运行的管理机制,即将事件驱动、时钟驱动、优先级管理、关键任务和协调任务等系统管理任务分配给硬件和软件执行。

7. 设计优化,提高系统的性能

系统设计的结果需要优化,尽可能地提高系统的性能和质量。

习 题

一、选择题

1. 最初的计算机编程语言是(   )。
   A. 汇编语言　　　　B. 机器语言　　　　C. 低级语言　　　　D. 高级语言
2. 从第一代计算机语言到第三代计算机语言分别是(   )。
   A. 低级语言、机器语言、高级语言　　　B. 汇编语言、低级语言、高级语言
   C. 低级语言、汇编语言、高级语言　　　D. 机器语言、汇编语言、高级语言
3. 程序应该必须包含的部分是(   )。
   A. 头文件　　　　　　　　　　　　　　B. 数据结构和算法
   C. 高级语言　　　　　　　　　　　　　D. 注释
4. 结构化程序设计的基本结构不包含(   )。

  A. 顺序   B. 选择   C. 跳转   D. 循环

5. 下列( )不是算法制定要经历的过程。

  A. 设计   B. 继承   C. 测试   D. 调试

二、填空题

1. 计算机程序设计语言的发展,经历了从_____、_____到_____的历程。前两种是面向机器的语言,而_____更接近于自然语言。
2. 著名的计算机科学家沃思提出了一个公式:程序=_____＋_____。
3. 在程序设计的详细设计和编码阶段应采用_____、_____的方法。
4. 任何程序逻辑都可以用_____、_____和_____三种基本结构。
5. 算法的表示方法有_____、_____、_____、_____。

三、简答题

1. 什么是机器语言?什么是汇编语言?什么是高级语言?试比较各自的优缺点。
2. 简述"自顶向下、逐步求精"程序设计方法的优点。
3. 程序流程图有哪些基本符号?各符号的意义是什么?

第8章 软件工程基础

8.1 软件工程概述

软件工程是一门综合性的交叉学科,它涉及计算机科学、工程科学、管理科学和数学等。计算机科学中的研究成果都可以用于软件工程,但计算机科学着眼于原理和理论,软件工程着眼于如何建造一个软件系统。此外,软件工程要用工程科学中的技术来进行成本估算、安排进度及制定计划和方案。软件工程还要利用管理科学中的方法、原理来实现软件生产的管理,并用数学的方法建立软件开发中的各种模型和算法,如可靠性模型、说明用户要求的形式化模型等。

8.1.1 软件工程的定义

软件工程是研究和应用如何以系统化的、规范的、可度量的方法去开发、运行和维护软件,即把工程化应用到软件上,是研究如何开发和维护软件的一门学科。

软件工程是一种层次化的技术,方法、工具和过程是软件工程的三个要素。

(1) 软件工程方法为软件开发提供了"如何做"的技术。它包括了多方面的任务,如项目计划与估算、软件系统需求分析、数据结构、系统总体结构的设计、算法过程的设计、编码、测试以及维护等。

(2) 软件工具为软件工程方法提供了自动或半自动的软件支撑环境。目前,已经推出了许多软件工具,这些软件工具集成起来,建立起称之为计算机辅助软件工程(CASE)的软件开发支撑系统。

(3) 软件工程的过程则是将软件工程的方法和工具综合起来以达到合理、及时地进行计算机软件开发的目的。

8.1.2 软件生命周期

目前软件生命周期阶段的划分有许多种方法,例如,按软件规模、种类、开发方式、开发环境等。但是,不管采用哪种划分方法,在划分软件生命周期阶段时都应该遵循一条基本原则,即各个阶段的任务彼此间应该尽可能的相对独立,同一阶段各项任务的性质尽可能的相同,达到降低每个阶段任务的复杂程度、简化不同阶段之间的联系目的,这有利于软件开发工程的组织管理。

总之,软件生命周期是指软件产品从考虑其概念开始到该软件产品交付使用,直至最终退出使用为止的整个过程,一般包括计划、分析、设计、实现、测试、集成、交付、维护等阶段。

1. 计划阶段

确定待开发系统的总体目标和范围,研究系统的可行性和可能的解决方案,对资源、成本及进度进行合理的估算。软件计划的主要内容包括所采用的软件生命周期模型、开发人员的组织、系统解决方案、管理的目标与级别、所用的技术与工具,以及开发的进度、预算和资源分配。

没有一个客户会在不清楚软件预算的情况下批准软件的方案,如果开发组织低估了软件的费用,便会造成实际开发的亏本。反之,如果开发组织过高地估计了软件的费用,客户可能会拒绝所提出的方案。如果开发组织低估了开发所用的时间,则会推迟软件的交付,从而失去客户的信任。反之,如果开发组织过高地估计了开发所用的时间,客户可能会选择进度较快的其他开发组织去做。因此,对一个开发组织来说,首先必须确定所交付的产品、开发进度、成本预算和资源配置。

2. 分析阶段

分析、整理和提炼所收集到的用户需求,建立完整的分析模型,将其编写成软件需求规格说明和初步的用户手册。通过评审需求规格说明,确保对用户需求达到共同的理解与认识。需求规格说明应明确地描述软件的功能,列出软件必须满足的所有约束条件,并定义软件的输入和输出接口。

在开发的初期,客户从概念上描述软件的概貌,但是这些描述可能是模糊的、不合理的或不可能实现的。由于软件的复杂性,软件开发人员很难将待开发的软件及其功能可视化,这对于一个不懂得计算机专业知识的客户来说是一件十分糟糕的事情。因此,需求阶段常常产生错误,也许当开发人员将软件交付给客户时,客户会说:"这个软件是我们要求的,但并不是我们真正需要的。"为了避免或减少需求的错误,需要采用合适的需求获取和需求分析技术,如快速原型和用例建模的方法等。

3. 设计阶段

设计阶段的目标是决定软件怎么做,设计人员依据软件需求规格说明文档,确定软件的体系结构,进而确定每个模块的实现算法、数据结构和接口等,编写设计说明书,并组织进行设计评审。

软件设计主要集中于软件体系结构、数据结构、用户界面和算法等方面,设计过程将现实世界的问题模型转换成计算机世界的实现模型,设计同样需要文档化,并且应当在编写程序之前评审其质量。

4. 实现阶段

实现阶段是将所设计的各个模块编写成计算机可接受的程序代码,相关的文档就是源程序以及合适的注释。

5. 测试阶段

在设计测试用例的基础上,测试软件的各个组成模块。然后,将各个模块集成起来,测试整个产品的功能和性能是否满足已有的规格说明。

一旦生成了代码,就可以开始模块测试,这种测试一般由程序员完成。但是,对于用户来说,软件是作为一个整体运行的,而模块的集成方法和顺序对最终的产品质量具有重大的影响。因此,除了单个模块的测试外,还需要进行集成测试、确认测试和系统测试等。

6. 维护阶段

一旦产品已交付运行之后,对产品所做的任何修改都是维护。维护是软件过程的一个组成部分,应当在软件的设计和实现阶段充分考虑软件的可维护性。维护阶段需要测试是否正确地实现了所要求的修改,并保证在产品的修改过程中,没有做其他无关的改动。

维护时,最常见的问题是文档不齐全,或者甚至没有文档。由于追赶开发进度等原因,对相关的规格说明文档和设计文档进行更新在开发人员修改程序时往往被忽略,从而导致维护人员可用的唯一文档只有源代码。由于软件开发人员的频繁变动,当初的开发人员也许在维护阶段开始前已经离开了该组织,使得维护工作变得更加困难。因此,维护常常是软件生命周期中最具挑战性的一个阶段,其费用相当昂贵。

8.1.3 软件工程的基本目标

软件工程旨在开发满足用户需要、及时交付、不超过预算和无故障的软件,其主要目标如下:

合理预算开发成本,付出较低的开发费用;

实现预期的软件功能,达到较好的软件性能,满足用户的需求;

提高所开发软件的可维护性,降低维护费用;

提高软件开发生产率,及时交付使用。

但是,软件工程的不同目标之间是互相影响和互相牵制的。例如,提高软件生产率有利于降低软件开发成本,但过分追求高生产率和低成本便无法保证软件的质量,容易使人急功近利,留下隐患。但是,片面强调高质量使得开发周期过长或开发成本过高,由于错过了良好的市场时机,也会导致所开发的产品失败。因此,我们需要采用先进的软件工程方法,使质量、成本和生产率三者之间的关系达到最优的平衡状态。

8.1.4 软件工程的原则

一般来说,软件工程应遵循以下几方面的原则:

(1) 抽象。抽取事物最基本的特性和行为,忽略非基本的细节。采用分层次抽象,自顶向下、逐层分解的方法控制软件开发过程的复杂性。例如,软件瀑布模型、结构化分析方法、结构化设计方法,以及面向对象建模技术等都体现了抽象的原则。

(2) 信息隐蔽。将模块设计成"黑箱",实现的细节隐藏在模块内部,不让模块的使用者直接访问。这就是信息封装,使用与实现分离的原则。使用者只能通过模块接口访问模块中封装的数据。

(3) 模块化。模块是程序中逻辑上相对独立的成分,是独立的编程单位,应有良好的接口定义。如 C 语言程序中的函数过程,C++语言程序中的类。模块化有助于信息隐蔽和抽象,有助于表示复杂的系统。

(4) 局部化。要求在一个物理模块内集中逻辑上相互关联的计算机资源,保证模块之间具有松散的耦合,模块内部具有较强的内聚。这有助于加强模块的独立性,控制问题的复杂性。

(5) 确定性。软件开发过程中所有概念的表达应是确定的、无歧义性的、规范的。这有助于人们在交流时不会产生误解、遗漏,保证整个开发工作协调一致。

(6) 一致性。整个软件系统(包括程序、文档和数据)的各个模块应使用一致的概念、符号和术语。程序内部接口应保持一致。软件和硬件、操作系统的接口应保持一致。系统规格说明与系统行为应保持一致。

(7) 完备性。软件系统不能丢失任何重要成分,应可以完全达到实现系统所要求功能的程度。为了保证系统的完备性,在软件开发和运行过程中需要严格的技术评审。

(8) 可验证性。开发大型的软件系统需要对系统自顶向下、逐层分解。系统分解应遵循系统易于检查、测试、评审的原则,以确保系统的正确性。使用一致性、完备性和可验证性的原则可以帮助人们实现一个正确的系统。

8.2 需求分析

8.2.1 可行性研究

1. 可行性研究的目的

可行性研究的目的是用最小的代价在尽可能短的时间内确定该软件项目是否能够开发,是否值得开发。注意,可行性研究的目的不是去开发一个软件系统,而是研究这个项目是否值得去开发。可行性研究实质上是要进行一次简化、压缩了的需求分析和设计过程,要在较高层次上以较抽象的方式进行需求分析和设计过程。

2. 可行性研究的任务

可行性研究主要应做好如下几方面的工作:

(1) 需要对系统进行概要的分析研究,初步确定软件项目的规模和目标,确定项目的约束和限制;

(2) 分析员对系统做简要的需求分析,抽象出该系统的逻辑结构,建立逻辑模型;

(3) 从逻辑模型出发,经过压缩的设计,探索出若干种可供选择的主要解决方案,并对每一种解决方案研究它的可行性。

3. 可行性研究的内容

可行性研究的内容主要包括以下四个方面:

(1) 经济可行性。经济可行性主要是进行成本和效益分析。从经济角度判断系统开发是否合算;

(2) 技术可行性。技术可行性主要是进行技术风险评价。从开发者的技术实力、以往工作基础、问题的复杂性等出发,判断系统开发在时间、费用等限制条件下成功的可能性;

(3) 社会可行性。社会可行性主要是确定系统开发可能导致的任何侵权、妨碍和责任以及用户操作的可行性;

(4) 方案的选择。主要是评价系统或产品开发的几个可能的候选方案,最后给出结论性意见。

4. 可行性研究的步骤

典型的可行性研究有以下步骤:

(1) 确定项目的规模和目标;

(2) 研究当前正在运行的系统;

(3) 建立新系统的高层逻辑模型；
(4) 导出和评价各种方案；
(5) 推荐可行的方案；
(6) 编写可行性研究报告。

8.2.2 需求分析目标和任务

1. 需求分析的目标

需求分析的目标是准确理解用户的要求，进行细致的调查分析，将用户的非形式的要求转化为完整的需求定义，再将需求定义转换为相应的形式的规格说明。

软件需求分析工作是软件生存期中重要的一步，也是决定性的一步。只有通过软件需求分析才能把软件功能和性能的总体概念描述为具体的软件需求规格说明，从而奠定软件开发的基础。软件需求分析工作也是一个不断认识和逐步细化的过程。该过程将软件计划阶段所确定的软件范围逐步细化到可详细定义的程度，并分析出各种不同的软件元素，然后为这些元素找到可行的解决方法。

例如，某学校要开发一个学生公寓管理系统。需求分析的目标主要有：获得当前系统的物理模型，了解当前系统是如何运行的；抽象出学生公寓管理系统的逻辑模型，对物理模型进行筛选，得到与软件系统有关的部分；建立学生公寓管理系统的逻辑模型等。

2. 需求分析的任务

需求分析的任务就是借助于当前系统的逻辑模型导出目标系统的逻辑模型，解决目标系统的"做什么"的问题。

其实现步骤为：
(1) 获得当前系统的物理模型；
(2) 抽象出当前系统的逻辑模型；
(3) 建立目标系统的逻辑模型；
(4) 补充目标系统的逻辑模型。

上述的公寓管理系统针对管理日常的工作程式任务为：学生信息，学生个人财产信息，来访人员信息等进行有效管理，并能通过各方法进行快速方便的查询。使学生公寓管理工作运作简单、清晰，各种状况一目了然，使学生公寓管理工作更加科学化、规范化。

8.2.3 结构化分析方法

结构化分析方法源程序是一种建模技术。模型的核心是数据字典，它描述了所有的在目标系统中使用的和生成的数据对象。围绕着这个核心有三种图：

实体-关系图(ERD)：描述数据对象及数据对象之间的关系；

数据流图(DFD)：描述数据在系统中如何被传送或变换，以及描述如何对数据流进行变换的功能(子功能)；

状态转换图(STD)：描述系统对外部事件如何响应，如何动作。

因此，ERD用于数据建模，DFD用于功能建模，STD用于行为建模。

1. 实体-关系图

数据模型包括三种基本元素：数据对象、属性和关系，它们对理解问题的信息域提供了基础。数据对象表示具有不同属性的事物,ERD用带有标记的矩形来表示。关系表示数据对象之间的相互连接,ERD用直线连接相关联的数据对象,并在直线上用带标记的菱形框来表示关系,如图8.1所示。

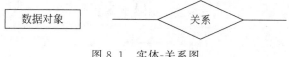

图 8.1 实体-关系图

两个数据对象之间有以下三种关联,ERD在数据对象之间的连线上用数字或字母表示:

(1) 一对一(1∶1):对象A的一个实例只能关联到对象B的一个实例,对象B的一个实例也只能关联到对象A的一个实例。

(2) 一对多(1∶N):对象A的一个实例可以关联到对象B的一个或多个实例,而对象B的一个实例只能关联到对象A的一个实例,如一个母亲可以有多个孩子,而一个孩子只能有一个母亲。

(3) 多对多(M∶N):对象A的一个实例可以关联到对象B的一个或多个实例,同时对象B的一个实例也可以关联到对象A的一个或多个实例,如一个叔叔可以有多个侄子,一个侄子也可以有多个叔叔。

2. 数据流图

数据流图是结构化分析的基本工具,它描述了信息流和数据转换,通过对加工进行分解可以得到数据流图。第0层DFD称为基本系统模型,可以将整个软件系统表示为一个具有输入和输出的黑匣子,用一个圆圈表示。上一层DFD中的每一个圆圈可以进一步扩展成一个独立的数据流图,以揭示系统中程序的细节部分。这种循序渐进的细化过程可以继续进行,直到最底层的图仅描述原子过程操作为止。每一层数据流图必须与它上一层数据流图保持平衡和一致,因此,子图的所有输入输出流要与其父图相匹配。

DFD有四种元素,其基本符号如图8.2所示。

图 8.2 数据流图

(1) 外部实体。与系统进行交互,但系统不对其进行加工和处理的实体,用带标记的矩形表示;

(2) 加工。对数据进行的变换和处理,用带标记的圆圈表示;

(3) 数据流。在数据加工之间或数据存储和数据加工之间进行流动的数据,用带标记的箭头表示;

(4) 数据存储。在系统中需要存储的实体,用带标记的双实线表示。

3. 状态转换图

状态转换图通过描述状态以及导致系统改变状态的事件来表示系统的行为,它没有表示出系统所执行的处理,只表示了处理结果可能的状态转换。STD用带标记的圆圈或矩形表示状态,用箭头表示从一种状态到另一种状态的变换,箭头上的文本标记表示引起变换的条件,状态转换图如图8.3所示。

图 8.3 状态转换图

4. 数据字典

分析模型中包含了对数据对象、功能和控制的表示。在每一种表示中,数据对象和控制项都扮演一定的角色。为表示每个数据对象和控制项的特性,建立了数据字典。

数据字典精确地、严格地定义了每一个与系统相关的数据元素,并以字典式顺序将它们组织起来,使得用户和分析员对所有的输入、输出、存储成分和中间计算有共同的理解。

在数据字典的每一个词条中应包含以下信息:

(1) 名称。数据对象或控制项、数据存储或外部实体的名字;
(2) 别名或编号;
(3) 分类。数据对象,加工,数据流,数据文件,外部实体,控制项(事件/状态);
(4) 描述。描述内容或数据结构等;
(5) 何处使用。使用该词条(数据或控制项)的加工。

8.3 软件设计

从工程管理的角度来看,软件设计分两步完成。首先做概要设计,即总体设计。将软件需求转化为数据结构和软件的系统结构。然后是详细设计,通过对结构表示进行细化,得到软件的详细的数据结构和算法。

1. 概要设计

在概要设计过程中需要完成的工作具体有以下几个方面:

(1) 制定规范;
(2) 软件系统结构的总体设计;
(3) 处理方式设计;
(4) 数据结构设计;
(5) 可靠性设计;
(6) 编写概要设计阶段的文档;
(7) 概要设计评审。

2. 详细设计

在详细设计过程中,需要完成的工作主要有以下几个方面:

(1) 确定软件各个组成部分内的算法以及各部分的内部数据组织;
(2) 选定某种过程的表达形式来描述各种算法;
(3) 针对数据库的逻辑设计进行物理设计,设计数据库模式的一些物理细节,如数据项存储要求、存取方式、建立索引等;
(4) 进行详细设计的评审。

从软件开发的工程化观点来看,在使用程序设计语言编制程序以前,需要对所采用算法的逻辑关系进行分析,设计出全部必要的过程细节,并给予清晰的表达,使之成为编码的依据。这就是过程设计的任务。

表达过程规格说明的工具叫作详细设计工具,它可以分为三类:图形工具、表格工具和语言工具。

8.4 软件测试

软件测试是为了发现错误而执行程序的过程。或者说,软件测试是根据软件开发各阶段的规格说明和程序的内部结构而精心设计的一批测试用例(即输入数据及其预期的输出结果),并利用这些测试用例去运行程序,以发现程序错误的过程。

1. 软件测试的目的

软件测试主要有以下几方面的目的:

(1) 想以最少的时间和人力系统地找出软件中潜在的各种错误和缺陷;

(2) 它能够证明软件的功能和性能与需求说明相符合;

(3) 实施测试收集到的测试结果数据为可靠性分析提供依据;

(4) 测试不能表明软件中不存在错误,它只能说明软件中存在错误。

2. 软件测试的过程

测试过程按 4 个步骤进行,即单元测试、集成测试、确认测试和系统测试。软件测试经历的 4 个步骤为:

(1) 单元测试集中对用源代码实现的每一个程序单元进行测试,检查各个程序模块是否正确地实现了规定的功能;

(2) 集成测试根据设计规定的软件体系结构,把已测试过的模块组装起来,在组装过程中,检查程序结构组装的正确性;

(3) 确认测试则是要检查已实现的软件是否满足了需求规格说明中确定了的各种需求,以及软件配置是否完全、正确;

(4) 系统测试是把已经经过确认的软件纳入实际运行环境中,与其他系统成份组合在一起进行测试。严格地说,系统测试已超出了软件工程的范围。

3. 软件测试的方法

软件测试的种类大致可以分为静态测试和动态测试。静态测试以人工测试为主,检查程序中可能存在的错误;动态测试是基于计算机的测试,它分为白盒测试和黑盒测试两种。

任何工程产品都可以使用以下的两种方法之一进行测试:

(1) 已知产品的功能设计规格,可以进行测试证明每个实现了的功能是否符合要求;

(2) 已知产品的内部工作过程,可以通过测试证明每种内部操作是否符合设计规格要求,所有内部成分是否已经过检查。

前者就是黑盒测试,后者就是白盒测试。

1) 黑盒测试

软件的黑盒测试就意味着测试要在软件的接口处进行。也就是说,这种方法是把测试对象看作一个黑盒子,测试人员完全不考虑程序内部的逻辑结构和内部特性,只依据程序的需求规格说明书,检查程序的功能是否符合它的功能说明。因此黑盒测试又叫作功能测试或数据驱动测试。

黑盒测试方法在程序接口上进行测试,目的是发现以下几类错误:
(1) 是否有不正确或遗漏的功能?
(2) 在接口上,输入能否正确地接收?能否输出正确的结果?
(3) 是否有数据结构错误或外部信息(如数据文件)访问错误?
(4) 性能上是否能够满足要求?
(5) 是否有初始化或终止性错误?

用黑盒测试发现程序中的错误,必须在所有可能的输入条件和输出条件中确定测试数据,来检查程序是否都能产生正确的输出。

2) 白盒测试

这一方法是把测试对象看作一个打开的盒子,它允许测试人员利用程序内部的逻辑结构及有关信息,设计或选择测试用例,对程序所有逻辑路径进行测试。通过在不同点检查程序的状态,确定实际的状态是否与预期的状态一致。因此白盒测试又称为结构测试或逻辑驱动测试。

软件人员使用白盒测试方法,主要想对程序模块进行如下的检查:
(1) 对程序模块的所有独立的执行路径至少测试一次;
(2) 对所有的逻辑判定,取"真"与取"假"的两种情况都能至少测试一次;
(3) 在循环的边界和运行界限内执行循环体;
(4) 测试内部数据结构的有效性,等等。

常用的测试用例有逻辑覆盖。逻辑覆盖是以程序内部的逻辑结构为基础的设计测试用例的技术。属于白盒测试。这一方法要求测试人员对程序的逻辑结构有清楚的了解,甚至要能掌握源程序的所有细节。由于覆盖测试的目标不同,逻辑覆盖又可分为语句覆盖、判定覆盖、条件覆盖、判定-条件覆盖、条件组合覆盖及路径覆盖。

(1) 语句覆盖。语句覆盖就是设计若干个测试用例,运行被测程序,使得每一可执行语句至少执行一次。这种覆盖又称为点覆盖,它使得程序中每个可执行语句都得到执行,但它是最弱的逻辑覆盖标准,效果有限,必须与其他方法交互使用。

(2) 判定覆盖。所谓判定覆盖就是设计若干个测试用例,运行被测程序,使得程序中每个判断的取真分支和取假分支至少经历一次。判定覆盖又称为分支覆盖。

(3) 条件覆盖。所谓条件覆盖就是设计若干个测试用例,运行被测程序,使得程序中每个判断的每个条件的可能取值至少执行一次。

(4) 判定-条件覆盖。所谓判定-条件覆盖就是设计足够的测试用例,使得判断中每个条件的所有可能取值至少执行一次,同时每个判断本身的所有可能判断结果至少执行一次。换言之,即是要求各个判断的所有可能的条件取值组合至少执行一次。

(5) 条件组合覆盖。所谓条件组合覆盖就是设计足够的测试用例,运行被测程序,使得每个判断的所有可能的条件取值组合至少执行一次。

(6) 路径覆盖。路径覆盖就是设计足够的测试用例,覆盖程序中所有可能的路径。

8.5 程序调试

软件调试则是在进行了成功的测试之后才开始的工作。它与软件测试不同,软件测试的目的是尽可能多地发现软件中的错误,但进一步诊断和改正程序中潜在的错误,则是调试的任务。

1. 调试步骤

调试一般有以下步骤:

(1) 从错误的外部表现形式入手,确定程序中出错位置;

(2) 研究有关部分的程序,找出错误的内在原因;

(3) 修改设计和代码,以排除这个错误;

(4) 重复进行暴露了这个错误的原始测试或某些有关测试,以确认:①该错误是否被排除;②是否引进了新的错误;

(5) 如果所做的修正无效,则撤销这次改动,重复上述过程,直到找到一个有效的解决办法为止。

2. 调试方法

1) 强行排错

这是目前使用较多,效率较低的调试方法。它不需要过多的思考,比较简单。

2) 回溯法排错

这是在小程序中常用的一种有效的排错方法。一旦发现了错误,人们先分析错误征兆,确定最先发现"症状"的位置。然后,沿程序的控制流程,向回追踪源程序代码,直至找到错误根源或确定错误产生的范围。

3) 归纳法排错

归纳法是一种从特殊推断一般的系统化思考方法。归纳法排错的基本思想是从一些线索(错误征兆)着手,通过分析它们之间的关系来找出错误。

归纳法排错步骤大致分为以下四步:

(1) 收集有关的数据;

(2) 组织数据;

(3) 提出假设;

(4) 证明假设。

4) 演绎法排错

演绎法是一种从一般原理或前提出发,经过排除和精化的过程来推导出结论的思考方法。演绎法排错是测试人员首先根据已有的测试用例,设想及枚举出所有可能出错的原因作为假设,然后再用原始测试数据或新的测试,从中逐个排除不可能正确的假设,最后,再用测试数据验证余下的假设确是出错的原因。

演绎法主要有以下四个步骤:

(1) 列举所有可能出错原因的假设。把所有可能的错误原因列成表。它们仅仅是一些可能因素的假设,通过它们可以组织、分析现有数据;

(2) 利用已有的测试数据,排除不正确的假设。仔细分析已有的数据,寻找矛盾,力求排除前一步列出的所有原因。如果所有原因都被排除了，则需要补充一些数据（测试用例），以建立新的假设；如果保留下来的假设多于一个，则选择可能性最大的原因做基本的假设；

（3）改进余下的假设。利用已知的线索，进一步改进余下的假设，使之更具体化，以便可以精确地确定出错位置；

（4）证明余下的假设。这一步极端重要，具体做法与归纳法的第(d)步相同。

3. 调试原则

调试应遵循以下几个原则：

1) 确定错误的性质和位置的原则

（1）最有效的调试方法是分析与错误征兆有关的信息。程序调试员应能做到不使用计算机就能够确定大部分错误。

（2）避开死胡同。如果程序调试员走进了死胡同，或者陷入了绝境，最好留到以后去考虑，或者向其他人讲解这个问题。

（3）只把调试工具当作辅助手段来使用。利用调试工具，可以帮助思考，但不能代替思考。

（4）避免用试探法，最多只能把它当作最后手段。

2) 修改错误的原则

（1）在出现错误的地方，很可能还有别的错误。

（2）修改错误的一个常见失误是只修改了这个错误的征兆或这个错误的表现，而没有修改错误的本身。

（3）防止修改一个错误的同时引入新的错误。

（4）修改错误的过程将迫使人们暂时回到程序设计阶段。

（5）修改源代码程序，不要改变目标代码。

习 题

一、选择题

1. 准确地解决"软件系统必须做什么"是（　　）阶段的任务。
   A. 可行性研究　　　　　　　　B. 需求分析
   C. 软件设计　　　　　　　　　D. 程序编码

2. 可行性研究的目的是（　　）。
   A. 开发项目　　　　　　　　　B. 项目是否值得开发
   C. 规划项目　　　　　　　　　D. 维护项目

3. 下列（　　）不属于两个数据对象之间的关联。
   A. 一对多　　　B. 一对一　　　C. 多对多　　　D. 多对一

4. 软件测试的目的是（　　）。
   A. 试验性运行软件　　　　　　B. 发现软件错误
   C. 证明软件正确　　　　　　　D. 找出软件中全部错误

5. 已知产品的功能设计规格，可以进行测试证明每个实现了的功能是否符合要求，这种测试是（　　）。

A. 静态测试　　　　B. 动态测试　　　　C. 黑盒测试　　　　D. 白盒测试

二、填空题

1. 软件工程是一种层次化的技术，_____、_____、_____是软件工程的三个要素。

2. 软件生命周期是指软件产品从考虑其概念开始，到该软件产品交付使用，直至最终退出使用为止的整个过程，一般包括_____、_____、_____、_____、_____、_____、_____、_____等阶段。

3. 结构化分析方法是一种建模技术。模型的核心是_____。围绕着这个核心有三种图，它们是_____、_____、_____。

4. _____用于数据建模，_____用于功能建模，_____用于行为建模。

5. 程序调试的四个方法 _____、_____、_____和_____。

三、简答题

1. 软件生命周期包括哪几个阶段？各阶段的主要任务是什么？
2. 简述需求分析的目标和任务。
3. 什么是数据字典？什么是实体-关系图？什么是数据流图？什么是状态-迁移图？它们分别有什么作用？
4. 简述在详细设计过程中，需要完成哪些工作？

第 9 章　数据库设计基础

9.1　数据库系统概述

9.1.1　数据库基本概念

1. 数据

数据(Data)是反映客观世界的事实,并可以区分其特征的符号。它包括字符、数字、文本、声音、图形、图像、图表、图片等,它们是现实世界中客观存在的,可以输入到计算机中进行存储和管理。

2. 数据库

数据库(Data Base,DB)是长期储存在计算机内的、有组织的、可共享的数据集合,也是现实世界中相互关联的大量数据及数据间关系的集合。数据库中的数据按一定的数据模型组织、描述和存储,具有较小的冗余度、较高的数据独立性和易扩展性,并可为各种用户共享。

3. 数据库管理系统

数据库管理系统(Data Base Management System,DBMS)是对数据库中的数据进行存储和管理的软件系统。它包括存储、管理、检索和控制数据库中数据的各种语言和工具,是一套系统软件。

4. 数据库系统

数据库系统(Data Base System,DBS),应该包括应用系统、应用开发工具、数据库管理系统、操作系统、数据库和数据库管理员 DBA,如图 9.1 所示。

图 9.1　数据库系统的组成

9.1.2　数据管理技术发展

数据库技术是根据用数据来管理任务的需要而产生的。数据管理,是指利用计算机的软件、硬件对数据进行存储、检查、维护并实现对数据的各种运算和操作。数据管理主要分为三个阶段:人工管理阶段、文件系统管理阶段和数据库系统管理阶段。

1. 人工管理阶段

计算机出现的初期,主要用于科学计算,没有大容量的存储设备。人们把程序和需要计算的数据通过打孔的纸带送入计算机中,计算的结果由用户自己手工保存。处理方式只能是批处理,数据不共享,不同程序不能交换数据。其主要特点有以下几点:

（1）数据由人工进行保存；
（2）应用程序管理数据；
（3）数据不共享；
（4）数据不具有独立性。

2. 文件系统管理阶段

到了 20 世纪 60 年代，计算机硬件的发展出现了磁带、磁鼓等直接存取设备。软件方面的发展则是操作系统提供了文件管理系统。数据的处理方式不仅由批处理，也能够进行联机实时处理。用文件系统管理数据具有如下特点：

（1）数据可以长期保存；
（2）由文件系统管理数据；
（3）数据共享行差，冗余度大；
（4）数据独立性差。

3. 数据库系统管理阶段

主要是指 60 年代后期以后，由于数据库管理系统的诞生，通过数据库管理系统管理大量的数据，不仅解决了数据的永久保存，而且真正实现了数据的方便查询和一致性维护问题，并且能严格保证数据的安全。其主要特点有以下几点：

（1）数据结构化；
（2）数据的共享性高，冗余度低，易于扩充；
（3）数据独立性高；
（4）由数据库管理系统统一管理和控制数据。

9.2 数 据 模 型

数据模型的种类很多，但广泛使用的数据模型主要划分为两类：语义数据模型和结构化的数据模型。最常用的语义数据模型是实体联系模型，其次是面向对象数据模型、函数数据模型等。常用的结构化的数据模型有层次数据模型、网状数据模型和关系数据模型。

9.2.1 数据模型的组成要素

实体联系数据模型，即 E-R(Entity-Relationship)数据模型。它是语义数据模型。该数据模型的最初提出是用于数据库设计，用实体和实体间联系的术语描述现实世界。该模型的建立是模拟人们认识现实世界的过程，它将现实世界中的对象分为两类：实体和联系。现实世界是由一组称作实体的基本对象以及这些对象间的联系构成的。实体是现实世界中可区别于其他对象的一个"事件"或一个"物体"。例如每个学生是一个实体，每个产品也是一个实体。数据库中实体通过属性集合来描述。例如，每个学生有编号、名字、性别、出生年月、所属班级等属性。联系是实体间的相互关联。例如，选课联系将一个学生和他所学习的课程相关联。同一类型的所有实体的集合称作实体集，同一类型的所有联系的集合称作联系集。数据库的总体概念结构和基本元素可以用 E-R 模型中的图 9.2 来表示。

矩形框　表示实体类型

菱形　表示联系类型

连线　表示实体或实体类型之间的联系

椭圆框　表示属性

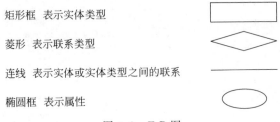

图 9.2　E-R 图

E-R 模型支持一对一、一对多和多对多的联系。实体集之间三种联系的表示如图 9.3 所示。

例如,学生和课程之间是多对多的联系,一个学生可以选修多门课程,每门课程有多个学生选修。我们可以用图 9.4 来表示这种联系。

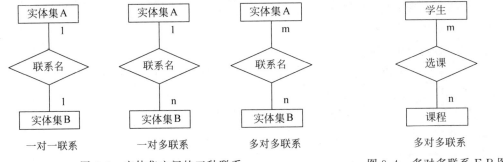

图 9.3　实体集之间的三种联系　　　　　　图 9.4　多对多联系 E-R 图

9.2.2　概念模型

层次模型用树状(层次)结构来表示各类实体及实体间的联系。现实世界中许多实体之间的联系本来就呈现出一种自然的层次关系,如行政机构、家族关系等。因此层次模型可自然地表达数据间具有层次规律的分类关系、概括关系、部分关系等,但在结构上有一定的局限性。

在数据库中定义满足下面两个条件的基本层次联系的集合为层次模型。

(1) 有且只有一个节点没有双亲节点,这个节点称为根节点;

(2) 根以外的其他节点有且只有一个双亲节点。

层次数据模型的建模规则:

(1) 树的节点表示实体记录类型;

(2) 父节点和子节点必须是不同的实体类型,它们之间的联系必须是一对多的联系。

9.2.3　最常用的数据模型

网状数据模型用有向图结构表示实体和实体之间的联系。有向图结构中的节点代表实体记录类型,连线表示节点间的关系,这一关系也必须是一对多的关系。然而,与树状结构不同,节点和连线构成的网状有向图具有较大的灵活性。但与层次数据模型一样,网状模型也缺乏形式化基础。

在数据库中定义满足下面两个条件的基本层次联系的集合为网状模型。

(1) 允许一个以上的节点没有双亲节点;

(2) 至少有一个节点可以有多于一个的双亲节点。

有向图中的每个节点表示一个实体记录类型,每个记录类型包含若干数据项表示实体的属性。

节点之间的连线(有向边)表示不同记录类型之间的联系,由于任意两个不同的记录类型之间都可能有连线,甚至两个不同的记录类型之间可能有多条连线,所以必须为每条连线取一个单独的名字。但是,每一联系也必须是一对多的联系,即上一层记录类型和下一层记录类型的联系是 1∶N 联系。

网状模型的建模以下规则:

(1) 有向图的节点表示实体记录类型;

(2) 父(主)记录类型和子(成员)记录类型必须是不同的实体类型。父子节点之间的联系(系)没有与之相关联的属性;

(3) 在一个给定的联系(系)中最多有两个记录类型,且只能是 1∶N 的二元关系。每个联系要有一个唯一的联系名。

9.3 数据库系统结构

9.3.1 数据库系统模式的概念

模式是数据库中全体数据的逻辑结构和特征的描述,它仅仅涉及型的描述,不涉及具体的值。模式的一个具体值称为模式的一个实例。同一个模式可以有很多实例。模式是相对稳定的,而实例是相对变动的,因为数据库中的数据是在不断更新的。模式反映的是数据的结构及其联系,而实例反映的是数据库某一时刻的状态。

虽然实际的数据库管理系统产品种类很多,它们支持不同的数据模型,使用不同的数据库语言,建立在不同的操作系统之上,数据的存储结构也各不相同,但是它们在体系结构上通常都具有相同的特征,即采用三级模式结构(早期微机上的小型数据库系统除外)。

9.3.2 数据库系统的三级模式结构

数据库设计的三个主要阶段是与数据库的三级模式结构紧密相连的。三个主要阶段:概念设计、逻辑设计和物理设计;三级模式结构:外模式(子模式、用户模式)、模式(逻辑模式)和内模式(物理模式、存储模式)。为了很好地理解数据库的设计,我们需要掌握这些概念。

1. 外模式

外模式亦称子模式或用户模式,是数据库用户看到的数据视图。外模式的设计一般采用 E-R 模型,设计的结果是一系列的 E-R 图。

2. 模式

模式亦称逻辑模式,是数据库中全体数据的逻辑结构和特性的描述,是所有用户的公共数据视图。模式的设计一般采用关系模型,设计的结果就是一系列的关系模式。

3. 内模式

内模式亦称物理模式或存储模式,是数据库全体数据的内部表示或者低层描述,用来定义数据的存储方式和物理结构。

9.3.3 数据库系统的组成

数据库系统一般由数据库、数据库管理系统及开发工具、应用系统、数据库管理员和用户构成。下面分别介绍这几部分的内容。

1. 硬件平台及数据库

由于数据库系统数据量都很大,加之DBMS丰富的功能使得自身的规模也很大,因此整个数据库系统对硬件资源提出了较高的要求,这些要求是:

(1) 要有足够大的内存,存放操作系统、DBMS的核心模块、数据缓冲区和应用程序;

(2) 有足够大的磁盘等直接存取设备存放数据库,有足够的磁带做数据备份;

(3) 要求系统有较高的通道能力,以提高数据传送率。

2. 软件

数据库系统的软件主要包括:

(1) DBMS。DBMS是为数据库的建立、使用和维护配置的软件;

(2) 支持DBMS运行的操作系统;

(3) 具有与数据库接口的高级语言及其编译系统,便于开发应用程序;

(4) 以DBMS为核心的应用开发工具;

(5) 应用开发工具是系统为应用开发人员和最终用户提供的高效率、多功能的应用生成器、第四代语言等各种软件工具。它们为数据库系统的开发和应用提供了良好的环境;

(6) 为特定应用环境开发的数据库应用系统。

3. 人员

开发、管理和使用数据库系统的人员主要是:数据库管理员、系统分析员和数据库设计人员、应用程序员和最终用户。不同的人员涉及不同的数据抽象级别,具有不同的数据试视图。

9.4 数据库系统设计

目前,数据库设计一般都遵循软件的生命周期理论,分为六个阶段进行,即需求分析、概念结构设计、逻辑结构设计、物理结构设计、数据库实施和数据库的运行与维护。其中,需求分析和概念结构设计独立于任何的DBMS系统,而逻辑结构设计和物理结构设计则与具体的DBMS有关。

一个完善的数据库设计不可能一蹴而就,在每一设计阶段完成后都要进行设计分析,评价一些重要的设计指标,与用户进行交流,如果不满足要求则进行修改。在设计过程中,这种评价和修改可能要重复若干次,以求得理想的结果。

9.4.1 需求设计

需求分析就是确定所要开发的应用系统的目标,收集和分析用户对数据库的要求,了解用户需要什么样的数据库,做什么样的数据库。对用户需求分析的描述是数据库概念设计的基础。需求分析主要是考虑"做什么"的问题,而不是考虑"怎么做"的问题。需求分析的结果是产生用户和设计者都能接受需求说明书。需求分析简单地说就是分析用户的要求。

需求分析是设计数据库的起点,需求分析的结果是否准确地反映了用户的实际要求,将直接影响到后面各个阶段的设计,并影响到设计结果是否合理和实用。

需求分析的主要工作有以下几个方面:

(1) 问题识别;

(2) 评价和综合;

(3) 建模;

(4) 规格说明;

(5) 评审。

需求分析的任务是通过详细调查现实世界要处理的对象(如组织、部门、企业等),充分了解原系统(手工系统或计算机系统)工作概况,明确用户的各种需求,然后在此基础上确定新系统的功能。新系统必须充分考虑今后可能的扩充和改变,不能仅仅按当前应用需求来设计数据库。

调查的重点是数据和处理,通过调查、分析,获得用户对数据库的如下要求:

(1) 信息要求。指用户需要从数据库中获得信息的内容与性质。由信息要求可以导出数据要求,即在数据库中需要存储哪些数据;

(2) 处理要求。指用户要完成什么处理功能,对处理的响应时间有什么要求,处理方式是批处理还是联机处理;

(3) 安全性与完整性要求。

确定用户的最终需求是一件很困难的事,这是因为一方面用户缺少计算机知识,开始时无法确定计算机究竟能为自己做什么,不能做什么,因此往往不能准确的表达自己的需求,所提出的需求往往不断地变化。另一方面,设计人员缺少用户的专业知识,不易理解用户的真正需求,甚至误解用户的需求。因此设计人员必须不断深入地与用户交流,才能逐步确定用户的实际需求。

9.4.2 概念设计

1. 概念模型的设计方法

概念设计阶段,一般使用语义数据模型描述概念模型。通常是使用 E-R 模型图作为概念设计的描述工具进行设计。用 E-R 模型图进行概念设计可以采用如下两种方法。

(1) 集中式模式设计法。首先设计一个全局概念数据模型,再根据全局数据模式为各个用户组或应用定义外模式。

(2) 视图集成法。以各部分的需求说明为基础,分别设计各自的局部模式,这些局部模式相当于各部分的视图,然后再以这些视图为基础,集成为一个全部模式。视图是按照某个用户组、应用或部门的需求说明,用 E-R 数据模型设计的局部模式。现在的关系数据库设计通常采用视图集成法。

采用 E-R 方法的概念模型设计步骤。概念结构设计的第一步就是对需求分析阶段收集到的数据进行分类、组织(聚集),形成实体和实体的属性,标识实体的码,确定实体之间的联系类型(1∶1,1∶N,M∶N),设计分 E-R 图。

2. 采用 E-R 方法进行概念设计,可分为三步进行

(1) 局部 E-R 模式设计。先选择某个局部应用,根据某个系统的具体情况,在多层的数据流图中选择一个适当层次的数据流图,作为设计分析 E-R 图的出发点。选择好局部应用之后,就要对每个局部应用逐一设计分 E-R 图,亦称局部 E-R 图。

(2) 全局 E-R 模式设计。各子系统的分 E-R 图设计好以后,下一步就是要将所有的分 E-R 图综合成一个系统的总 E-R 图。

(3) 全局 E-R 模式的优化和评审。进行相关实体类型的合并,以减少实体类型的个数;消除实体中的冗余属性;消除冗余的联系类型。

9.4.3 逻辑设计

关系数据库的逻辑结构由一组关系模式组成,因而从概念结构到关系数据库逻辑结构的转换就是从 E-R 图转换为关系模式。具体的转换过程和转换规则分为如下两类。

1. 实体和实体属性的转换

一个实体对应一个关系模式,实体的属性对应关系的属性,实体的码对应关系模式的候选码。

由于实体之间的联系有多种情况,下面分几种情况进行讨论。

(1) 1∶1 联系的转换。实体类型之间一个 1∶1 联系转换为一个独立的关系模式,则与该联系相连的实体的码以及联系本身的属性均转换为关系的属性,每个实体的码均是该关系的候选码。实体类型之间一个 1∶1 联系与任意一端实体对应的关系模式合并,则需要在该关系模式的属性中加入另一关系模式的码和联系本身的属性。

(2) 1∶n 联系的转换。一个 1∶n 联系可以转换为一个独立的关系模式,则与该联系相连的各实体的码以及联系本身的属性均转换为新关系的属性,而新关系的码为 n 端实体的码。一个 1∶n 联系也可以与 n 端对应的关系模式合并。在 n 端的子表中增加父表的关键字列。

(3) m∶n 联系的转换。一个 m∶n 联系必须转换为一个新关系模式,与该联系相连的各实体的码以及联系本身的属性均转为新关系的属性,而新关系的码是各实体码的组合。

2. 实体类型内实体之间联系的转换

(1) 1∶1 联系的转换。在实体关系表中增加联系的列属性。

(2) 1∶n 联系的转换。在 n 端实体关系表中增加父节点的关键字,增加新关系表。

(3) m∶n 联系的转换。增加新关系。

9.4.4 物理设计

数据库在物理设备上的存储结构与存取方法称为数据库的物理结构,它依赖于给定的计算机系统。为一个给定的逻辑数据模型选取一个最适合应用要求的物理结构的过程,就是数据库的物理设计。

1. 物理设计的内容

数据库物理设计主要包括以下几个方面的内容:

(1) 确定数据的存储结构;

(2) 为数据选择和调整存取路径,即索引的设计;

(3) 确定数据分布,如数据的垂直划分和水平划分;

(4) 调整和优化数据库的性能,如调整 DBMS 的某些系统参数。

2. 物理设计的特点

数据库的内模式和逻辑模式、用户模式不一样,它不直接面向用户,而且一般的用户不一定、也不需要了解内模式的设计细节。因此,内模式的设计,即物理设计可以不考虑用户理解的方便性。

3. 物理设计的目标

数据库物理设计的主要目标是:

(1) 提高数据库的性能,特别是满足主要应用的性能要求;

(2) 有效地利用存储空间。

4. 数据的存储结构

数据库数据的存储结构不同于一般文件系统的存储结构。数据库数据的特点是各种数据之间彼此有联系,数据是结构化的。数据的存储结构不仅涉及每种数据如何存储,而且还要使数据的存储能够反映各种数据之间的联系。一般来说,DBMS在存储结构方面已经做了很多,设计人员不必去设计某种存储结构,而是要根据具体的应用,利用好DBMS提供的各种存储结构。

虽然数据库数据的存储结构不同于一般的文件系统结构,但由于它是建立在文件系统的基础之上,二者之间有着密切的联系。数据库文件在逻辑上是记录的序列,文件自身的结构不外乎按照定长记录和变长记录两种形式进行组织,而文件中记录的组织则有多种形式:堆、顺序、散列、簇集、B树类等。存储结构的设计就是要在它们中间做出正确的选择。

5. 数据的存取路径

数据库必须支持多个用户的多种应用,因而也就必须提供对数据访问的多个入口,也就是说对同一数据的存储要提供多条存取路径。数据库物理设计的任务之一就是确定应建立哪些存取路径。

存取路径即索引结构,因为索引结构提供了定位和存取数据的一条路径。

存取方法是快速存取数据库中数据的技术。数据库管理系统一般都提供多种存取方法。常用的存取方法有三种:

(1) 索引方法;

(2) 簇集方法;

(3) Hash方法。

存取路径具有以下特点:

(1) 存取路径和数据是分离的,对用户来说是不可见的;

(2) 存取路径可以由用户建立、删除,也可以由系统动态地建立、删除;

(3) 存取路径的物理组织通常采用顺序文件、B+树文件和散列文件结构等。

6. 物理设计的调整

在进行数据库的物理设计时,可供选择的方案很多。例如各种文件结构和存取路径的选择,就可以形成庞大的组合。要穷尽各种可能寻求最佳设计,几乎是不可能的。数据库设计和一般产品的设计不一样,数据库设计只提供一个初始设计,在数据库运行过程中还可根据用户的要求、应用的需求、数据的特性以及其他因素不断地调整。过分追求所谓的精确设计,企图一次成功,是不符合数据库应用的特点的。

习 题

一、选择题

1. (　　)是位于用户和操作系统之间的一层数据管理软件。
   A. 数据库　　　　　　　　　　　B. 数据库技术
   C. 数据库管理系统　　　　　　　D. 数据库系统

2. 关系数据模型(　　)。
   A. 只能表示实体间的1∶1关系　　B. 只能表示实体间的1∶n关系
   C. 只能表示实体间的m∶n关系　　D. 可以表示实体间的上述三种关系

3. 在数据库的三级模式结构中,描述数据库中全体数据的全局逻辑结构和特征的是(　　)。
   A. 外模式　　　B. 内模式　　　C. 存储模式　　　D. 模式

4. 数据库设计一般都遵循软件的生命周期理论,下列不属于这一周期的是(　　)。
   A. 需求分析　　　　　　　　　　B. 可行性分析
   C. 逻辑结构设计　　　　　　　　D. 概念结构设计

5. 数据库管理系统一般都提供多种存取方法,下列不属于的是(　　)。
   A. 分析方法　　B. 簇集方法　　C. Hash方法　　D. 索引方法

二、填空题

1. 数据管理主要分为三个阶段：_____、_____、_____。
2. 常用的结构化的数据模型有：_____、_____、_____。
3. E-R模型支持包括：_____、_____、_____的联系关系模型。
4. 数据库的三级模式结构是：_____、_____、_____。
5. 数据库的设计通常分为几个阶段,即_____、_____、_____和_____。

三、简答题

1. 简述数据管理三个阶段的主要特点。
2. 常用的数据模型有哪些？
3. 简述数据库的三级模的组成。

第 10 章　操作系统基础知识

计算机发展到今天，从个人计算机到巨型计算机系统，毫无例外都配置一种或多种操作系统，操作系统管理和控制计算机系统中的所有软、硬件资源，是计算机系统的灵魂和核心。它是其他应用软件工作的基础，同时也为用户提供方便友善的服务界面，从而使得计算机系统的使用和管理更加方便，计算机资源利用效率更高。

本章主要介绍操作系统的概念、形成和发展，重点介绍了操作系统的功能和分类。

10.1　操作系统概述

10.1.1　什么是操作系统

计算机系统是由计算机硬件和计算机软件两部分组成的。计算机硬件是计算机的实体，又称为硬设备，是所有固定装置的总称，它是计算机实现其功能的物质基础。硬件通常由中央处理机（运算器和控制器）、存储器、输入设备和输出设备等部件组成；计算机软件是指挥计算机运行的程序集，按功能分为系统软件和应用软件，系统软件一般包括操作系统、语言编译程序、数据库管理系统。应用软件是指计算机用户为某一特定应用而开发的软件。例如文字处理软件、表格处理软件、绘图软件、财务软件、过程控制软件等。

我们把没有任何软件支持的计算机称为裸机（Bare Machine），它仅仅构成了计算机系统的物质基础。操作系统运行于裸机之上，经过操作系统提供的资源管理功能和方便用户的各种服务功能，将裸机改造成功能更强、使用更方便的机器通常称之为虚拟机（Virtual Machine）。目前，按照层次观点对计算机系统划分的方法被人们普遍接受，如图 10.1 所示。

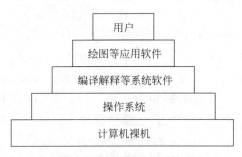

图 10.1　计算机系统的组成

综上所述，我们可以形式地把操作系统定义为：操作系统（Operating System）是计算机系统中的一个系统软件，它直接管理和控制计算机系统中的硬件及软件资源，合理地组织计算机工作流程以便有效地利用这些资源为用户提供一个功能强大、使用方便和可扩展的工作环境，从而在计算机与其用户之间起到接口的作用。

引入操作系统的目的有两个，一是方便用户使用计算机，是用户和计算机的接口，用户通过操作系统提供的命令和服务去操作计算机，而不必去直接操作计算机的硬件；二是统一管理计算机系统的全部资源，合理组织计算机工作流程，以便充分、合理地发挥计算机的效率。

10.1.2 操作系统的形成和发展

从 1946 年诞生第一台电子计算机以来，它的每一代进化都以减少成本、缩小体积、降低功耗、增大容量和提高性能为目标，随着计算机硬件的发展，同时也加速了操作系统的形成和发展。事实上，最初的计算机并没有操作系统，人们通过各种操作按钮和开关来控制计算机，那时编写程序都是直接使用机器语言。

到了 20 世纪 50 年代中期，逐渐出现了汇编语言以及其他一些较为高级的程序设计语言，但工作方式仍然是在人工的控制下进行。操作人员通过有孔的纸带将程序输入计算机进行编译，这些将语言内置的计算机只能由操作人员自己编写程序来运行，不利于设备和程序的共用。

20 世纪 50 年代末 60 年代初，计算机发展进入第二代。不仅计算机的速度有了很大的提高，而且存储容量也有了很大的增长，这给软件的发展奠定了物质基础，出现了对计算机硬件和软件进行管理与调度的软件——管理程序。管理程序为使用者提供一套控制命令，并以一定的方式穿在卡片上，称为控制卡，管理程序通过读入和执行这些控制卡而成批地处理人们的程序，即在一个程序处理完毕后，管理程序再自动启动下一个程序而无须人工干预，这就是操作系统的前身。

第二代计算机后期，特别是进入第三代以后，软件和硬件有了很大的发展，尤其是主存储器容量的增大和大容量的辅助存储器——磁盘的出现，给发展更先进的管理程序准备好了物质条件。20 世纪 70 年代中期开始出现了计算机操作系统。1976 年，美国的 DIGITAL RESEARCH 软件公司研制出 8 位的 CP/M 操作系统，这个系统允许用户通过控制台的键盘对系统进行控制和管理，其主要功能是对文件信息进行管理，以实现硬盘文件或其他设备文件的自动存取。此后出现的一些 8 位操作系统多采用 CP/M 结构。

1981 年，美国微软公司为 IBM 的个人计算机开发出磁盘操作系统（DOS，Disk Operating System），称为 MS-DOS。后来其他公司生产的与 MS-DOS 兼容的操作系统也沿用了 DOS 这个称呼，如 PC-DOS、DR-DOS 等。从 1981 年开始，DOS 系统几乎每年都有新的版本问世，并且开始在微机领域占主导地位。1987 年推出后来普及率最高的 DOS 3.3，主要支持 3.5 英寸软盘，至此，DOS 已经发展的相当成熟。但是，DOS 在日夜发展的微型计算机面前，其弱点逐渐暴露出来。例如，它是为 16 位微机开发的单用户单任务系统，不能充分发挥计算机的潜能；另外，它是基于字符界面的操作系统，我们在屏幕上看到的是 DOS 提示符，通过从键盘输入命令来指挥计算机，使我们操作起来感到不方便。

美国微软公司从 1985 年开始开发基于图形界面的 Windows 操作系统。1990 年至 1993 年分别推出了 Windows 3.0、3.1、3.2，我们统称为 Windows 3.x。Windows 3.x 虽然提供图形界面,但仍然必须依赖于 DOS 操作系统。1995 年底,美国微软公司推出 Windows 95,与 Windows 3.x 不同,Windows 95 是独立于 DOS 的 32 位操作系统,它直接启动图形化的界面,无须先启动 DOS。虽然 Windows 95 已完全替代了 DOS,但仍然兼容 DOS。另外,Windows 95 是一个单用户多任务操作系统,我们可以同时运行多个程序,这样就能够充分利用 CPU。继 Windows 95 之后,微软公司又推出了 Windows 98、Windows 2000 等,它们对 Windows 95 做了进一步的完善和扩充。总之,操作简捷、得心应手是 Windows 优于 DOS 的一个显著特点。Windows 系统多窗口、图形化、交互式的操作环境,使计算机操作方式发生了巨大变化,DOS 系统下需要输入多组命令才能完成的操作,Windows 下只要作选择、按鼠标即可完成。

2001 年 10 月 25 日,Windows XP 发布。Windows XP 是微软把所有用户要求合成一个操作系统的尝试,和以前的 Windows 操作系统相比稳定性有所提高,而为此付出的代价是丧失了对基于 DOS 程序的支持。2005 年 7 月 22 日太平洋标准时间早晨 6 点,Windows Vista 发布。

除了 Windows 家族外,比较著名的操作系统还有 UNIX 和 Linux。UNIX 是一个强大的多用户、多任务操作系统,支持多种处理器架构,最早由 Ken Thompson、Dennis Ritchie 和 Douglas McIlroy 于 1969 年在 AT&T 的贝尔实验室开发。由于 UNIX 具有技术成熟、可靠性高、网络和数据库功能强、伸缩性突出和开放性好等特色,可满足各行各业的实际需要,特别能满足企业重要业务的需要,已经成为主要的工作站平台和重要的企业操作平台。最初的 UNIX 由叫作 B 语言的解释型语言和汇编语言混合编写的。B 语言在进行系统编程时不够强大,所以 Thompson 和 Ritchie 对其进行了改造,1973 年,Thompson 和 Ritchie 用 C 语言重写了 UNIX,把可移植性当成主要的设计目标。在当时,为了实现最高效率,系统程序都是由汇编语言编写,所以 Thompson 和 Ritchie 此举是极具大胆创新和革命意义的。用 C 语言编写的 UNIX 代码简洁紧凑、易移植、易读、易修改,为此后 UNIX 的发展奠定了坚实基础。

虽然目前市场上面临某种操作系统(如 Windows NT)强有力的竞争,但是它仍然是笔记本电脑、PC、PC 服务器、中小型机、工作站、大巨型机及群集、SMP、MPP 上全系列通用的操作系统,至少到目前为止还没有哪一种操作系统可以担此重任。而且以其为基础形成的开放系统标准(如 POSIX)也是迄今为止唯一的操作系统标准,即使是其竞争对手或者目前还尚存的专用硬件系统(某些公司的大中型机或专用硬件)上运行的操作系统,其界面也是遵循 POSIX 或其他类 UNIX 标准的。从此意义上讲,UNIX 就不只是一种操作系统的专用名称,而成了当前开放系统的代名词。1988 年开放软件基金会成立后,UNIX 经历了一个辉煌的历程,成千上万的应用软件在 UNIX 系统上开发并施用于几乎每个应用领域。UNIX 从此成为世界上用途最广的通用操作系统。UNIX 不仅大大推动了计算机系统及软件技术的发展,从某种意义上说,UNIX 的发展对推动整个社会的进步也起了重要的作用。

Linux 的出现,最早开始于一位名叫 Linus Torvalds 的计算机业余爱好者,当时他是芬兰赫尔辛基大学的学生。他的目的是想设计一个代替 Minix(是由一位名叫 Andrew Tannebaum 的计算机教授编写的一个操作系统示教程序)的操作系统,这个操作系统可用于 386、486 或奔腾处理器的个人计算机上,并且具有 UNIX 操作系统的全部功能。Linux

的第一个版本在1991年9月被赫尔辛基大学 FTP SERVER 管理员 Ari Lemmke 发布在 Internet 上,最初 Torvalds 称这个核心的名称为"Freax",意思是自由("free")和奇异("freak")的结合字,并且附上了"X"这个常用的字母,以配合所谓的 UNIX-LIKE 的系统。但是 FTP SERVE 管理员觉得原来的命名"Freax"不好听,于是把核心的称呼改成了"Linux"。

　　Linux 以它的高效性和灵活性著称。它能够在 PC 上实现全部的 UNIX 特性,具有多任务、多用户的能力。Linux 是在 GNU 公共许可权限下免费获得的,是一个符合 POSIX 标准的操作系统。Linux 操作系统软件包不仅包括完整的 Linux 操作系统,而且还包括了文本编辑器、高级语言编译器等应用软件。它还包括带有多个窗口管理器的 X-Windows 图形用户界面,如同我们使用 Windows NT 一样,允许我们使用窗口、图标和菜单对系统进行操作。Linux 之所以受到广大计算机爱好者的喜爱,主要原因有两个,一是它属于自由软件,用户不用支付任何费用就可以获得它和它的源代码,并且可以根据自己的需要对它进行必要的修改,无偿对它使用,无约束地继续传播。另一个原因是,它具有 UNIX 的全部功能,任何使用 UNIX 操作系统或想要学习 UNIX 操作系统的人都可以从 Linux 中获益。

10.2　操作系统功能与分类

10.2.1　操作系统的功能

　　操作系统的基本功能是为用户与计算机提供交互使用的平台,具有进程管理、存储管理、文件管理、作业管理、设备管理五大基本功能。

1. 进程管理

　　进程管理(Process Management)又称处理机管理,其实质是对处理机执行"时间"的管理,即如何将 CPU 真正合理地分配给每个任务。CPU 是计算机系统中最宝贵的硬件资源。为了提高 CPU 的利用率,操作系统采用了多道程序技术。当一个程序因等待某一条件而不能运行下去时,就把处理器占用权转交给另一个可运行程序,或者当出现了一个比当前运行的程序更重要的可运行的程序时,后者应能抢占 CPU。为了描述多道程序的并发执行,就要引入进程的概念。通过进程管理协调多道程序之间的关系,解决对处理器实施分配调度策略、进行分配和进行回收等问题,以使 CPU 资源得到最充分的利用。

2. 存储管理

　　存储管理(Memory Management)就是要根据用户程序的要求为用户分配主存储区域。当多个程序共享有限的内存资源时,操作系统就按某种分配原则,为每个程序分配内存空间,使各用户的程序和数据彼此隔离(segregate),互不干扰(interfere)及破坏;当某个用户程序工作结束时,要及时收回它所占的主存区域,以便再装入其他程序。实质是对存储"空间"的管理,只有被装入主存储器的程序才有可能去竞争中央处理机。因此,有效地利用主存储器可保证多道程序设计技术的实现,也就保证了中央处理机的使用效率。

3. 文件管理

　　系统中的信息资源(如程序和数据)是以文件的形式存放在外存储器(如磁盘、光盘和磁带)上的,需要时再把它们装入内存。文件管理(File Management)的任务文件管理有效地支持文件的存储、检索和修改等操作,解决文件的共享、保密和保护问题,并提供方便的用户界面,使用户能实现按名存取。一方面,使得用户不必考虑文件如何保存以及存放的位置,但同时也要求用户按照操作系统规定的步骤使用文件。

4. 作业管理

作业管理(Job Management)的任务是为用户提供一个使用系统的良好环境,使用户能有效地组织自己的工作流程,并使整个系统能高效地运行。

用户要求计算机处理某项工作称为一个作业,一个作业包括程序、数据以及解题的控制步骤。用户一方面使用作业管理提供"作业控制语言"来书写自己控制作业执行的操作说明书;另一方面使用作业管理提供的"命令语言"与计算机资源进行交互活动,请求系统服务。

5. 设备管理

设备管理(Device Management)是指对计算机系统中所有输入输出设备(外部设备)的管理。设备管理的主要任务是完成用户进程提出的 I/O 请求;为用户进程分配其所需的 I/O 设备;提高 CPU 和 I/O 设备的利用率;提高 I/O 速度;方便用户使用 I/O 设备。为实现上述任务,设备管理应具有缓冲管理、设备分配和设备处理,以及虚拟设备等功能。

除了上述功能之外,操作系统还要具备中断处理、错误处理等功能,操作系统的各功能之间并非是完全独立的,它们之间存在着相互依赖的关系。

10.2.2 操作系统的分类

根据操作系统在用户界面的使用环境和功能特征的不同,操作系统一般可分为三种基本类型,即批处理操作系统、分时操作系统和实时操作系统。随着计算机体系结构的发展,又出现了多种操作系统,它们是嵌入式操作系统、网络操作系统和分布式操作系统。

1. 批处理操作系统

批处理操作系统(Batch Processing Operating System)的工作方式是:用户将作业交给系统操作员,系统操作员将许多用户的作业组成一批作业,之后输入到计算机中,在系统中形成一个自动转接的连续的作业流,然后启动操作系统,系统自动、依次执行每个作业。最后由操作员将作业结果交给用户。批处理操作系统的特点是:多道和成批处理。

多道批处理系统的优点是由于系统资源为多个作业所共享,其工作方式是作业之间自动调度执行。并在运行过程中用户不干预自己的作业,从而大大提高了系统资源的利用率和作业吞吐量。其缺点是无交互性,用户一旦提交作业就失去了对其运行的控制能力;又是批处理,作业周转时间长,用户使用不方便。

2. 分时操作系统

分时操作系统(Time Sharing Operating System)是把计算机的系统资源(尤其是 CPU 时间)进行时间上的分割,每个时间段称为一个时间片(Time Slice),每个用户依次轮流使用时间片。用户交互式地向系统提出命令请求,系统接受每个用户的命令,采用时间片轮转方式处理服务请求,并通过交互方式在终端上向用户显示结果。这样,每个用户轮流使用一个时间片而使每个用户并不感到有别的用户存在。分时系统具有多路性、交互性、"独占"性和及时性的特征。多路性指同时有多个用户使用一台计算机,宏观上看是多个人同时使用一个CPU，微观上是多个人在不同时刻轮流使用CPU。交互性是指，用户根据系统响应结果进一步提出新请求(用户直接干预每一步)。"独占"性是指用户感觉不到计算机为其他人服务，就像整个系统为他所独占。及时性指系统对用户提出的请求及时响应。UNIX是当今最流行的一种多用户分时操作系统。

常见的通用操作系统是分时系统与批处理系统的结合。其原则是：分时优先，批处理在后。"前台"响应需频繁交互的作业，如终端的要求；"后台"则处理时间性要求不强的作业。

3. 实时操作系统

实时操作系统(Real Time Operating System)是指使计算机能及时响应外部事件的请求在规定的严格时间内完成对该事件的处理，并控制所有实时设备和实时任务协调一致地工作的操作系统。实时操作系统对交互能力要求不高，但要求可靠性有保障，对外部请求能在严格时间范围内做出反应，有高可靠性和完整性，通常实时操作系统必须有以下特征：多任务、有线程优先级、多种中断级别。

4. 嵌入式操作系统

嵌入式操作系统EOS(Embedded Operating System)是一种用途广泛的系统软件，过去它主要应用于工业控制和国防系统领域。EOS运行在嵌入式系统环境中，负责嵌入系统的全部软、硬件资源的分配、调度工作，控制协调并发活动；它必须体现其所在系统的特征，能够通过装卸某些模块来达到系统所要求的功能。嵌入式操作系统在系统实时高效性、硬件的相关依赖性、软件固态化以及应用的专用性等方面具有较为突出的特点。EOS除具备了一般操作系统最基本的功能，如任务调度、同步机制、中断处理、文件功能等外，还有以下特点：提供强大的网络功能，支持TCP/IP及其他协议，提供TCP/UDP/IP/PPP支持及统一的MAC访问层接口，为各种移动计算设备预留接口。

嵌入式操作系统从应用角度可分为通用型嵌入式操作系统和专用型嵌入式操作系统。常见的通用型嵌入式操作系统有Linux、VxWorks、Windows CE.net等；常用的专用型嵌入式操作系统有Smart Phone、Pocket PC、Symbian等。

5. 网络操作系统

网络操作系统(Network Operating System)是使网络上各计算机能方便地共享各种网络资源，为网络用户提供所需的各种服务的软件和有关规程的集合。

网络操作系统基于计算机网络，是在各种计算机操作系统上按网络体系结构协议标准开发的向网络计算机提供服务的特殊的操作系统，它是网络的心脏和灵魂，所以有时我们也把它称之为服务器操作系统。功能包括网络管理、通信、安全、资源共享和各种网络应用，其目标是相互通信及资源共享。网络操作系统作为网络用户和计算机之间的接口，通常具有复杂性、并行性、高效性和安全性等特点。

6. 分布式操作系统

分布式操作系统(Distributed Operating Systems)是指大量的计算机通过网络被连接在一起，以获得极高的运算能力及广泛的数据共享以及实现分散管理等功能为目的的一种操作系统。它是一个统一的操作系统，处于分布式系统的多个主机处于平等地位，无主从关系，这种操作系统使得整体的处理能力更强、速度更快、可靠性更高。

习　　题

一、选择题

1. 操作系统是一种（　　）。
   A. 通用软件　　B. 系统软件　　C. 应用软件　　D. 软件包
2. 操作系统负责管理计算机系统的（　　），其中包括处理机、存储器、设备和文件。
   A. 程序　　B. 文件　　C. 资源　　D. 进程
3. 操作系统的功能是对计算机资源（包括软件和硬件资源）等进行管理和控制的程序，是（　　）之间的接口。
   A. 主机与外设的接口　　　　　B. 用户与计算机的接口
   C. 系统软件与应用软件的接口　　D. 高级语言与机器语言的接口
4. MS-DOS 操作系统是一个（　　）的操作系统。
   A. 单用户单任务　　　　　B. 单用户多任务
   C. 多用户多任务　　　　　D. 多用户单任务
5. 在下列性质中，（　　）不是分时系统的特征。
   A. 交互性　　B. 多路性　　C. 及时性　　D. 同时性
6. 能够及时响应随机发生的外部事件，并在严格的事件范围内完成对该事件的处理方式，是计算机的（　　）方式。
   A. 实时系统　　B. 分时系统　　C. 多道程序处理　　D. 批处理

二、填空题

1. 我们把没有任何软件支持的计算机称为_____，它仅仅构成了计算机系统的物质基础。
2. 操作系统的五大功能是：_____、存储管理、_____、_____和_____。
3. 操作系统的基本类型有：_____、_____、_____、嵌入式操作系统、_____和_____。
4. _____又称处理机管理，其实质是对处理机_____的管理，即如何将 CPU 真正合理地分配给每个任务。
5. _____是指大量的计算机通过网络被连接在一起，以获得极高的运算能力及广泛的_____以及实现分散管理等功能为目的的一种操作系统。

三、简答题

1. 操作系统的定义是什么？常用的操作系统有哪些？
2. 如何看待操作系统在计算机系统中的地位？
3. 什么是批处理、分时和实时系统？各有什么特征？

第二篇
操作篇

第 11 章   中文 Windows 10 操作系统

Microsoft Windows 是一个为个人计算机和服务器用户设计的操作系统,它有时也被称为"视窗操作系统"。它的第一个版本由微软公司发行于 1985 年,并最终获得了世界个人计算机操作系统软件的垄断地位。微软自 1985 年推出 Windows 1.0 以来,Windows 系统经历了三十多年风风雨雨。从最初运行在 DOS 下的 Windows 3.x,到现在风靡全球的 Windows 9x、Windows 2000、Windows XP、Windows 2003、Windows 7,至 2015 年 7 月 29 日发布 Windows 10。所有最近的 Windows 都是完全独立的操作系统。

本章以中文 Windows 10 操作系统为主,介绍其主要功能概念和操作方法。

11.1   Windows 10 基础知识

Windows 10 操作系统在易用性和安全性方面有了极大的提升,除了针对云服务、智能移动设备、自然人机交互等新技术进行融合外,还对固态硬盘、生物识别、高分辨率屏幕等硬件进行了优化完善与支持。

11.1.1   系统启动与关闭系统

1. 启动 Windows 10

打开 Windows 10 系统至少涉及两个开关:主机箱的电源开关和显示器的电源开关。
启动系统的一般步骤如下:
(1) 顺序打开外部设备的电源开关、显示器开关和主机电源开关。
(2) 计算机自动执行硬件测试,测试无误后即开始引导系统。
(3) 根据使用该计算机的用户账户数目,界面分单用户和多用户登录两种。
(4) 单击要登录的用户名,输入用户名及密码,单击"确定"按钮或按 Enter 键后启动完成,出现 Windows 10 主界面,如图 11.1 所示。

2. 关闭系统

Windows 10 中关闭计算机必须遵照正确的步骤,而不能在 Windows 10 仍运行时直接关闭计算机电源。

Windows 10 系统运行时,需将重要的数据存储在内存中,若不按照正确步骤关机,系统来不及将数据写入到硬盘中,可能造成程序数据和信息的丢失,严重时可能会造成系统的损坏。

另外,Windows 10 运行时需要大量的磁盘以保存临时信息,这些保存在文件夹中的临时文件会在正常退出 Windows 10 时被清除掉,以免资源浪费。如不正常退出,将使系统来

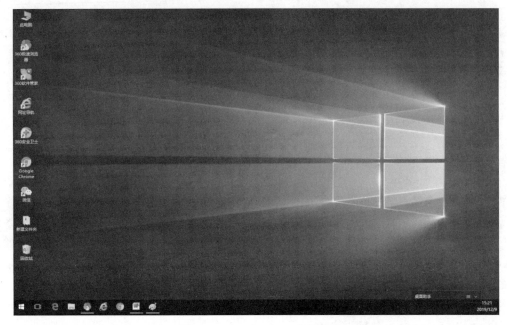

图 11.1　Windows 10 主界面

不及处理这些临时信息。

正常退出 Windows 10 并关闭计算机的步骤如下：

(1) 保存所有应用程序中处理的结果,关闭所有运行的应用程序。

(2) 单击"开始"按钮,选择"电源"。若单击"电源"按钮,会出现如"睡眠""关机""重启"三个选项,如图 11.2 所示。

(3) 关闭显示器的开关和连接到计算机上的任何设备(如打印机)。

图 11.2　Windows 10 关闭设备

11.1.2　使用鼠标

现在鼠标已经成为一台计算机的必备输入设备,Windows 10 中的许多操作都可以通过鼠标的操作完成,利用鼠标能够快捷地对计算机进行各种操作。尽管这些操作用键盘也可以完成,但大多数时候用鼠标是最为方便的。

二键鼠标有左、右两键,左按键又叫作主按键,大多数的鼠标操作是通过主按键的单击或双击完成的。右按键又叫作辅助按键,主要用于一些专用的快捷操作。

鼠标的基本操作如下：

(1) 指向：指移动鼠标,将鼠标指针移到操作对象上。

(2) 单击：快速按下并释放鼠标左键。单击一般用于选定一个操作对象。

(3) 双击：指连续两次快速按下并释放鼠标左键。双击一般用于打开窗口、启动应用程序。

(4) 拖动：指按下鼠标左键,移动鼠标到指定位置,再释放按键的操作。拖动一般用于选择多个操作对象,复制或移动对象等。

(5) 右击:指快速按下并释放鼠标右键。右击一般用于打开一个操作相关的快捷菜单。

11.2 Windows 10 系统界面

11.2.1 系统桌面

1. 桌面

Windows 10 启动以后,首先看到的是它的桌面,如图 11.3 所示。

图 11.3 Windows 10 桌面

桌面也称为工作桌面或台面,是指 Windows 所占据的屏幕空间,也可以理解为窗口、图标、对话框等工作项所在的屏幕背景。屏幕上的整个工作区域就是"桌面"。

桌面是 Windows 10 的工作平台。以 Web 的方式来看,桌面相当于 Windows 10 的主页。桌面上放着用户经常要用到的和特别重要的文件夹和工具,为用户快速启动带来便利。

第一次启动 Windows 10 后,默认的桌面上只包含"此电脑""回收站"等少数几个图标,每个图标都与一个 Windows 提供的功能相关联。

2. 图标

在桌面的左边,有些上面是图形、下面是文字说明的组合,被称作"图标"。

作为操作系统,Windows 10 控制着存储在计算机内的信息。信息在 Windows 中显示成图标,每个图标代表保存在硬盘中的文件。程序图标代表 Windows 中完成某些工作的应用程序。例如,浏览器(Internet Explorer)就是访问互联网信息的一种程序。该程序在 Windows 中用一个图标表示,通过鼠标双击就能运行。图标也可以表示用不同的程序创建的文档或数据文件。

11.2.2 任务栏

1. 任务栏概述

任务栏就是通常位于桌面下方的长条,如图 11.4 所示。相比 Windows 7,Windows 10 的任务栏无太大的变化。任务栏仍结合了以往的"快速启动栏"和任务栏的两种功能,可以在同一区域中显示正在运行的程序按钮和程序快捷方式。

图 11.4 Windows 10 任务栏

如图 11.4 所示,在任务栏中,有的图标下方有"一条线"或者形成了"按钮"效果,这类图标表示已经启动或者正在运行的应用程序,单击此类图标,可以将后台运行的程序放在前端。没有这种效果的图标就属于普通的快捷方式,单击该类图标可以启动对应的程序。

在任务栏上,可以通过鼠标实现 3 种不同的操作。

(1) 单击鼠标左键:如果程序对应的程序尚未启动,则可以启动该程序;如果程序已经启动,单击左键可以将程序对应的窗口放到最前端;如果程序同时打开了多个窗口或者标签,单击左键可以查看该程序所有窗口和标签的缩略图。

(2) 单击鼠标右键:使用鼠标右键单击任务栏上任何一个图标后,可以打开跳转列表。使用鼠标左键单击任务栏图标不放,然后向屏幕中心拖动,也可以打开跳转列表。

(3) 单击鼠标中键:使用鼠标中键单击任务栏上任何一个图标后,会新建一个程序窗口。如果鼠标上没有中键,但有滚轮,并且鼠标驱动也支持,同样可以实现中键单击的效果。

2. 通知区域

在 Windows 10 任务栏的右侧,依然是系统的通知区域,通知区域的用途和老版本的 Windows 一样,用于显示在后台运行的程序和其他通知。不同之处在于,老版本的 Windows 中在这一区域会显示所有图标,只有在长时间不活动时,才会被隐藏。而 Windows 10 在默认情况下,这里只会显示几个系统图标,分别代表"日期和时间""音量图标"(针对笔记本或者电池供电的计算机)、输入法模式、网络及通知信息等。其他的图标都会被隐藏起来,需要单击向上三角箭头才能看到,如图 11.5 所示。

图 11.5 显示通知区域的隐藏图标

这一特性虽然可以方便使用,但也可能造成一些不便,因此可以根据实际情况决定是否显示通知区域图标。在"控制面板"中打开图 11.6 所示的"外观和个性化"窗口,选择"任务栏和导航",打开图 11.7 所示的界面。可以在该"任务栏和导航"窗口下,自定义任务栏,确定要显示的项目类型及显示方式。

(1) 任务栏基本属性:可以选择"开"或者"关"相关的任务栏基本属性,可以设定任务栏在屏幕上的位置,还可以设置"合并任务栏按钮"属性等。

(2) 通知区域:可以选择哪些图标显示在任务栏上,可以选择打开或关闭系统图标。

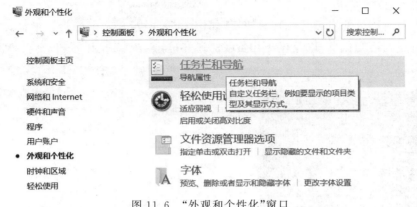

图 11.6 "外观和个性化"窗口

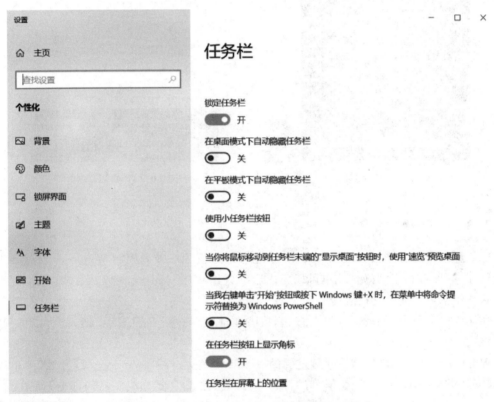

图 11.7 设置任务栏通知区域图标的显示状态

(3) 多显示器:当有多显示器时,可以选择是否在所有显示器上显示任务栏,可以选择任务栏按钮的显示位置,可以选择是否合并显示其他任务栏上的按钮等。

(4) 人脉:可以在任务栏上选择是否显示联系人,选择显示多少联系人,选择是否显示人脉通知和播放声音等。

3. 日期和时间

在任务栏通知区域的右侧显示了当前系统的时间和日期,单击后系统会弹出系统日历和时间数字,如图 11.8 所示。

4. "系统通知"按钮

在任务栏时钟区的右侧是"通知"按钮,如图 11.9 所示。当鼠标指针指向该按钮时,会显示是否有新的通知信息,以及存在几条新的通知信息。若单击该按钮,则会弹出对应的通知信息小窗口。

图 11.8 系统时间

图 11.9 "通知"按钮

11.2.3 "开始"菜单

屏幕左下角的方形按钮是"开始"菜单,它可以运行程序或者控制 Windows 自身。当用户使用计算机时,利用"开始"菜单可以完成启动应用程序、打开文档以及寻求帮助等工作,一般的操作都可以通过"开始"菜单来实现。

在任务栏上单击 Windows 徽章按钮,或者在键盘上按下 Ctrl+Esc 键,就可以打开"开始"菜单。

Windows 10"开始"菜单是其最重要的一项变化,它融合了 Windows 7"开始"菜单以及 Windows 8/Windows 8.1 开始屏幕的特点。"开始"菜单主要分成左右两部分,如图 11.10 所示。

Windows 10"开始"菜单中左侧为最常用项目和最近添加项目显示区域,另外还用于显示所有应用列表,其中:

(1) 最常用项目:是系统启动某些常用程序的快捷菜单选项。用户可以利用这个命令直接打开相应的程序,而不用在所有应用列表中打开。

(2) 所有应用列表:显示的是本机安装的所有程序列表。如果要运行的程序没有显示在常用项目和最近添加项目列表中,可以在所有应用列表中查找到自己所需的程序。

右侧是用来固定应用磁贴或图标的区域,方便快速打开应用。与 Windows 8/Windows 8.1 相同,Windows 10 中同样引入了新类型 Modern 应用,对于此类应用,如果应用本身支持的

图 11.10 "开始"菜单

话还能够在动态磁贴中显示一些信息,用户不必打开应用即可查看一些简单信息。

同时,在"开始"菜单的最左侧还有用户名、文档、图片、设置和电源选项。选择"设置"选项可以打开"Windows 设置"对话框进行系统的相关设置,如图 11.11 所示。

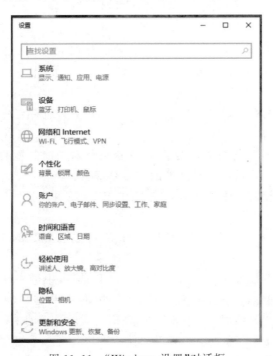

图 11.11 "Windows 设置"对话框

11.2.4 窗口

1. 窗口的概念

窗口是 Windows 系统的基本对象,是指用户访问各种文件资源的矩形区域。以"计算机"窗口为例,窗口可以分为各种不同的组件。窗口的组成如图 11.12 所示。

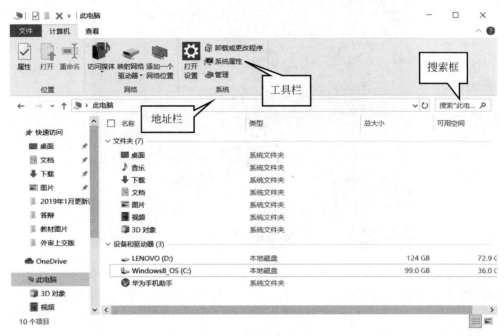

图 11.12 窗口的组成

2. 窗口的组成

(1) 地址栏:地址栏用于输入文件地址,也可以使用下拉菜单选择地址,同时也可以直接在窗口的地址栏中输入网址,直接访问互联网。

(2) 工具栏:工具栏中存放着常用的操作命令和按钮,在 Windows 10 中,菜单栏以工具栏的形式显示。不同窗口下的工具栏会随窗口主题不同而有变化,但一般包含"文件"和"查看"工具栏。

(3) 搜索框:在地址栏的右边是搜索框,在这里是对当前位置的内容进行搜索,不仅可以针对文件名进行搜索,还可以针对文件的内容来搜索。当使用者输入关键字的时候,搜索就已经开始了,因此使用者并不需要输入完整的关键字就可以找到相关的内容。

3. 窗口的切换

Windows 10 中可以同时打开多个窗口,使用者可以根据需要快捷地切换窗口,切换方法如下。

(1) 利用 Alt+Tab 组合键。当按下此组合键时,屏幕中会出现一个矩形区域,显示所有打开的程序和文件图标,按住 Alt 键不放,重复按下 Tab 键,这些图标就会依次突出显示,当要切换的窗口突出显示时,松开组合键,该窗口就成了活动窗口,如图 11.13 所示。

(2) 利用 Alt+Esc 组合键。该组合键的使用方法和上一个组合键的使用方法类似,区别是不会显示矩形区域,而是直接进行窗口间的切换。

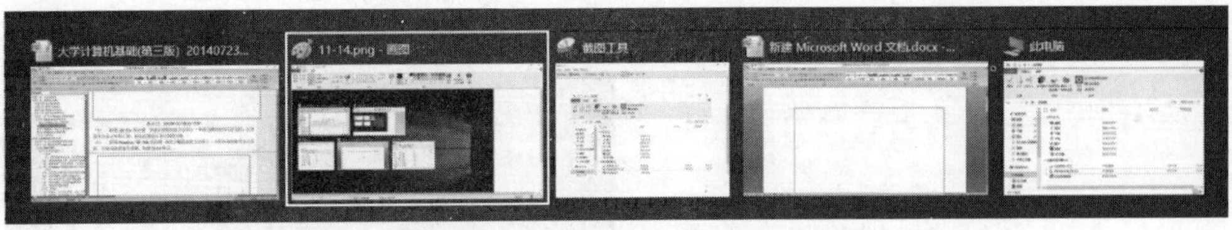

图 11.13 利用 Alt+Tab 组合键进行窗口切换

（3）利用 Windows 键+Tab 组合键。该组合键的使用方法和上一个组合键的使用方法类似，区别是切换效果更美观，如图 11.14 所示。

图 11.14 利用 Windows 键+Tab 组合键窗口切换

11.2.5 Aero 界面

Aero 界面最初出现在 Vista 系统中。Windows 10 中的 Aero 提供了非常多的实用功能，可以大幅度提高工作效率。

1. Aero 吸附功能

使用 Aero 窗口的吸附功能可以让使用者并排显示两个或多个窗口，以便同时操作其中的内容。Aero 窗口功能不用手动调整窗口的大小，只需要使用鼠标左键单击一个窗口的标题栏不放，然后将其拖动到屏幕的最左侧，此时屏幕上会出现该窗口的虚拟边框，并自动占据屏幕一半的位置，如图 11.15 所示，随后松开鼠标左键，该窗口就会自动填满屏幕一半的位置。

对于另一个希望并排显示的窗口，向左侧进行同样的操作即可，这样，两个窗口就会平分整个屏幕的面积。使用完成后，只要使用鼠标左键单击窗口的标题栏不放，将窗口拖回桌面的中央即可恢复原始状态。

2. Aero 晃动

有时使用者只需要使用一个窗口，同时希望将其他窗口都隐藏或最小化。在 Windows 10

图 11.15　Aero 吸附

中只要在目标窗口的标题栏上按下鼠标左键不放,同时左右晃动鼠标若干次,其他窗口就会被立刻隐藏起来。如果希望将窗口布局恢复为原来的状态,只需再次晃动即可。

11.3　Windows 10 自动工具的使用

11.3.1　快捷方式

桌面上的图标实质上就是打开各种程序和文件的快捷方式,用户可以在桌面上创建自己经常使用的程序或文件的图标,这样使用时直接在桌面上双击即可快速启动该项目。

1. 创建桌面快捷方式

【例 11-1】　创建 Windows Mail 程序的桌面快捷方式。

具体操作如下:

(1) 打开"计算机",按照指定路径找到该应用程序(C:\program files\Windows Mail)。

(2) 选定要创建快捷方式的"Windows Mail"文件夹。

(3) 右击,在弹出的快捷菜单中选择"发送到"→"桌面快捷方式"选项,即可在桌面创建该项目的快捷方式,如图 11.16 所示。

【例 11-2】　从"开始"菜单创建"记事本"程序的桌面快捷方式。

具体操作如下:

(1) 在 Windows 10 桌面上单击"开始"按钮,选择"所有应用程序列表"→"Windows 附件"→"记事本"选项。

(2) 在"记事本"图标上单击,按住左键将该程序向右拖曳至桌面。即可创建该项目的桌面快捷方式,如图 11.17 所示。

2. 图标的排列

当用户在桌面上创建了多个图标时,如果不进行排列,会显得非常凌乱,这样不利于用

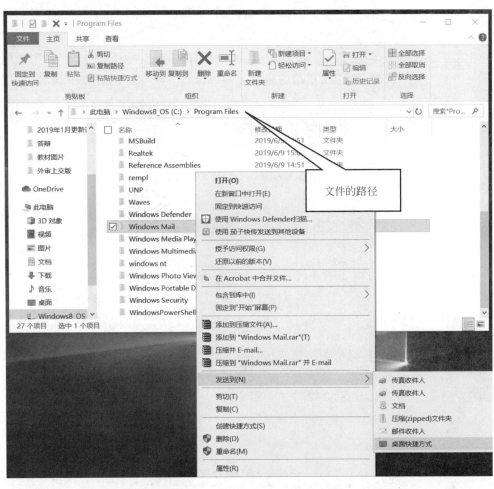

图 11.16 创建 WinRAR 快捷方式

图 11.17 创建记事本快捷方式

户所需要的项目,而且影响视觉效果。使用排列图标命令,可以使用户的桌面看上去整洁而富有条理。

用户需要对桌面上的图标进行位置调整时,可在桌面上的空白处右击,在弹出的快捷菜单中选择"排序方式"选项,在子菜单项中包含了多种排列方式,如图11.18所示。

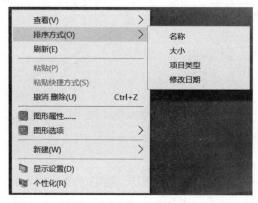

图 11.18　排列桌面图标

排列图标有下列几种方式:
(1) 名称:按图标名称开头的字母或拼音顺序排列。
(2) 大小:按图标所代表文件大小的顺序来排列。
(3) 项目类型:按图标所代表文件的类型来排列。
(4) 修改日期:按图标所代表文件的最后一次修改时间来排列。

11.3.2　记事本

记事本用于纯文本文档的编辑,适于编写一些篇幅短小的文件,由于它使用方便、快捷,应用还是比较多的。记事本除了可以打开默认的 txt、ini 等文本文档以外,许多种扩展名的文件都可以用记事本打开和编辑后保存。

依次打开"开始"→"所有应用程序列表"→"Windows 附件"→"记事本",就会看到 Windows 10 提供的记事本程序,如图 11.19 所示。

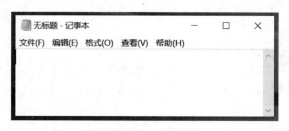

图 11.19　记事本程序

11.3.3　画图

"画图"程序是一个位图编辑器,可以对各种位图格式的图画进行编辑,用户可以自己绘制图画,也可以对扫描的图片进行编辑修改。编辑完成后,可以以 BMP、JPG、GIF 等格式存档,用户还可以发送到桌面和其他文本文档中。

依次打开"开始"→"所有应用程序列表"→"Windows 附件"→"画图"即可。

【例 11-3】 将当前屏幕上内容以图片的形式保存到 D 盘根目录下,文件名为练习.jpg。

(1) 选定想截屏的内容,单击键盘上的 Print Screen 键(该键的作用是将当前屏幕上的所有内容以图片的形式保存到剪贴板中,Alt+Print Screen 组合键用来保存当前活动窗口的图片)。

(2) 打开画图程序。

(3) 使用"粘贴"操作的组合键 Ctrl+V,将刚才屏幕上图像内容粘贴进画图程序,如图 11.20 所示。

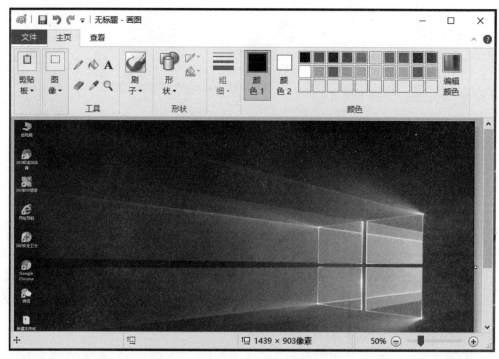

图 11.20 执行粘贴操作后的画图板

(4) 单击画图程序的菜单,在下拉菜单中选择"另存为"选项,鼠标停留几秒后在新弹出的格式类型中选择"JPEG 图片"选项,如图 11.21 所示。

(5) 在弹出的"保存为"窗口中选定保存位置和修改文件名后单击"保存"按钮即可,如图 11.22 所示。

11.3.4 计算器

早在 Windows 3.1 中就已经包含了计算器工具,在 Windows 10 中,默认模式的计算器功能非常简单,只提供了最基本的功能。单击"计算器"窗口中的"查看"菜单,可以在"计算器"和"转换器"分类下选择多种不同的计算器功能来使用,如图 11.23 所示。

利用"计算器"的"程序员"功能,可以在使用除"计算器"的普通的运算之外,还可以方便地进行数制的转换。

图 11.21　画图程序的另存为菜单

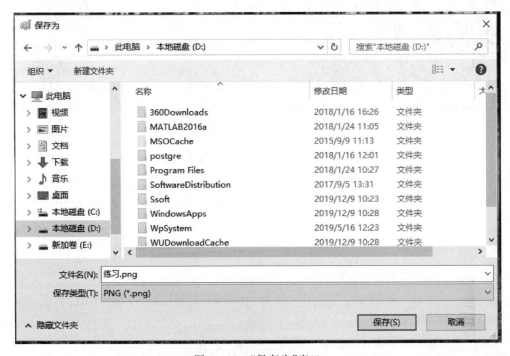

图 11.22　"保存为"窗口

图 11.23　查看菜单

【例 11-4】　将二进制数 1101101 转换为十进制数。

（1）依次打开"开始"→"所有应用程序列表"→"计算器"，打开"计算器"程序。

（2）选择"计算器"→"查看"→"程序员"选项，如图 11.23 所示。

（3）在"程序员"状态的"计算器"窗口中，选择"BIN"单选框后，输入二进制数 11010101，如图 11.24 所示。

（4）输入完成后，在左侧的数制选区选择"DEC"，在"计算器"的显示区域中就会出现二进制数 11010101 的十进制值 213，如图 11.25 所示。

图 11.24　输入二进制数

图 11.25　得出十进制值

11.4　Windows 10 系统设置

11.4.1　控制面板

在 Windows 10 中进行系统设置,一般要使用"控制面板",它允许用户查看并操作基本的系统设置和控制,如添加/删除程序或硬件、控制用户账户、更改辅助功能等。

1. 打开控制面板

(1) 选择"所有应用程序列表"→"Windows 系统"→"控制面板"选项。

(2) 打开"控制面板"窗口,如图 11.26 所示。

图 11.26　"控制面板"窗口

2. 控制面板的常用功能

(1) 系统和安全:包含为系统管理员提供的多种工具,包括安全、性能服务配置等,可以查看计算机状态,可以通过文件历史记录保存文件,可以备份副本,可以备份和还原系统等。

(2) 网络和 Internet:允许使用者更改 Internet 安全设置、隐私设置和定义主页等浏览器选项。

(3) 硬件和声音:可以查看并解决硬件设备问题,包括查看设备和打印机、添加设备以及调整常用移动设置等。

(4) 程序:允许使用者从系统中添加或者删除程序。

(5) 用户账户:允许使用者控制系统中用户账户,如添加账户、删除账户、设置账户密码等操作。

(6) 外观和个性化:可以更改桌面项目的外观,可以将主题或屏幕保护程序应用于计算机,可以更改任务栏设置等。

(7) 时钟、语言和区域：允许用户修改计算机本地时间，更改时区。

(8) 轻松使用：使用 Windows 建议的设置优化视觉显示。

11.4.2 应用程序的卸载

当安装到计算机中的应用程序不再需要时，就可以将其卸载。卸载的方法很多，在这里可以通过"控制面板"中的"程序"命令实现。

【例 11-5】 卸载"暴风影音"应用程序。

(1) 选择"控制面板"→"程序"选项，在打开的窗口中会显示在此计算机中安装程序的所有信息，如程序名称、发表者、安装时间、大小和版本等，如图 11.27 所示。

图 11.27 程序和功能命令

(2) 双击想要卸载的应用程序名称"暴风影音"(或者右击想要卸载的应用程序名称"暴风影音"，单击"卸载/更改")，在弹出的对话框中选择"是"，即可卸载该程序。

11.4.3 控制硬件设备

选择"控制面板"→"硬件和声音"选项，在打开的窗口中选择"设备和打印机"分类下的"设备管理器"，打开对应的设备管理器对话框。

在默认情况下，控制面板中的设备管理器将按照类型显示所有设备，如图 11.28 所示。单击每一个类型前的">"图标就可以展开该类型的设备，并查看属于该类型的具体设备，双击设备就可以打开这个设备的属性对话框。在具体设备上右击，可以在弹出的快捷菜单中选择执行的一些命令。

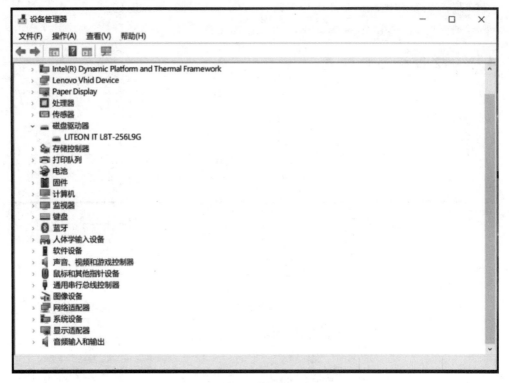

图 11.28 设备管理器

有时可能因为某种原因，原本正常工作的硬件设备突然不工作了，这时就可以在设备管理器中查看硬件的状态。

11.4.4 输入法设置

输入法是用来进行英文以外的语言录入的方法，Windows 10 本身带有微软拼音等输入法。

单击"任务栏"上的语言图标，在弹出的菜单中选择"语言首选项"命令，如图 11.29 所示。

图 11.29 "语言首选项"命令

在弹出的"区域和语言"窗口中单击"语言"按钮，在弹出的"语言"窗口中会出现很多国家和地区的名称，选择"中文（中华人民共和国）"项，并单击"选项"按钮。若不想使某种输入法在系统输入法区域中出现，单击该输入法后单击"删除"按钮即可，如图 11.30、图 11.31 所示。若想添加输入法则单击"添加键盘"即可进行相关操作。

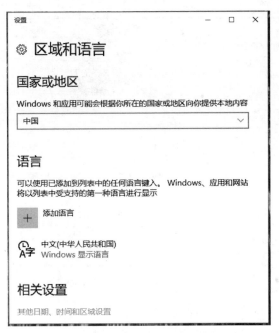

图 11.30 区域和语言设置

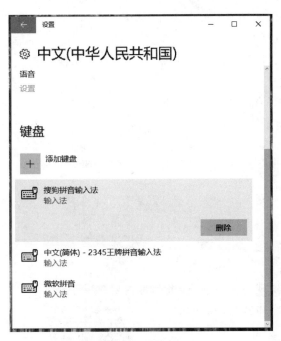

图 11.31 删除输入法

11.4.5 字体管理

选择"控制面板"→"外观和个性化"选项,在打开的窗口中选择"字体"分类下的"预览、删除或者显示和隐藏字体",打开对应的窗口。Windows 10 把字体保存在一个特定的文件夹中,如图 11.32 所示。

图 11.32　Windows 10 字库

字体是字的样式,它定义了文本在屏幕上和打印出的外观。字体适用 Windows 中的各种文本。"字体"命令通常放在"格式"菜单中,也有些程序在工具栏中使用"字体"下拉列表。经常在 Windows 10 环境下使用 Office 办公软件编辑文档、设计表格、制作幻灯片的使用者可能已经发现,编辑好的文档拿到安装 Windows XP 环境下的计算机中使用时,排版全都错了、乱了。造成这种情况的原因是字库冲突现象,即新、老版本字库中的字体不一致。考虑到文档界面美观和通用性的问题,可以自行添加所需的几种字体。

1)添加字体

【例 11-6】　添加"楷体 GB 2312"字体。

(1)准备好需要的字体文件"楷体 GB 2312"。

(2)复制此文件。

(3)打开"控制面板"→"外观和个性化"→"字体"窗口。

(4)粘贴。

2)删除字体

【例 11-7】　删除"黑体"字体。

(1)打开"字体"窗口。

(2)单击希望删除的字体"黑体"。

(3)选择"删除",出现警告对话框,询问是否要删除字体。

(4)单击"是",该字体就被彻底删除了。

11.4.6　界面的美化

用户在使用 Windows 10 系统时,若桌面上仅有"回收站"一个图标,而"计算机""控制面板"等图标被放在了"开始"菜单中,则用户可以根据需要手动将其添加到桌面上。

【例 11-8】　给桌面添加"计算机""控制面板"等系统图标。

(1)在桌面空白处右击,在弹出的快捷菜单中选择"个性化"选项,如图 11.33 所示,打开"个性化"窗口,如图 11.34 所示。

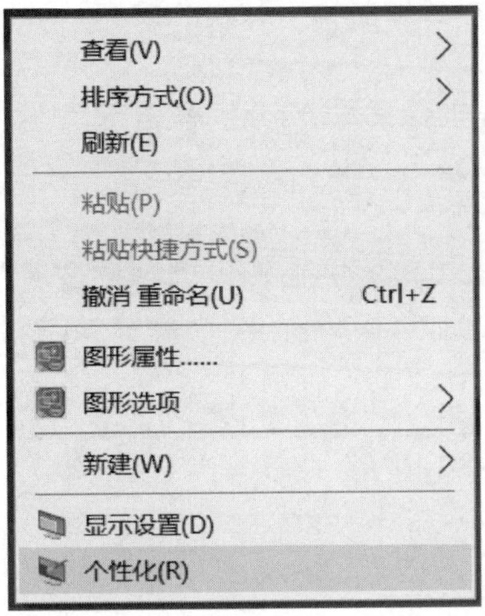

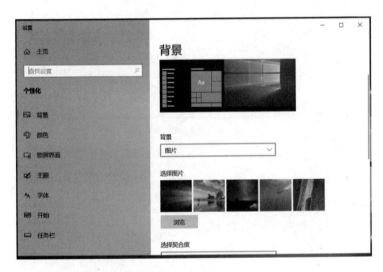

图 11.33 桌面快捷方式

图 11.34 "个性化"窗口

(2) 在图 11.34 所示的窗口中单击左侧的"主题"选项,在右侧"相关的设置"分类下选择"桌面图标设置",弹出"桌面图标设置"对话框。

(3) 可以根据需要在"桌面图标"复选框中选择需要添加到桌面上显示的系统图标,依次单击"应用"和"确定"按钮。

1. 更改计算机上的视觉效果和声音

在"个性化"窗口除了可以设置桌面图标外,还可以进行更改主题、更改屏幕保护程序、设置/定制/更换背景等操作。具体操作如下:

(1) 在桌面空白处右击,在弹出的快捷菜单中选择"个性化"选项,打开"个性化"窗口。

(2) 用户可以根据自身需要,单独设置"背景""颜色""主题""字体"和"锁屏界面"和"任务栏"等。

(3) Windows 10 系统还提供了很多应用主题供用户切换。还可以在"Microsoft Store"

中获取更多兼具壁纸、声音和颜色的免费主题。

2. 更改屏幕分辨率

分辨率是指显示器上显示的像素数量,分辨率越高,显示器的像素就越多,屏幕区域就越大,可显示的内容就越多,反之则越少。

设置显示器分辨率的方法如下:

(1) 在桌面空白处右击,在弹出的快捷菜单中选择"显示设置"选项,如图 11.35 所示。

(2) 在"显示设置"窗口右侧,选择"缩放与布局"分类,单击该分类下的"分辨率"下拉列表,可以调整屏幕的分辨率,如图 11.35 所示。

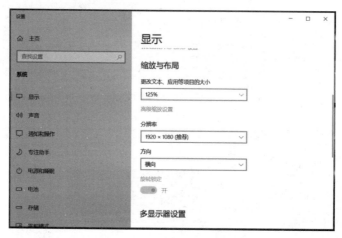

图 11.35　屏幕分辨率窗口

11.5　文 件 管 理

11.5.1　文件和文件夹的相关概念

1. 文件的概念

文件就是存储在磁盘上的信息的集合,由文件名进行区别。它可以是用户创建的文档,也可以是可执行的应用程序或一张图片、一段声音等。在计算机系统中,文件是最小的数据组织单位。

在 Windows 10 系统中文件通常由主文件名和扩展名两部分组成,中间由英文的小点间隔,例如"传奇.mp3"。

主文件名即文件的名称,可以通过它了解文件的主题或内容,主文件名可由英文字符、汉字、数字及一些其他符号组成,但不能有＋、<、>、*、?、\等符号。

扩展名表示文件的类型,一般有 3～4 个英文字母组成。使用一些软件时,软件会给生成的文件自动加上扩展名。如"会议.docx"表示该文件是一个 Word 2010 文档,文件名是"会议"。不同类型、不同扩展名的文件都有与之对应的图标。表 11.1 所示为常见的文件扩展名和文件类型,表 11.2 中区别了 Office 2003 和 Office 2010 两种不同版本办公软件的默认扩展名。

表 11.1　常用文件扩展名

*.fon	字库文件	*.zap *.rar *.lzh *.jar *.cab	压缩文件
*.txt	文本文件	*.exe	可执行文件
*.htm	超文本文件	*.hlp	帮助文件
*.bmp	位图文件	*.tmp	临时文件
*.mpeg	视频文件	*.pdf	便携文档格式
*.wav	音频文件		

表 11.2　常用 Office 文件扩展名

*.docx	Word 2010 文档	*.xls	Excel 97/2003 电子表格
*.doc	Word 97/2003 文档	*.pptx	Power Point 2010 演示文稿
*.xlsx	Excel 2010 电子表格	*.ppt	Power Point 97/2003 演示文稿

2. 文件夹的概念

文件夹是系统组织和管理文件的一种形式,是为方便用户查找、维护和存储而设置的。为了便于管理文件,可将文件组织到目录和子目录中去。目录在 Windows 系统下就叫作文件夹,子目录就叫作子文件夹。用户可以将文件分门别类地存放在不同的文件夹中。

当用户打开一个文件夹时,它是以窗口的形式呈现在屏幕上,关闭它时则收缩为一个图标,如图 11.36 所示。

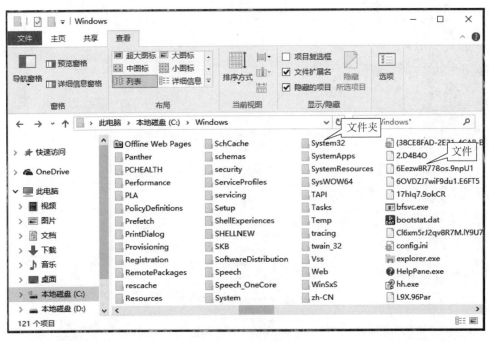

图 11.36　文件和文件夹

3. 盘符的概念

一般使用者在使用计算机时,会将一块硬盘分为几个逻辑分区,在 Windows 中表现为 C 盘、D 盘、E 盘等。每一个盘符下可以包含多个文件和文件夹,每个文件夹下又有文件夹或文件,形成树状结构。

4. 路径

路径是指从根目录或当前目录到所要访问对象(文件或目录)所在目录所经的通道组合。就如人们日常去访问朋友一样,从出发点到达目的地,所经的路线就是路径。

路径包括文件所在的驱动器符、文件夹名和文件名。驱动器符后跟冒号,反斜线(\)是驱动器符与文件夹、文件夹与文件夹及文件夹与文件名之间的分隔符,例如 D:\study\homework.docx。

11.5.2 "计算机"和"资源管理器"

在 Windows 10 中实现文件或文件夹的创建、删除、复制、粘贴、重命名和打开操作都可以使用"计算机"或"资源管理器"来实现。

1. "计算机"窗口

使用者可以通过"计算机"操作整个计算机内的文件或文件夹,可以完成打开、删除、复制、查找、创建新文件夹或新文件等操作,管理本地资源。

打开"计算机"的方法一般有两种。

(1) 双击桌面上"此电脑"图标,打开"此电脑"窗口,如图 11.37 所示。

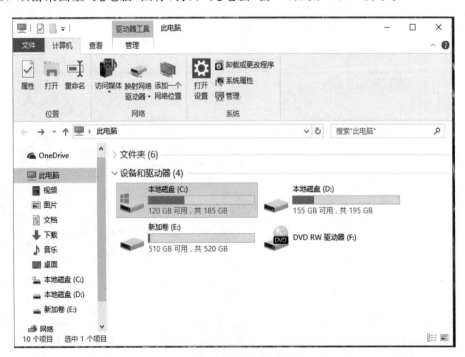

图 11.37 "计算机"窗口

(2) 单击"开始"按钮,在右侧的磁贴或图标的区域选择"此电脑",打开"此电脑"窗口。

如果要查看单个文件夹或文件的内容,那么使用"此电脑"是很有用的。在"此电脑"窗口中显示有效的分区,双击分区盘符,窗口将显示该分区上包含的文件或文件夹。

2. "资源管理器"窗口

"资源管理器"以分层的方式展示计算机所有文件的详细图表。使用资源管理器可以方便地实现文件的浏览、查看、移动、复制等操作。使用者可以不必打开多个窗口,在一个窗口中就可以浏览所有的逻辑分区和文件夹。方法如下：

（1）右击"开始"按钮，在弹出的快捷菜单中选择"文件资源管理器"选项，如图11.38所示。

（2）单击Windows 10任务栏中的"文件资源管理器"按钮，如图11.39所示。

图11.38 "开始"菜单中的"文件资源管理器"按钮　　图11.39 快速打开"文件资源管理器"

打开后的"文件资源管理器"窗口如图11.37所示。

3. 选中文件或文件夹

操作文件与文件夹之前必须先选中它们。选中文件和文件夹有下列几种形式：

（1）选择某一个文件或文件夹：移动鼠标至待选的文件上，然后单击。

（2）全部选择：选择"主页"→"选择"→"全部选择"选项，快捷方式为Ctrl+A，可以实现选择视图中的所有项目。

（3）选择连续若干文件或文件夹：在待选的文件或文件夹中的第（最后）一个文件或文件夹名上单击鼠标，然后移动鼠标到最后（第）一个文件或文件夹后同时按住Shift键单击鼠标，如图11.40所示。

（4）选定不连续的文件或文件夹：在待选的文件或文件夹中的任意一个文件或文件夹名上单击鼠标，然后移动鼠标至第二个文件或文件夹后同时按住Ctrl键并单击鼠标，用同样的方法选中第三个及其他文件或文件夹，如图11.41所示。

（5）取消全部选定：移动鼠标至窗口的空白处后单击。

（6）取消部分选定：移动鼠标至窗口要取消的文件或文件夹上，按住Ctrl键并单击鼠

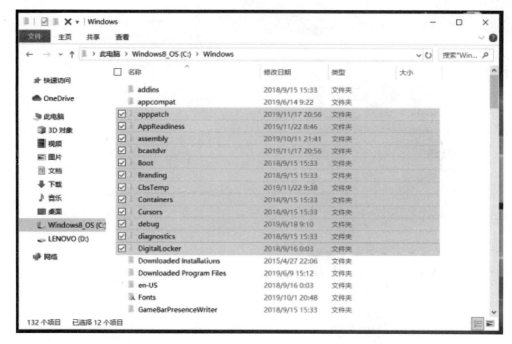

图 11.40 选中连续的文件

图 11.41 选中不连续的文件

标(重复进行以上操作可取消某些选定的文件或文件夹)。

（7）反向选定：首先将不选定的文件或文件夹选定，然后选择"主页"→"选择"→"反向选择"选项，则可以选定除刚选定外的其他文件或文件夹。

4. 使用"搜索"

在 Windows 10 的"此电脑"或"资源管理器"窗口的右侧有一个"搜索"输入框,使用者可以直接进行搜索。

Windows 10 提供了两个通配符"＊""?",以便于用户成批处理文件。

＊——代表该字符起的任意多个字符。

?——代表字符位置的一个字符。

例如:＊.TXT 表示扩展名为 TXT 的所有文件;?? AB.＊ 表示主文件名由 4 个字符组成,其中第 3 个字符为 A,第 4 个字符为 B,扩展名为任意的所有文件。

【例 11-9】 搜索 C 盘下所有的.EXE 文件。

使用"此电脑"打开 C 盘,在窗口的右侧搜索框内输入"＊.EXE"后,按 Enter 键后就会立即在当前位置开始搜索,同时会出现一个"搜索"工具栏,如图 11.42 所示。

图 11.42　使用搜索

11.5.3　文件或文件夹的创建

文件和文件夹的操作在"此电脑"和"文件资源管理器"窗口中都可以完成。

1. 创建文件夹

用户可以创建新的文件夹来存放具有相同类型或相近形式的文件。

【例 11-10】 在 D 盘根文件下创建一个名为 ABC 的文件夹。

(1) 打开"此电脑",打开 D 盘驱动器窗口。

(2) 在打开的窗口下,选择"主页"→"新建"→"新建文件夹"选项,如图 11.43 所示,或在窗口空白的地方右击,在弹出的快捷菜单中选择"新建"→"文件夹"选项,如图 11.44 所示。

(3) 输入一个新文件夹名称 ABC,按 Enter 键确定或在窗口的其他任意处单击即可。

图 11.43　新建文件夹

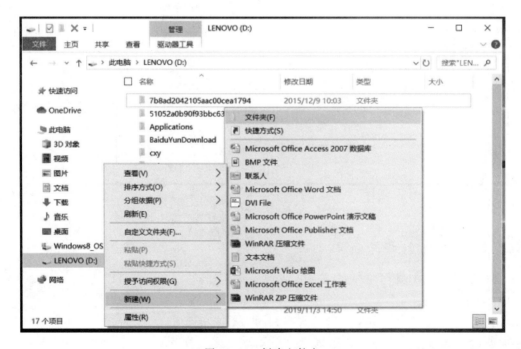

图 11.44　创建文件夹

2. 新建文件

【例 11-11】　在 D 盘根目录下创建一个名为"记录"的文本文档。

(1) 打开"此电脑",打开 D 盘驱动器窗口。

(2) 选择"主页"→"新建"→"新建项目"→"文本文档"选项，或在窗口空白的地方右击，在弹出的快捷菜单中选择"新建"→"文本文档"选项。

(3) 输入一个新文件名称"记录"，按 Enter 键确定或在窗口的其他任意处单击即可。

11.5.4 重命名文件或文件夹

重命名文件或文件夹就是给文件或文件夹重新命名一个新的名称，使其可以更符合用户的要求。

1. 重命名文件

【例 11-12】 将 D 盘下"记录"文本文档重命名为"使用记录"。

(1) 选定需重命名的文件"记录.txt"。

(2) 选择"主页"→"组织"→"重命名"选项，或使用鼠标组合键。

(3) 这时选定的文件或文件夹的名称被加上了方框，原文件名呈反色显示，输入新的文件名"使用记录"后按 Enter 键即可，如图 11.45 所示。

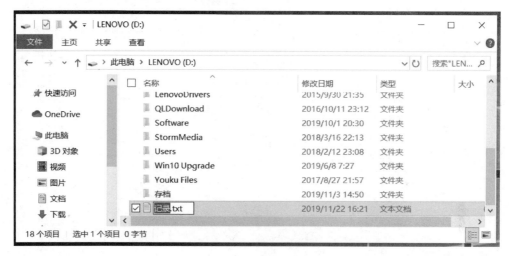

图 11.45 重命名文件

2. 更改文件的扩展名

在某些特定环境下，使用者可以更改文件的扩展名，而 Windows 10 系统在默认情况下文件的扩展名是隐藏的。

【例 11-13】 将 D 盘下"使用记录.txt"文本文档的扩展名改为".docx"。

(1) 打开桌面上"此电脑"图标，打开 D 盘驱动器窗口。

(2) 选择"查看"→"显示/隐藏"选项。

(3) 单击"文件扩展名"前的复选框，使得出现"√"标记，如图 11.46 所示。

(4) 使用者返回桌面，可发现所有文件的扩展名显示出来了。

(5) 选中"使用记录.txt"文件，右击，在弹出的快捷菜单中选择"重命名"选项。

(6) 将"使用记录.txt"文件名的后半部分改为"docx"。

(7) 在弹出的"重命名"对话框"确实要更改吗？"的提问后单击"是"按钮，如图 11.47 所示。

图 11.46　文件夹选项窗口

图 11.47　更改扩展名

使用者会发现,更改完扩展名后,文件的图标发生了变化,这是因为不同类型、不同扩展名的文件都有与之对应的图标。

(8) 若使用者想将文件扩展名重新隐藏起来,只需在图 11.46 所示窗口中,取消选中"文件扩展名"前的复选框。

11.5.5　移动与复制文件或文件夹

使用"此电脑"或"文件资源管理器"窗口均能进行文件或文件夹的移动与复制操作。

复制文件或文件夹就是将文件或文件夹复制一份,放到其他地方,执行复制命令后,原位置或目标位置均有该文件或文件夹。

移动文件或文件夹就是将文件或文件夹放到其他地方,执行移动命令后,原位置的文件或文件夹消失,出现在目标位置。

1. 复制操作

【例 11-14】 将 D 盘下文件复制到"C:\"。

(1) 双击"此电脑",打开 D 盘,找到文件"使用记录.docx",并选定。

(2) 右击文件"使用记录.docx"。

(3) 在弹出的快捷菜单中选择"复制"选项,如图 11.48 所示。

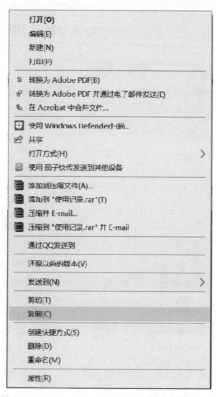

图 11.48 选择"复制"选项

(4) 打开 C 盘。

(5) 选择"主页"→"组织"→"粘贴"选项,如图 11.49 所示,即可完成复制工作。

图 11.49 选择"粘贴"选项

2. 移动操作

【例 11-15】 将"D:\使用记录.docx"文件移动到"C:\"。

(1) 双击"此电脑",打开 D 盘,找到文件"使用记录.docx",并选定。

(2) 右击文件"使用记录.docx"。

(3) 在弹出的快捷菜单中选择"剪切"选项。

(4) 打开 C 盘。

(5) 在 C 盘窗口空白区中右击,在弹出的快捷菜单中选择"粘贴"选项。

3. 使用鼠标拖动文件

用鼠标拖动文件是一种迅速、方便的复制或移动文件的方法。

(1) 打开"文件资源管理器"。

(2) 选择文件图标并拖动。

(3) 将图标拖动到目标位置上。

(4) 释放图标,如图 11.50 所示。

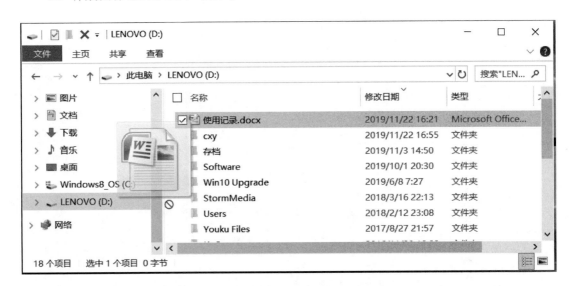

图 11.50 使用"文件资源管理器"移动或复制

如果原文件与目标位置在同一盘符下,则拖动默认为移动文件;如果原文件与目标位置不在同一盘符下,则默认为复制文件。

在 Windows 10 的"文件资源管理器"下,单击某文件或文件夹进行拖动操作时,配合键盘的 Ctrl 键是进行复制操作,配合键盘的 Alt 键是进行创建链接操作(快捷方式),配合键盘的 Shift 键是进行移动操作。

11.5.6 删除文件或文件夹

当有的文件或文件夹不再需要时,用户可将其删除掉,以利于对文件或文件夹进行管理及节省空间。

在 Windows 操作系统中,删除操作分逻辑删除和物理删除,逻辑删除的文件或文件夹是可以重新恢复的,而物理删除的则不能。

将无用的文件(夹)拖放到回收站中,这叫作逻辑删除。如果要恢复这些逻辑删除的文件,只要利用回收站菜单中的"还原"即可。如果要彻底删除这些文件(夹),则利用回收站菜单中的"删除"即可,这种操作叫做物理删除,所删除内容将不可恢复。

1. 删除操作

【例 11-16】 删除"C:\使用记录.docx"文件。

(1) 双击"此电脑",打开 C 盘,找到文件"使用记录.docx",并选定。

(2) 选择"主页"→"组织"→"删除"选项,或直接按 Delete 键删除。

2. 还原操作

删除文件后 Windows 给使用者反悔的机会,可以恢复被删除的文件。删除后的文件或文件夹将被放到回收站中,用户可以选择将其彻底删除或还原到原来的位置。

【例 11-17】 还原上例中删除的文件"使用记录.docx"。

(1) 双击桌面上"回收站"图标。

(2) 找到已删除的文件"使用记录.docx",如图 11.51 所示。

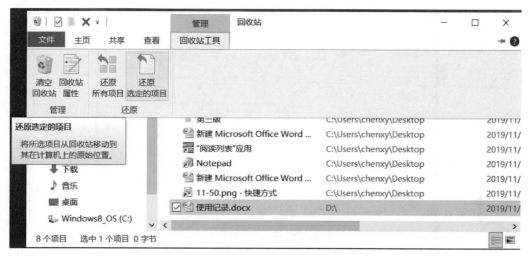

图 11.51 回收站

(3) 单击"回收站工具"→"还原"→"还原选定的项目"命令。

文件从列表中消失,并且还原到原来的地方。

在 Windows 中,要做物理删除,只要选中对象后按下 Shift+Del 键,对象就不会被放入回收站,而是不可恢复地删除了。

3. 回收站

回收站用于暂时存放用户删除的内容,这些内容还没有真正从硬盘上删除掉。如果是误删除,还可以从回收站中恢复;对于一些肯定没有用的内容,再从回收站中清除掉,清除掉的内容不能再恢复。回收站类似于家里的垃圾筒,无用的物品可丢进垃圾桶,如果觉得还有用的,可从垃圾桶中取回,但一旦将垃圾倒掉,那么倒掉的东西就不可能再找回。

回收站实际上是系统在硬盘中预留的部分空间,其容量是有限的,一般为驱动器容量的 10%。可以通过其"属性"来改变大小。

11.5.7 文件或文件夹的属性

对于存放在计算机中的一些重要的文件,可以将其隐藏起来。

文件属性的设置

【例 11-18】 将 D 盘下"使用记录.docx"文件设置为隐藏。

(1) 右击"使用记录.docx"文件,在弹出的快捷菜单中选择"属性"选项。

(2) 在弹出的"属性"对话框中,选中窗口下方的"隐藏"复选框,单击"应用"或"确定"按钮,如图 11.52 所示。

图 11.52 文件属性对话框

(3) 返回到该文件所在的文件夹窗口后,发现该文件已被隐藏。

若使用者想修改或编辑被隐藏的文件或文件夹,可以进行如下操作:

(1) 选择"查看"→"显示/隐藏"→"隐藏的项目"选项,使得出现"Ö",如图 11.53 所示。

(2) 操作后可显示计算机中所有被隐藏的文件、文件夹和驱动器。

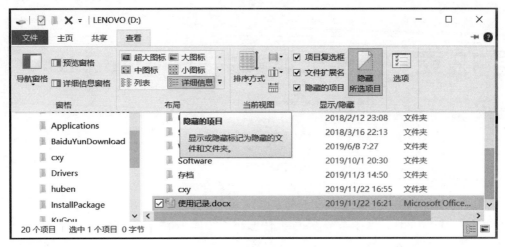

图 11.53　文件夹选项

习　　题

一、填空题

1. 启动计算机时,应先启动_____电源,后启动_____电源。
2. 在 Windows 10 中,鼠标操作方式主要有_____、_____、_____和_____等。
3. Windows 10 应用程序窗口的最上端是_____,最下端是_____。
4. Windows 10 提供的人机交互界面主要是_____、_____和_____。
5. 关闭"此电脑"窗口可按组合键_____。

二、操作题

1. 文件与文件夹操作。

打开"此电脑"。

将"此电脑"窗口切换为"文件资源管理器"窗口。

在"此电脑"中任意一个磁盘根目录下创建三个名为"study""learn"和"movie"的文件夹,将它们按名称、类型、大小分别排列,并复制"study"到其他磁盘上,然后删除该文件夹;之后再还原该"study"文件夹,并查看"study"文件夹的属性。

2. 附件操作。

用记事本和写字板各输入一段文字,要求文档中即有中文字符,也有英文字符。

用计算器计算:(58 963×5)/4+89-667=73 125.75。

第 12 章 字处理软件——Word 2016

【项目导读】

Office 2016 是微软公司推出的一款广受欢迎的计算机办公组合套件。它主要包括文字处理软件 Word 2016、电子表格制作软件 Excel 2016 及演示文稿制作软件 PowerPoint 2016。其中，利用 Word 2016 可以轻松地制作各种形式的文档，本章节除了学习的编辑文档内容、设置文档格式以及图文混排文档外，还可以在文档中使用表格将复杂的信息简单明了地表达出来，以及为长文档分页、分节、添加页眉和页脚，使用样式编排文档，为文档添加批注，进行修订等。

【学习目标】

- 掌握 Word 2016 文档的基本操作，包括新建、打开和保存文档，以及在文档中输入和编辑文本等。
- 掌握设置文档字符格式和段落格式、边框和底纹、项目符号和编号，以及打印文档等操作。
- 掌握文档的图文混排，包括在文档中插入、编辑和美化图形、图像、文本框、艺术字和 SmartArt 图形等。
- 掌握创建、编辑和美化表格的操作。
- 掌握为文档设置分节符和分页符、添加页眉和页脚的操作。
- 掌握应用、修改和创建样式，以及提取目录的操作。
- 掌握对文档添加批注及修订文档的操作。

12.1 输入与编辑物业告知书

12.1.1 情景引入

告知书是一种书面文件的通知，即把一件事情以公开、书面文件形式告诉被通知人。假设你是海滨物业管理公司的秘书，现在领导会议就规范、管理商铺一事做出决定。请你根据这一决定制作一份正式的物业告知书并打印。

本任务制作的物业告知书文档效果如图 12.1 所示。

12.1.2 作品展示

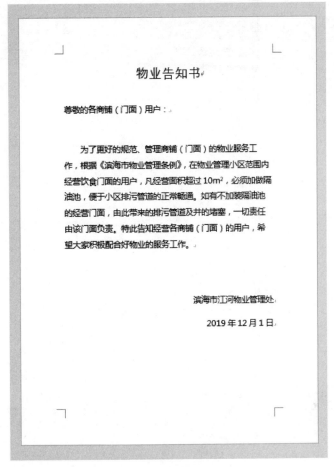

图 12.1 物业告知书

12.1.3 知识链接

1. 启动和退出 Word 2016

1）启动 Word 2016

启动 Word 2016 的常用方法如下：

- 单击"开始"按钮，再滚动鼠标滚轮，按英文字母顺序找到 W，再单击其下的"Word 2016"选项，如图 12.2 所示。
- 如果桌面上有 Word 2016 的快捷图标 ，可双击启动应用程序。
- 在资源管理器中双击某个 Word 文档，可启动 Word 2016 程序并打开该文档。

2）退出 Word 2016

退出 Word 2016 的常用方法如下：

- 单击 Word 2016 工作界面左上角的"文件"按钮，在打开的界面中单击左下方的"关闭"选项。

图 12.2　启动 Word 2016

- 单击程序窗口右上角的"关闭"按钮 ✕。

若同时打开了多个文档,使用第 1 种方法退出 Word 2016 时,将关闭所有打开的文档并退出 Word 2016;使用第 2 种方法退出时,将只关闭当前文档,其他文档依然处于正常工作状态。

2. 熟悉 Word 2016 工作界面

启动 Word 2016 并新建文档后,显示在我们面前的是它的工作界面,其中包括快速访问工具栏、标题栏、功能区、文档编辑区和状态栏等组成元素,如图 12.3 所示。

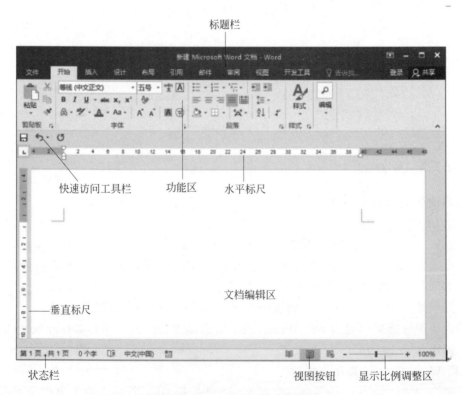

图 12.3　Word 2016 的工作界面

- 快速访问工具栏：用于放置一些使用频率较高的工具。默认情况下，快速访问工具栏包含"保存"、"撤销"、"恢复"按钮，要添加更多按钮，可单击其右侧的"自定义快速访问工具栏"按钮，从弹出的列表中选择要添加的选项，使选项左侧带 ✓ 标志。
- 标题栏：位于窗口的最上方，其中显示了当前编辑的文档名、程序名、功能区显示选项按钮（单击该按钮，可从弹出的列表中选择隐藏功能区或显示功能区选项卡和命令）和窗口控制按钮。
- "文件"按钮：单击该按钮，从打开的界面中选择相应选项，可对文档执行新建、保存、打印、共享和导出等操作。
- 功能区：用选项卡的方式分类存放编排文档是所需的命令按钮。单击功能区上方的选项卡标签可切换到不同的选项卡，从而显示不同的命令按钮。在每个选项卡中，工具又被分类放置在不同的组中，如图 12.4 所示。某些组的右下角有一个对话框按钮，单击可打开相应对话框。例如，单击"字体"组右下角的对话框启动按钮，可打开"字体"对话框，用于对字体做更多设置。

图 12.4　功能区

提示：如果不知道功能区中某个命令按钮的作用，可将鼠标指针移至该命令上停留片刻，即可显示该命令的名称和作用。

功能区除显示图 12.4 所示的选项卡外，有的选项卡还会在特定情况下出现。例如，选择图片时会显示"图片工具/格式"选项卡，选择表格时会显示"表格工具/格式"选项卡。

- 标尺：分为水平标尺和垂直标尺，用于确定文档内容在页面中的位置和设置段落缩进等。要显示标尺，可在"视图"→"显示"→"标尺"中选择。
- 文档编辑区：是用户输入和编排文档内容的地方。在编辑区的左上角有一个不停闪烁的光标，被称为插入符，用于定位当前编辑位置。在编辑区中每输入一个字符，插入符会自动向右移动一个占位符。
- 状态栏：位于 Word 文档窗口的底部，其左侧显示了当前文档的状态和相关信息，右侧显示的是 Word 视图模式按钮和视图显示比例调整工具。

12.1.4　任务实施

1. 新建并保存文档

1）新建文档

步骤 1　启动 Word 2016 后，系统默认打开 Word 2016 的开始界面，其左侧显示最近打开过的文档,右侧显示一些常用的文档模板,如图 12.5 所示。

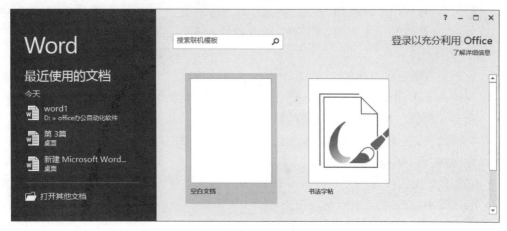

图 12.5　新建文档

步骤 2　单击"空白文档"选项,创建一个空白文档并进入 Word 2016 的工作界面,进入 Word 2016 界面后,按 Ctrl+N 组合键,可快速新建一个空白文档。

若要利用模板创建文档(需要计算机联网),可单击 Word 2016 工作界面左上角的"文件"按钮,在打开的界面中选择"新建"选项,此时在右侧窗格将显示 Word 2016 提供的各种文档模板。选择某个模板,在打开的界面中单击"创建"按钮,可从网上下载并创建带有特定格式和内容的模板,用户只需在其中输入相应信息,即可快速制作出专业的文档。

2) 保存文档

在新建文档或修改了文档时,都需要对文档进行保存操作,否则文档只是存放在计算机内存中,一旦断电或关闭计算机,文档或修改的信息就会丢失。保存新文档的操作步骤如下:

步骤 1　单击"快速访问工具栏"中的"保存" 按钮,或选择"文件"→"保存"选项,或按 Ctrl+S 组合键,打开"另存为"窗口,如图 12.6 所示。

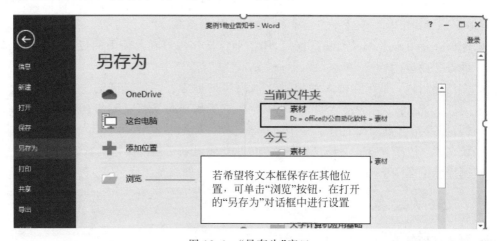

图 12.6　"另存为"窗口

步骤 2　可看到在窗口的中部默认显示保存文档的位置——最近,窗口右侧显示了最近访问的文件夹,从中选择某个文件夹,可直接将文档保存在该文件夹中。此处单击右侧上方的"Office 办公软件自动化素材"。

步骤 3 打开"另存为"对话框。在"文件名"编辑框中输入文档名"物业告知书",单击"保存"按钮,如图 12.7 所示。

图 12.7 输入文件名

对已经保存过的文档也应随时在编辑文档的过程中不定期地执行保存操作,以防止出现意外导致编辑内容丢失。此时进行的保存操作将不会再打开"另存为"对话框。

若要将修改后的文档以不同的名称、格式或在不同的位置保存,可在"文件"列表中选择"另存为"选项,参考保存新文档的操作进行保存即可。

2. 输入文本与特殊符号

选择一种输入法后,便可在 Word 文档中输入文本;对于键盘中没有的一些特殊符号,可以利用 Word 2016 的插入符号功能进行输入。

步骤 1 选择一种输入法后,便可在 Word 文档中输入文本,输入的文本将自动出现在插入符所在位置。本任务输入的文本效果如图 12.8 所示。

步骤 2 如果要在文档中输入一些键盘上没有的特殊符号,可单击鼠标将插入符置于要插入符号的位置,如"面积超过 10m"后面,如图 12.9 所示。

步骤 3 选择"插入"→"符号"选项,在展开的列表中单击需要的符号;若列表中没有需要的符号,则单击"其他符号"按钮,如图 12.10 所示。本例选择该选项。

步骤 4 打开"符号"对话框,在"字体"下拉列表中选择字体,在"子集"下拉列表中选择符号类型,然后选择需要插入的符号,单击"插入"按钮,如图 12.11 所示。完成符号的插入后单击"关闭"按钮退出。

图 12.8　输入文本　　　　　　　　　图 12.9　移动插入符位置

图 12.10　在"符号"列表中选择"其他符号"选项

图 12.11　插入特殊符号

3. 修改与编辑文本

完成文档内容的输入后，还可根据需要对文档内容进行增补、删除、选取、移动和复制等操作。下面继续在"物业告知书"文档中进行操作。

1）增补、删除文本

步骤 1　要在文档中增补内容，可通过单击方式将插入符移至要增补内容处，然后输入内容，如图 12.12 所示。

步骤 2　若要删除文档中不再需要的内容，可首先将插入符放置在该位置，然后可按 Delete 键删除插入符右侧的字符（按 Backspace 键可删除插入符左侧的字符），如图 12.13

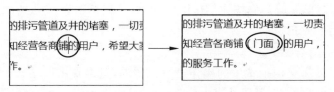

图 12.12　增补内容

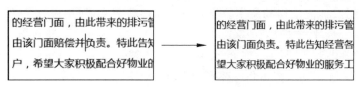

图 12.13　删除内容

所示。如果要删除的内容较多,可在选定要删除的内容后,在执行删除操作。

2）选取文本

对文本进行复制、移动或设置格式等操作时,一般都需要先选中要操作的文本。下面是选择文本的几种方法。

使用拖动方式选取任意文本。这是选择少量文本的一种常用方法。将插入符置于要选定文本的开始处,按住鼠标左键不放,拖动鼠标至要选定文本的末端,释放鼠标,被选择的文本呈灰色底纹显示,如图 12.14 所示。要取消选取,可在文档内任意位置单击。

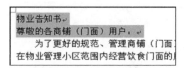

图 12.14　使用拖动方式选取文本

（1）选取区域跨度较大文本,可以在要选择的文本区域的开始位置单击鼠标左键,然后再在选取结束的位置处同时按 Shift 键及鼠标左键。

（2）同时选取不连续的多处文本,选取一处文本后,按住 Ctrl 键选取其他文本。

（3）选取一个句子,按住 Ctrl 键,同时在要选取的句子中的任意位置单击鼠标。

（4）利用选定栏选取文本。选定栏是指页面左边界到文档内容左边界之间的空白区域,将鼠标指针放在此处,鼠标指针变为 ⇗ 形状,此时单击鼠标左键可选定鼠标指针右侧的行,如图 12.15 所示;若按住鼠标左键并拖动,可选择连续的多行;若双击鼠标左键,可选定鼠标指针右侧的一个段落。

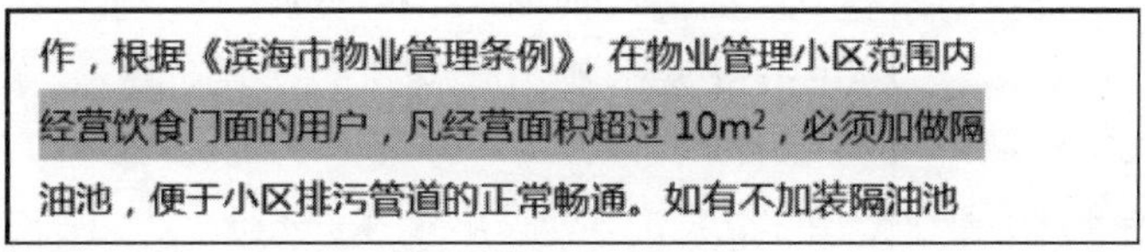

图 12.15　利用选定栏选取文本

（5）选取整篇文章,按 Ctrl＋A 组合键,或按住 Ctrl 键在选定栏单击鼠标,或在选定栏三击鼠标。

(6) 选定一个矩形区域。先按住 Alt 键的同时，将鼠标指针移动到欲选区域的一角，按住鼠标左键拖至另一对角。

3) 移动与复制文本

移动与复制是编辑文档最常用的操作之一。例如，对重复出现的文本，不必一次次地重复输入；对放置不当的文本，可以快速将其移动到合适的位置。移动和复制文本的方法有两种：一种是使用鼠标拖动；另一种是使用剪切、复制、粘贴命令。

步骤 1 使用鼠标拖动移动文本：若是短距离移动文本，使用该方法效率要高一些。首先选中要移动的文本，将鼠标指针移至选定文本上方，按住鼠标左键并拖动，此时鼠标指针附近出现一条竖虚线，它表明了文件的新位置；继续按住鼠标左键并拖动，将竖虚线移至目标位置，然后松开鼠标左键，即可将文本移到该处，如图 12.16 所示。

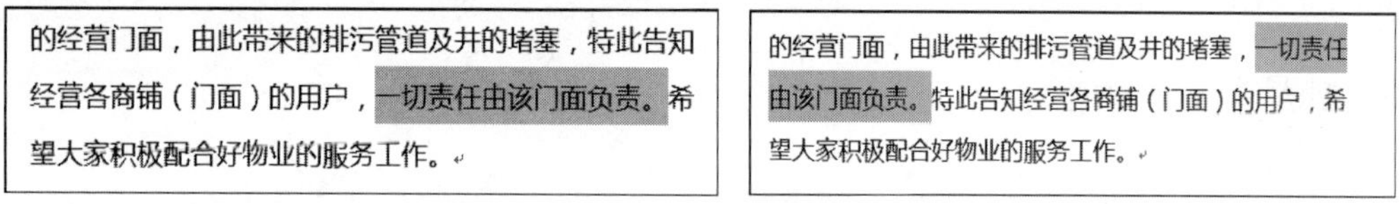
的经营门面，由此带来的排污管道及井的堵塞，特此告知经营各商铺（门面）的用户，一切责任由该门面负责。希望大家积极配合好物业的服务工作。

的经营门面，由此带来的排污管道及井的堵塞，一切责任由该门面负责。特此告知经营各商铺（门面）的用户，希望大家积极配合好物业的服务工作。

图 12.16　用鼠标拖动法移动文本

步骤 2 使用鼠标拖动复制文本：若在拖动文本时按住 Ctrl 键，鼠标指针将变为形状，此时可将所选文本复制到新位置。

步骤 3 使用命令复制文本：使用于将文本复制到该篇文档的其他页面或另一篇文档中。选中要复制的文本，然后在“编辑”菜单中选择“复制”选项(也可按 Ctrl+C 组合键)，将选择内容复制到指定位置。

步骤 4 将插入符移到目标位置。

步骤 5 将前面复制过来的文本修改成如图所示的内容。

要利用命令移动文本，只需单击“剪贴板”组中的“剪切”按钮(或按 Ctrl+X 组合键)，其余操作与使用命令复制文本相同。

4. 查找与替换

利用 Word 2016 提高的查找与替换功能，不仅可以在文档中迅速查找到指定内容，还可以将查找到的内容替换成其他内容，从而使得文档修改工作变得十分迅速和高效。

1) 查找文本

查找文本的操作步骤如下：

步骤 1 将插入符放置在要开始查找的位置，如放置在文档的开始位置。

步骤 2 单击“开始”选项卡“编辑”组中的“查找”按钮，打开“导航”任务窗格，在窗格上方的编辑框中输入要查找的内容，如“门面”，如图 12.17 所示。

步骤 3 此时文档中将一橙色底纹突出显示查找到的内容，“导航”任务窗格中则显示要查找的文本所载的标题。

步骤 4 在“导航”任务窗格中单击“下一处搜索结果”按钮，可从上到下定位搜索结果；单击“上一处搜索结果”按钮，则可从下到上定位搜索结果。

步骤 5 单击“导航”任务窗格右上角的“关闭”按钮，关闭“导航”窗格。

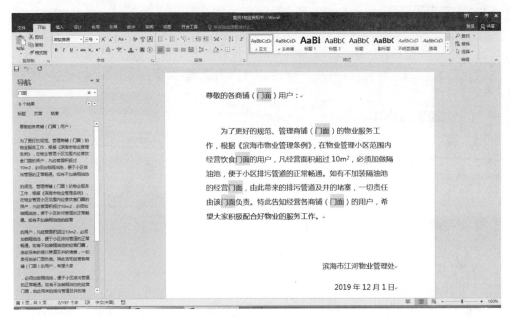

图 12.17 查找文档内容

2) 替换文本

在编辑文档时,有时需要将文档中的某一些内容统一替换成其他内容,此时可以使用 Word 的"替换"功能进行操作,以加快修改文档的速度。下面将"物业告知书"中的文本"门面"替换为"店铺"。

步骤 1 单击"开始"选项卡"编辑"组中的"替换"按钮,打开"查找和替换"对话框的"替换"选项卡。

步骤 2 在"查找内容"编辑框中输入需要替换的内容,如"店铺",在"替换为"编辑框中输入替换为的内容,如"门面",如图 12.18 所示。

图 12.18 替换文本

步骤 3 依次单击"替换"按钮,逐个替换查找到的内容。

步骤 4 替换完毕,在弹出的提示对话框中单击"是"按钮,再在"查找和替换"对话框中单击"关闭"按钮,关闭对话框。

步骤 5 至此,物业告知书制作完毕。按 Ctrl+S 组合键保存文档,然后单击文档窗口右上角的"关闭" ⊠ 按钮,关闭当前文档。

若不需要替换查找到的文本,可单击"查找下一处"按钮跳过该文本并继续查找。此外,单击"全部替换"按钮,可一次性替换文档中所有符合查找条件的内容。

若要进行高级查找和替换,可在"查找和替换"对话框中单击左下角的"更多"按钮,展开对话框进行操作。

5. 操作的撤销和恢复

在编辑文档时难免会出现错误的操作。例如,不小心删除、替换或移动了某些文本的内容等,此时可利用 Word 2016 的"撤销"和"恢复"功能,迅速纠正错误的操作。

1) 撤销操作

- 按 Ctrl+Z 组合键,或单击快速访问工具栏中的"撤销" ↶ 按钮;连续按 Ctrl+Z 组合键或单击"撤销" ↶ 按钮可撤销多步操作。
- 单击"撤销" ↶▾ 按钮右侧的三角按钮,打开历史操作列表,从中能够选择要撤销的操作,则该操作以及其后的所有操作都将被撤销。

2) 恢复操作

如果执行了错误的撤销操作,可以利用恢复功能将其恢复,为此,可按 Ctrl+Y 组合键,或单击快速访问工具栏中的"恢复" ↷ 按钮,恢复上一次的撤销操作;连续按 Ctrl+Y 组合键或单击"恢复" ↷ 按钮可恢复多步被撤销的操作。

12.1.5 拓展知识

1. 使用不同视图浏览与编辑文档

Word 2016 提供了 5 种视图模式,分别为页面视图、阅读版式视图、Web 版式视图、大纲视图和草稿视图。打开某一文档后,切换到"视图"选项卡,在"视图"组中单击某一视图按钮即可切换到该视图模式,如图 12.19 所示。

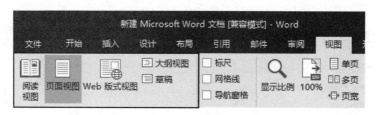

图 12.19 "视图"选项卡的"视图"组

- 页面视图:是 Word 2016 默认的视图模式,也是编排文档时最常用的视图模式。在该视图模式下,文档内容显示效果与打印效果几乎完全一样。
- 阅读视图:在该视图模式下将隐藏 Word 程序窗口的功能区和状态栏等元素,只显示文档正文区域中的所有信息,从而便于用户阅读文档内容。进入阅读视图模式后,若想返回页面视图,可按 Esc 键。
- Web 版式视图:在该视图模式下可以像浏览网页一样浏览文档。
- 大纲视图:在编排长文档时,标题的级别往往较多,此时可利用大纲视图模式层次分明地显示各级标题,还可快速改变各标题的级别。

- 草稿模式：在该视图模式中不会显示文档中的某些元素，如图形、页眉和页脚等，从而加快长文档的显示速度，方便用户快速查看和编辑文档中的文本。

2. 文档的自动保存于恢复

Word 2016 具有自动保存文档的功能，默认情况下每隔 10 分钟自动保存一次文档，用户可以更改自动保存文件的时间间隔。

在 Word 2016 中，打开"文件"→"选项"→"Word 选项"对话框。单击对话框左侧的"保存"选项，然后在右侧的"保存文档"设置区选择"保存自动恢复信息时间间隔"复选框，在右侧的编辑框中输入自动保存文档的时间间隔，最后单击"确定"按钮，如图 12.20 所示。

图 12.20 设置文档的自动保存时间

当遇到停电或系统死机等情况导致 Word 程序意外关闭时，若再次启动 Word 2016，在文档编辑窗口左侧将出现"文档恢复"任务窗格，将鼠标指针移至任务窗格中已恢复的文档上方，其右侧将显示一个下拉箭头，单击该箭头会展开一个列表，可打开、另存和删除该文档。

3. 保护文档

对于一些不希望别人查看或编辑的重要文档，可为其设置打开密码、限制编辑、限制访问等。为此，选择"文件"→"信息"→"保护文档"，在打开的列表中选择相应选项。

其中：选择"用密码进行加密"选项，可通过设置密码保护当前文档（需要输入密码才能打开该文档）；选择"限制编辑"选项，可通过设置格式限制、编辑限制并启动强制保护，防止其他人对文档的格式或内容进行更改，如图 12.21 所示。

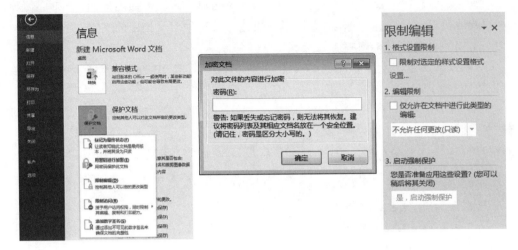

图 12.21　保护文档

习　　题

1. Word 2016 的工作界面由哪几部分组成？
2. 新建文档和保存文档的组合键分别是什么？
3. 在 Word 2016 中有哪几种选择文本的方法？
4. 如何移动和复制文档内容？
5. 如何将网页文本复制到 Word 文档中并删除其自带的格式？
6. 如何快速替换文档中指定的内容？

12.2　编排打印招生简章文档

12.2.1　情景引入

小张在一家培训学校上班，需要编排一份招生简章，现在只有文字内容，没有进行任何格式排版，所以，他除了需要文档设置字符格式和段落格式外，还需要设置项目符号和编号，使文档更有层次感和条理；设置边框和底纹，使文档更加美观。编排完成后，还需将文档打印出来。

12.2.2　作品展示

制作完成后的招生简单效果如图 12.22 所示。

12.2.3　知识链接

- 字符格式：为了使文档排版美观、增加文档的可读性、突出标题和重点等，经常需要为文档的指定文本设置字符格式，包括字体、字号、字形、下画线和字体颜色等。在

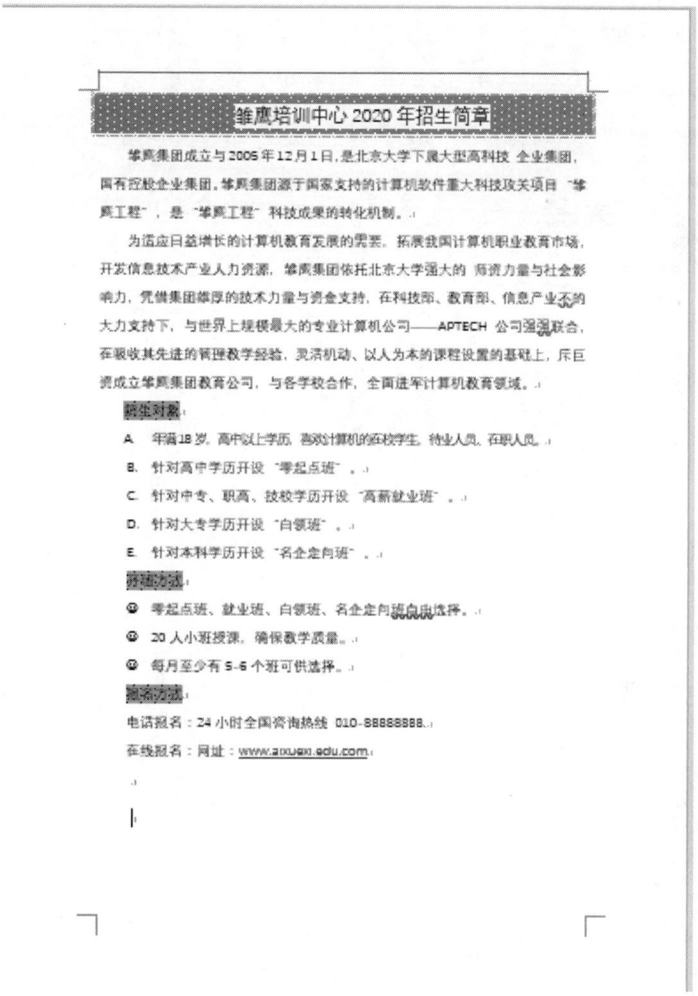

雏鹰培训中心 2020 年招生简章

雏鹰集团成立与 2005 年 12 月 1 日，是北京大学下属大型高科技 企业集团，国有控股企业集团。雏鹰集团源于国家支持的计算机软件重大科技攻关项目 "雏鹰工程"，是 "雏鹰工程" 科技成果的转化机制。

为适应日益增长的计算机教育发展的需要，拓展我国计算机职业教育市场，开发信息技术产业人力资源，雏鹰集团依托北京大学强大的 师资力量与社会影响力，凭借集团雄厚的技术力量与资金支持，在科技部、教育部、信息产业部的大力支持下，与世界上规模最大的专业计算机公司——APTECH 公司强强联合，在吸收其先进的管理教学经验，灵活机动、以人为本的课程设置的基础上，斥巨资成立雏鹰集团教育公司，与各学校合作，全面进军计算机教育领域。

招生对象

A. 年满 18 岁，高中以上学历，喜欢计算机的在校学生，待业人员，在职人员。

B. 针对高中学历开设 "零起点班"。

C. 针对中专、职高、技校学历开设 "高薪就业班"。

D. 针对大专学历开设 "白领班"。

E. 针对本科学历开设 "名企定向班"。

开班方式

- 零起点班、就业班、白领班、名企定向班自由选择。
- 20 人小班授课，确保教学质量。
- 每月至少有 5-6 个班可供选择。

报名方法

电话报名：24 小时全国咨询热线 010-88888888。

在线报名：网址：www.aixuexi.edu.com

图 12.22　招生简章效果

Word 2016 中，可以使用"开始"→"字体"组中的相应按钮或"字体"对话框设置字体格式。

- 段落格式：段落是以回车符"↵"为结束标记的内容。段落的格式设置主要包括段落的对齐方式、缩进、间距及行间距等。在 Word 2016 中，可以使用"开始"→"段落"组中的相应按钮或"段落"对话框设置段落格式。
- 项目符号和编号：为文档的某些内容添加项目符号或编号，可以准确地表达各部分内容之间的并列或顺序关系，使文档更有条理。在 Word 2016 中，既可以使用系统预设的项目符号和编号，也可以自定义项目符号和编号。
- 边框和底纹：为文档的某些文本或段落设置边框和底纹，可以突出重点，美化文档。在 Word 2016 中，可以利用"段落"组中的相应按钮或"边框和底纹"对话框设置边框和底纹。
- 打印文档：制作好文档后，选择"文件"→"打印"选项，然后进行一些简单的设置即可将文档打印出来。

12.2.4 任务实施

1. 打开素材文档

步骤 1 选择"文件"→"打开"选项,或者直接按 Ctrl+O 组合键,进入"打开"界面,如图 12.23 所示。

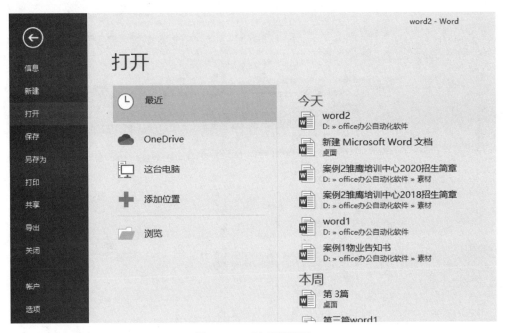

图 12.23 "打开"界面

步骤 2 可看到,在"打开"界面中默认显示"最近"选项,其右侧显示了最近打开过的文档名称。单击某个文档名称,可打开相应的文档。

步骤 3 若文档不在"最近"列表中,可在"打开"界面中单击"浏览"按钮,进入"打开"对话框,在对话框左侧的窗格中选择保存文档的磁盘驱动器或文件夹,在对话框右侧的列表框中双击打开保存文档的文件夹,然后选择要打开的文档。本例为"Office 办公自动化软件"→"素材"→"2020 招生简章",如图 12.24 所示。

步骤 4 单击"打开"按钮,即可打开选择的文档。本例将打开的文档另存为"招生简章",保存位置不变。

如果要同时打开多个文档,可参考选择文件的方法,在"打开"对话框中同时选择多个文档。注意:当误选了某个文档时,可按住 Ctrl 键单击该文档,以取消其选择。

2. 设置字符格式

利用"开始"→"字体"对话框设置文档字符格式的操作步骤如下:

步骤 1 选择要设置字符格式的标题文本"雏鹰培训中心 2020 年招生简章"。

步骤 2 在"开始"→"字体"组中单击"字体"列表框,选择黑体,二号字,如图 12.25 所示。

Word 2016"开始"选项卡"字体"组中其他常用按钮的作用如设置时,一般单击相应按钮即可;但也有的设置项需要单击按钮右侧的三角按钮,从展开的列表中选择需要的选项。

图 12.24　选择要打开的文档

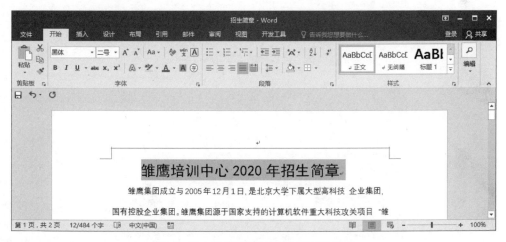

图 12.25　使用"字体"组设置字符格式

例如,设置字体颜色时,需要单击"字体颜色"按钮 右侧的三角按钮,从弹出的颜色列表中选择需要的颜色。

步骤 3　保持标题文本的选中,单击"字体"组右下角的对话框启动器按钮 ,打开"字体"对话框,在"高级"→"间距"→"加宽"选项,在其右侧的"磅值"编辑框中设置磅值为 2 磅,单击"确定"按钮,如图 12.26 所示。

步骤 4　选择全部正文文本,打开"字体"对话框,在"字体"选项卡的"中文字体"下拉列表中选择"宋体",在"西文字体"下拉列表中选择"Times New Roman",在"字号"列表中选择"小四",如图 12.27 所示。

步骤 5　在对话框下方的"预览"框中可设置效果,最后单击"确定"按钮。

步骤 6　选中"招生对象"文本,设置其字符格式为"微软雅黑、蓝色"。

图 12.26　设置标题文本的字符间距

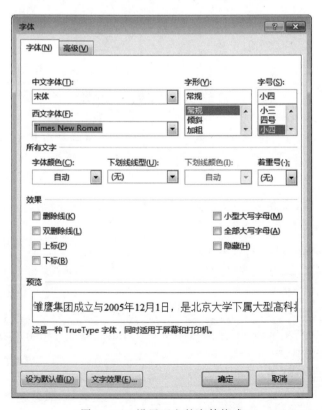

图 12.27　设置正文的字符格式

利用"字体"对话框的"所有文字"设置区可设置字体、下画线和着重号效果,只需在相应的下拉列表中进行即可;利用"效果"设置区可设置字符的删除线、阴影、上标和下标等效果,只需选中相应的复选框即可。

在"字体"对话框的"高级"选项卡中,除了可以设置字符之间的距离外,还可以设置字符在宽度方向上的缩放百分比,字符的上下位置等效果。

3. 设置段落格式

段落的格式设置主要包括段落的对齐方式、段落缩进、段落间距以及行间距等。若要设置某个段落的格式,需将插入符置于该段落中;若要同时设置多个段落的格式,可同时选中这些段落。下面继续在打开的文档中进行操作。

步骤1 将插入符置于标题段落,然后单击"开始"→"段落"组中的"居中"按钮,将标题段落设置为居中对齐,如图 12.28 所示。

这几个对齐按钮的作用分别是将段落沿页面左端、居中、右端、两端和分散对齐,默认为两端对齐。

步骤2 保持插入符位于标题段落中,在"布局"选项卡的"段落"组中设置标题段落的段前距和段后距间均为 0.5 行,如图 12.29 所示。

图 12.28 设置对齐

图 12.29 设置段落间距

步骤3 同时选中除标题外的所有段落,单击"开始"→"段落"组右下角的对话框启动按钮,打开"段落"对话框,如图 12.30 所示。

步骤4 在"缩进"设置区设置缩进方式。本例在"特殊格式"下拉列表框中选择"首行缩进",然后在右侧输入缩进值为"2 字符",即首行缩进 2 字符。

段落的缩进主要包括首行缩进、左缩进、右缩进和悬挂缩进。按中文的书写习惯,一般需要在正文每个段落的首行缩进 2 字符;左缩进和右缩进则留出一定的空位;悬挂缩进是指将段落除首行外的其他行向内缩进,用户可在"段落"对话框的"特殊格式"下拉列表框中选择"悬挂缩进"选项,然后设置缩进值。

步骤5 在"间距"设置区设置段落间距和行距。这里将段前间距设为 0 行,行距设为"多倍行距","设置值"为 1.75。设置完毕,单击"确定"按钮。

除了利用"段落"对话框设置段落缩进外,通过拖动标尺上的相关滑块也可以设置段落缩进,如图 12.31 所示。

4. 设置编号和项目符合

1) 设置项目符号

步骤1 选中要添加的项目符号的段落,如"开班方式"下的段落,如图 12.32 所示。

步骤2 单击"开始"→"段落"→"项目符号"按钮右侧的三角按钮,在展开的列表中选择一种项目符号,即可为所选段落添加该项目符号,如图 12.33 所示。

图 12.30 设置段落格式

图 12.31 利用标尺设置段落缩进

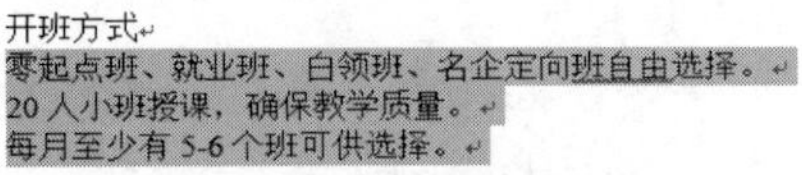

图 12.32 选择要添加项目符号的段落

步骤 3 若项目符号列表中没有符合需要的项目符号,可选择列表底部的"定义新项目符号"选项,本例选择该项,打开"定义新项目符号"对话框,如图 12.34 所示。

步骤 4 在"定义新项目符号"对话框中单击"符号"按钮,打开"符号"对话框,选择要作为项目符号的符号,如笑脸,单击"确定"按钮,如图 12.35 所示。

步骤 5 返回"定义新项目符号"对话框,单击"确定"按钮关闭对话框。再在"项目符号"列表中看到设置的笑脸符号,效果如图 12.36 所示。

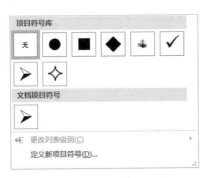

图 12.33 项目符号列表图

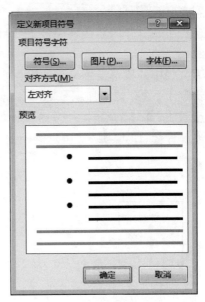

图 12.34 "定义新项目符号"对话框

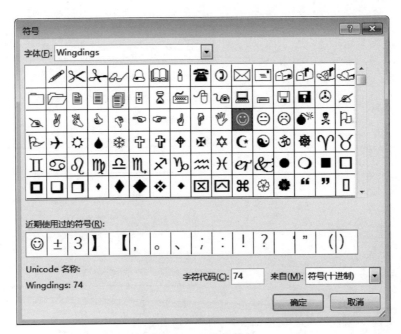

图 12.35 选择符号

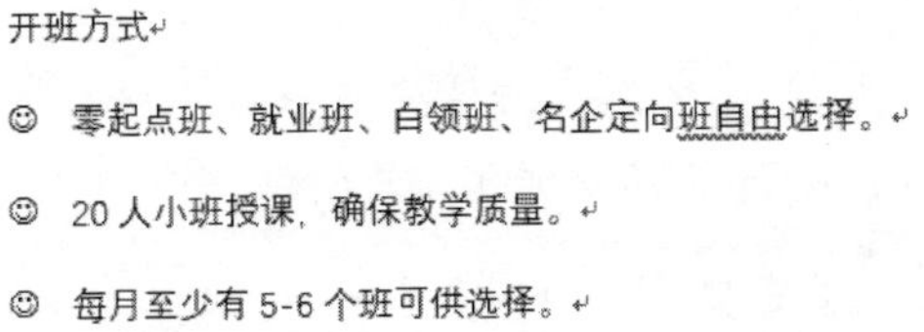

开班方式

☺ 零起点班、就业班、白领班、名企定向班自由选择。

☺ 20 人小班授课,确保教学质量。

☺ 每月至少有 5-6 个班可供选择。

图 12.36 添加项目符号效果

若在"定义新项目符号"对话框中单击"图片"按钮,可选择图片作为项目符号;单击"字体"按钮,可在打开的对话框中设置项目符号的字体、字号和颜色。

2）设置编号

为文档中的段落设置编号的操作步骤如下：

步骤 1 选择要添加编号的段落,如"招生对象"下的段落,如图 12.37(a)所示。

步骤 2 单击"开始"→"段落"→"编号"按钮右侧的三角按钮,在展开的列表中选择一种编号样式,即可为所选段落添加编号,如图 12.37(b)和(c)所示。

图 12.37　为段落添加编号

若编号列表中没编有符号需要的编号,也可选择"定义新编号格式"选项,在打开的对话框中自定义编号样式。

提示：如果从设置了项目符号或编号的段落开始一个新段落,则新段落将自动添加项目符号或编号（各段落之间将进行连续编号）。若要取消项目符号或编号,可单击"项目符号"或编号按钮,取消其选中状态。

5. 设置边框和底纹

为选定文字或段落设置边框和底纹,可使文档版面更加美观,操作步骤如下：

步骤1 要对文本或段落设置简单的边框和底纹样式,可选中要设置的对象,如标题文本,然后单击"段落"组中"边框"按钮 右侧的三角按钮,在展开的列表中选择所需边框类型;单击"底纹"按钮 右侧的三角按钮,在展开的列表中选择一种底纹颜色,如图12.38所示。

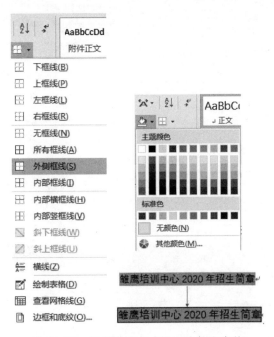

图12.38 使用快捷方式设置边框和底纹

提示:使用上述方式设置边框时,若选中的是字符(不选中段落标记),则设置的是字符边框;若选中的是段落(连段落标记一起选中),则设置的是段落边框。图12.38为设置段落边框。设置底纹时,则无论选中的是字符还是段落,设置的都是字符底纹。

步骤2 保持文本的选中状态,分别在"边框"和"底纹"下拉列表中选择"无框线"和"无颜色"选项,取消设置的边框和底线,然后在"边框"列表中选择"边框和底纹"选项,打开"边框和底纹"对话框。

步骤3 在"边框"选项卡的"设置"区选择边框类型,在"样式""颜色"和"宽度"设置区分别选择边框样式、颜色和宽度,在"预览"设置区单击相应的按钮,可添加或取消上、下、左、右边框,最后将"应用于"设为"段落",如图12.39所示。

步骤4 在"底纹"选项卡的"填充"下拉列表中选择底纹颜色,如"浅蓝"在"图案"下拉列表中选择一种底纹图案样式,如"10%";在"颜色"下拉列表中选择图案颜色,如"白色";在"应用于"下拉列表中选择底纹的应用对象,如"段落",如图12.40所示。单击"确定"按钮,即可为所选段落设置复杂边框和复杂底纹。

步骤5 选中"招生对象"文本,打开"边框和底纹"对话框,在"底纹"选项卡的"填充"下拉列表选择"浅绿",在"样式"下拉列表中选择"10%",应用对象为"文字",如图12.41所示。单击"确定"按钮,为所选文本设置底纹。

6. 复制格式

在Word 2016中,用户可利用格式刷复制段落或字符格式。下面将前面设置的字符和

图 12.39 设置复杂边框

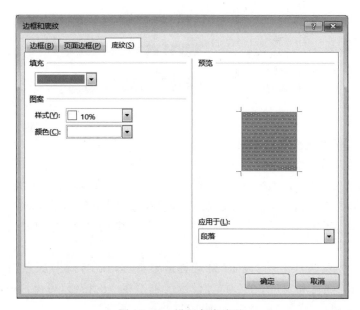

图 12.40 设置复杂底纹

段落格式复制到其他段落，操作步骤如下：

步骤 1 选中要复制格式的源段落文本"招生对象"，双击"开始"选项卡"剪贴板"组中的"格式刷"按钮 格式刷 。

步骤 2 使用拖动方式依次选中希望应用源段落格式的目标段落"开班方式"和"报名方式"。格式复制完毕后，单击"格式刷"按钮 格式刷 或按 Esc 键取消其选择。

若只希望复制段落格式（而不复制字符格式），则只需将插入符插入源段落中，然后单击"格式刷"按钮 格式刷 ，再在目标段落中单击即可；若只希望复制字符格式，则在选择文本时，不要选中段落标记。

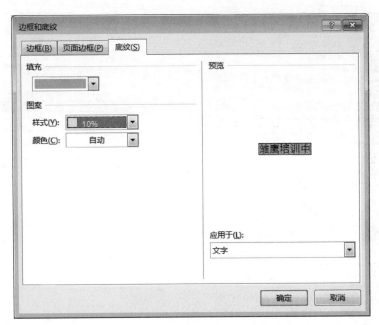

图 12.41　设置文本的底纹

若只是将所选格式应用于文档中的一处内容,可单击"格式刷"按钮 ❤️格式刷 ,然后选择要应用该格式的文本或段落。

步骤 3　至此,2020 年招生简章文档就编排好了,按 Ctrl+S 组合键保存文档。

7. 预览和打印文档

文档编辑完成后便可以将其打印出来。为防止出错,一般在打印文档之前,都会先预览一下打印效果,以便及时改正错误。

步骤 1　在"文件"界面中选择"打印"选项,进入文档的打印和打印预览界面,如图 12.42 所示。

步骤 2　在界面的右侧预览打印效果。如果文档有多页,单击界面下方的"上一页"按钮 ◀ 和"下一页"按钮 ▶ ,可查看前一页或下一页的预览效果。在这两个按钮之间的编辑框中输入页码数字,然后按 Enter 键,可快速查看该页的预览效果。

步骤 3　在界面的中间设置打印选项,首先在"份数"编辑框中输入打印份数。

步骤 4　在"打印机"下拉列表框中选择要使用的打印机名称。如果当前只有一台可用打印机,则不必进行此操作。

步骤 5　在"打印所有页"下拉列表框中选择要打印的文档页面内容。

- 若只需打印插入符所在页,可选择"打印当前页面"选项。
- 若要打印全部页面,则可保持默认的"打印所有页"选项。
- 若要打印指定页,可选择"自定义打印范围"选项,然后在其下方的"页数"编辑框中输入页码范围。例如,输入"3-6"表示打印第 3 页至第 6 页的内容;输入"3,6,10"表示只打印第 3 页、第 6 页和第 10 页。
- 若要打印指定的内容,可首先在文档中选择要打印的内容,然后在"打印所有页"下拉列表中选择"打印所选内容"选项。

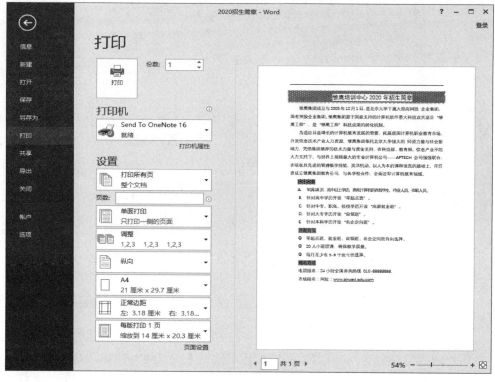

图 12.42　文档的打印和打印预览界面

步骤 6　设置完毕，单击"打印"按钮，即可按设置打印文档。

习　　题

1. 字符格式和段落格式分别指什么？
2. 设置字符格式和段落格式分别有哪两种途径？
3. 设置字符格式和段落格式前必须先选中要设置的文本吗？
4. 如何自定义项目符号和编号？
5. 段落底纹和字符底纹的区别是什么？如果只需要设置某个段落的左边框和上边框，应如何操作？

12.3　制作公司简介文档

12.3.1　情景引入

小曾是渤海汽车股份有限公司宣传科的一名员工，现在公司给他下达了一项任务：制作一份公司简介，方便对外进行宣传。

小曾知道，公司简介是目前各种公司广泛使用的一种文体类型。它主要通过简明扼要地描述公司概况、发展状况、公司文化、主要产品、销售业绩、网络及售后服务等信息，让客户从中得到所需的有价值的信息,从而起到宣传公司和公司产品的作用。下面,我们和小曾一起利用艺术字、图形、图片、SmartArt 图形和文本框完成图文并茂的公司简介文档制作。

12.3.2 作品展示

制作完成后的公司简介文档效果如图 12.43 所示。

图 12.43 公司简介文档效果

12.3.3 知识链接

- 插入图形、图片等对象:用户可利用 Word 2016 功能区"插入"选项卡中的相应按钮,在文档中插入各种图片、图形、文本框、图表、艺术字和 SmartArt 图形等对象,以丰富文档内容和方便排版,使文档更加精彩。
- 编辑和美化插入的对象:插入图形和图片等对象后,在 Word 的功能区将自动出现"×××工具/格式"或"×××工具设计"等选项卡,利用它们可以对插入的对象进行各种编辑和美化操作。在 Word 2016 中,对图形、图片和文本框等对象进行编辑和美化的操作方法基本相同。
- 选择图形的方法:要选择单个图形,可直接单击该图形;若要同时选择多个图形,可按住 Shift 键依次单击图形,或单击"开始"选项卡"编辑"组中的"选择"按钮,在展开的列表中选择"选择对象"选项,然后在图形周围拖出一个方框,此时方框内的所有图形都将被选中。

12.3.4 任务实施

1. 插入、编辑与美化艺术字

在 Word 2016 的艺术字库中包含了许多艺术字样式,选择所需的样式,输入文字,就可以轻松地在文档中创建艺术字。创建艺术字后,还可利用"绘图工具/格式"选项卡对艺术字进行各种编辑和美化操作。下面利用艺术字制作文档标题,操作步骤如下:

步骤 1 打开本书配套素材"素材与实例"→"项目三"→"公司简介素材"→"公司简介(文本)"文档,这是一篇已设置好基本格式的文档,将其以"公司简介(效果)"为名另存,保存位置不变。

步骤 2 在文档的开始位置单击,确定要插入艺术字的位置,然后单击"插入"选项卡"文本"组中的"艺术字"按钮 A ,在展开的列表中选择一种艺术字样式,如选择如图 12.44 所示的样式。

步骤 3 此时在文档的插入符处出现一个艺术字文本框占位符"请在此放置您的文字",直接输入艺术字文字,如"渤海汽车公司简介",即可创建艺术字。

步骤 4 选中艺术字文本或艺术字文本框(需单击文本框边框),在"绘图工具/格式"选项卡"艺术字样式"组单击"文本填充"按钮 A文本填充 右侧的三角按钮,在展开的列表中选择一种文本的填充颜色,如选择"红色",如图 12.45 所示。

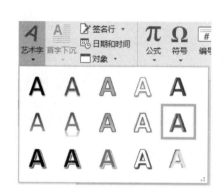

图 12.44 选择艺术字样式

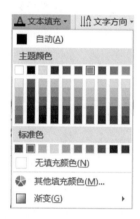

图 12.45 设置文本填充颜色

如果要为艺术字添加边框,可在"艺术字样式"组的"文本轮廓" A文本轮廓 下拉列表中选择边框颜色、粗细和线型。

步骤 5 单击"艺术字样式"组"文本效果"按钮 A文本效果 右侧的三角按钮,在展开的列表中选择一种艺术字文本效果,如选择"映像"→"紧密映像:接触",如图 12.46 所示。

步骤 6 在"排列"组中单击"环绕文字"按钮,在展开的列表中选择"嵌入型"选项,如图 12.47 所示,将艺术字以嵌入方式插入到文档中;然后利用"开始"选项卡的"字体"和"段落"组设置其字符格式为华文行楷、初号,居中对齐,使其效果如图 12.48 所示。

提示:选择图片、图形和文本框等对象后,在"环绕文字"列表中"嵌入型"选项,这些对象将像普通文本一样嵌入页面中;选择"四周型""紧密型环绕"和"穿越型环绕"选项,则正文中的文本将环绕在对象的四周,从而达到图文混排的效果;选择"浮于文字上方"选项,则对象将"漂浮"文档中正文的上方;选择"衬于文字下方"选项,则对象将衬于文档中正文的上方。

选择"其他布局选项"选项,将打开"布局"对话框,利用该对话框可对文字环绕方式进行更多设置,如设置对象上、下、左、右四边与正文的距离。

图 12.46　设置文本效果

图 12.47　设置文字环绕方式

图 12.48　设置格式后的标题效果

自选图形和文本框的默认环绕方式是"浮于文字上方",图片是"嵌入型"。对于非嵌入型的对象,可利用鼠标拖动方式将其拖到页面的任意位置。

2. 插入、编辑与美化图形

利用"插入"选项卡"插图"组中的"形状"按钮,可以在文档中轻松绘制各种图形,如线条、正方形、椭圆和星形等,以丰富文档的内容。绘制好图形后,我们还可利用自动出现的"绘图工具/格式"选项卡对其进行各种编辑和美化操作。

下面在"公司简介(效果)"文档相关文字的上方绘制图形以修饰文本,操作步骤如下:

步骤 1　单击"插入"选项卡"插图"组中的"形状"按钮,在展开的列表中选择一种形状,如选择"矩形",然后在文档中按住鼠标左键不放并拖动,释放鼠标后即可绘制出矩形,如图 12.49 所示。

图 12.49　绘制图形

提示：绘制图形时，按住 Shift 键拖动鼠标可绘制规则图形。例如，绘制直线时，按住 Shift 键拖动鼠标，可限制此直线与水平线的夹角为 15°、30°、45°；绘制矩形时，可绘制正方形；绘制椭圆时，可绘制正圆。

步骤 2 保持图形的选中，在"绘图工具/格式"选项卡的"大小"组中设置形状的高度、宽度分别为 1.4 厘米和 0.6 厘米，如图 12.50 所示。

选中绘制的形状后，将自动出现"绘图工具/格式"选项卡，如图 12.51 所示。下面简要说明其各分组的作用。

图 12.50 设置图形的大小

图 12.51 "绘图工具/格式"选项卡

- "插入形状"组：在该组的形状列表中选择某个形状，然后可在编辑区拖动鼠标绘制该形状。如果单击"编辑形状"按钮，从弹出的列表中选择相应选项，可改变当前所选图形的形状。
- "形状样式"组：在其中的形状样式列表中选择某个系统内置的样式，可快速美化所选图形；也可利用"形状填充""形状轮廓""形状效果"按钮自行设置所选图形的填充、轮廓和三维等效果。
- "艺术字样式"组：若所选图形是文本框，可利用该组中的选项设置文本框内文本的艺术效果，制作出漂亮的文字。
- "文本"组：设置所选文本框中文字的对齐方式和方向等。
- "排列"组：设置所选图形的叠放次序、文字环绕方式、旋转及对齐方式等。
- "大小"组：设置所选图形的大小。

步骤 3 保持图形的选中，在"绘图工具/格式"选项卡的"形状样式"组中单击"形状填充"按钮 右侧的三角按钮，在展开的列表中选择"蓝色"；单击"形状轮廓"按钮 右侧的三角按钮，在展开的列表中选择"无轮廓"，如图 12.52 所示。

步骤 4 使用同样的方法再绘制 1 个高度与第 1 个形状相同、宽度为 3.7 厘米的矩形，填充颜色为红色，轮廓为无。

步骤 5 利用鼠标拖动方式调整两个矩形的位置，然后按住 Shift 键单击以同时选中绘制的 2 个矩形，接着单击"绘图工具/格式"选项卡"排列"组中的"组合"按钮 ，在展开的列表中选择"组合"选项，如图 12.53 所示。

提示：当在文档中的某个页面上绘制了多个图形时，为了统一调整其位置、大小、线条和填充效果，可将它们组合为一个图形单元。

步骤 6 选中组合后的图形，在"绘图工具/格式"选项卡"排列"组中单击"环绕文字"按钮，在展开的列表中选择"衬于文字下方"选项，如图 12.54 所示。或选中图形后，单击其右

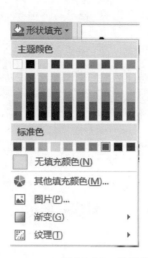 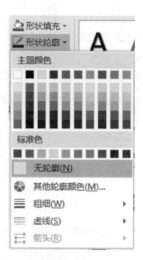

图 12.52 设置图形的填充和轮廓

图 12.53 组合绘制的图形

侧的"布局选项"按钮，在展开的列表中选择"衬于文字下方"选项。

步骤 7 单击"开始"→"编辑"→"选择"按钮，在弹出的列表中选择"选择对象"选项（将图形的文字环绕方式设为"衬于文字下方"时，需要利用该方式才能选中图形）然后利用拖动方式将组合后的矩形移动到"公司简介"文本上方；按 Ctrl＋C 组合键复制矩形，然后切换到"公司文化"文本所在的页面，按 Ctrl＋V 组合键粘贴矩形，再将矩形移动到"公司文化"文本上方；按 Esc 键取消"选择对象"状态，然后将这两处文本的字体颜色设为白色，效果如图 12.55 所示。如果是在同一页面中复制图形，只需在按住 Ctrl 键的同时拖动图形即可。

图 12.54 为组合图形设置环绕方式　　　图 12.55 移动图形到合适位置

3. 插入、编辑与美化图片

在编排文档时，可根据需要，在其中插入符合主题的图片，从而使文档更加生动形象。

插入图片后，在 Word 的功能区将自动出现"图片工具/格式"选项卡，利用该选项卡可以对插入的图片进行各种编辑和美化操作。

下面在"公司简介（效果）"文档中插入图片和图片水印，操作步骤如下：

步骤 1 将插入符定位到标题文字的右侧，然后单击"插入"选项卡"插图"组中的"图片"按钮，打开"插入图片"对话框，从中选择素材文件夹中的"楼"图片，单击"插入"按钮，将其插入到文档中，如图 12.56 所示。

图 12.56 插入图片

步骤 2 在"图片工具/格式"选项卡的"大小"组中单击"裁剪"按钮，此时图片四周出现裁剪控制点，将鼠标指针移到图片下方中间的控制点上，此时鼠标指针变成 T 形，按住鼠标左键向上拖动，到图片的多余空白被裁剪后松开鼠标左键，可看到裁剪掉的区域。如图 12.57 所示。按 Esc 键，或在图片外单击，返回文档的正常编辑状态。

图 12.57 裁剪图片

步骤 3 在"图片工具/格式"选项卡的"排列"组中单击"环绕文字"按钮，在展开的列表中选择"四周型"环绕；在"图片样式"组中单击"其他"按钮 ▽，在展开的列表中选择系统内置的"柔化边缘椭圆"样式，如图 12.58 所示。

步骤 4 选中插入的图片，在"图片工具/格式"→"排列"→"位置"列表中选择"其他布局选项"选项，打开"布局"对话框，在"位置"选项卡的"水平"设置区设置对齐方式为相对于页边距右对齐，在"垂直"设置区设置绝对位置为距页边距下侧 8 厘米，如图 12.59 所示。单击"确定"按钮，完成图片位置的设定。

步骤 5 单击"设计"选项卡"页面背景"组中的"水印"按钮，在展开的列表中选择"自定义水印"选项，打开"水印"对话框，选中"文字水印"单选按钮，文字中输入"渤海汽车股份有

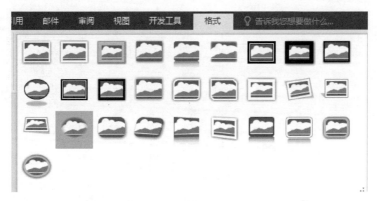

图 12.58 设置图片的样式

图 12.59 设置图片的位置

限公司",颜色选择红色,如图 12.60 所示。

步骤 6 单击"确定"按钮,即可看到为文档设置的图片水印。

4. 插入、编辑与美化 SmArtart 图形

SmartArt 图形主要用于在文档中列示项目,演示流程,表达层次结构或者关系,并通过图形结构和文字说明有效地传达作者的观点和信息。Word 2016 提供了多种样式的 SmartArt 图形,用户可根据需要选择需要的样式插入到文档中。插入 SmartArt 图形后,可根据需要利用"SmartArt 工具"选项卡对图形进行编辑和美化操作。

下面在"渤海汽车公司简介"文档的末页底部插入公司组织结构图,操作步骤如下:

步骤 1 在文档的最后插入一个空行,然后单击"插入"选项卡"插图"组中的"SmartArt"按钮,打开"选择 Smartart 图形"对话框,选择"层次结构"类型中的"组织结构图"选项,如图 12.61 所示。

步骤 2 单击"确定"按钮,在选定的位置插入组织结构图框架,同时显示"在此处输入文字"窗格和"SmartArt 工具/设计"选项卡。

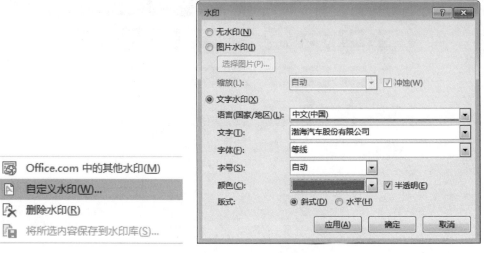

图 12.60　打开"水印"对话框

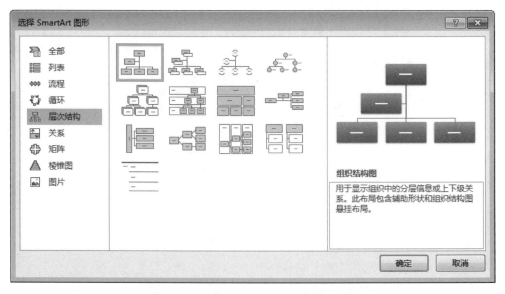

图 12.61　选择层次结构图

步骤 3　在"在此处输入文字"窗格中输入所需文本,可看到右侧形状中相应地显示输入的文本,如图 12.62 所示。也可在右侧的形状内单击"文本"占位符中的示意文字"[文本]",然后输入所需文本。

步骤 4　在"股东大会"下方的占位符中依次输入"监事会"和"董事会",再将另外两个形状删除(单击形状边缘将其选中,然后按 Delete 键),此时的图形效果如图 12.63 所示。

步骤 5　选中"董事会"形状,然后单击"SmartArt 工具/设计"选项卡"创建图形"组中的"添加形状"按钮右侧的三角按钮,在展开的列表中选择"在下方添加形状"选项,如图 12.64 所示,为"董事会"添加一个下级单位,并在其中输入文本"总经理"。

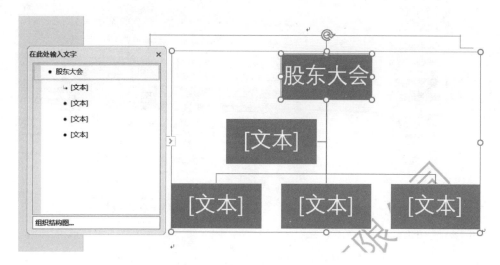

图 12.62　在第 1 个占位符中输入文本

图 12.63　在其他占位符中输入文本

图 12.64　添加下级形状

步骤 6　使用同样的方法,为"总经理"添加 9 个下级单位,并输入相应的文本,然后调整图形中相关形状的宽度,使其中的文本以一行显示,如图 12.65 所示。

步骤 7　在"Smartart 工具/设计"选项卡"SmartArt 样式"组中单击"更改颜色"按钮。在展开的列表中选择一种颜色,如图 12.66 所示。

步骤 8　单击"Smartart 样式"组中的"其他"按钮,在展开的列表中选择一种样式,如"优雅",如图 12.67 所示。也可单独选中 Smartart 图形中的某个或多个形状,然后在"SmartArt 工具/格式"选项卡设置所选形状的格式。

步骤 9　在"版式"组中单击"其他"按钮,在展开的列表中选择"水平多层层次结构"版式,如图 12.68 所示。

步骤 10　选中 SmartArt 图形,然后在"SmartArt 工具/格式"选项卡"排列"组的"位置"下拉列表中选择"底端居中,四周型文字环绕"项,将 SmartArt 图形相对页面底端居中对齐。

步骤 11　设置 SmartArt 图形内文本的字体为微软雅黑,字号为 18。

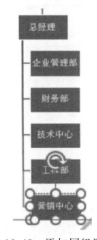
图 12.65　添加同级形状

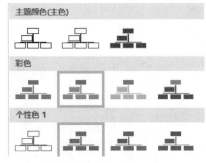
图 12.66　更改图形颜色

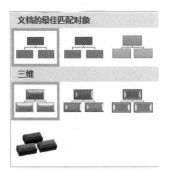
图 12.67　选择图形样式

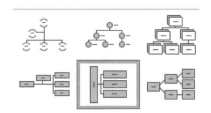
图 12.68　更改图形版式

5. 插入、编辑与美化文本框

文本框也是 Word 的一种图形对象,用户可在文本框中输入文字,放置图片、表格和艺术字等,并可将文本框放在页面中的任意位置,从而设计出较为特殊的文档版式。下面利用文本框为组织结构图添加标题,操作步骤如下:

步骤 1　在"插入"选项卡的"形状"列表中选择"文本框"工具,如图 12.69 所示。然后在 SmartArt 图形的上方按住鼠标左键并拖动,绘制一个文本框,其宽度与 SmartArt 图形相同,接着在其中输入组织结构图的标题文本"渤海长城汽车股份有限公司组织结构图"。

图 12.69　选择"文本框工具"

步骤 2　单击文本框的边缘以选中文本框,然后单击"绘图工具/格式"选项卡"形状样式"组"形状轮廓"按钮右侧的三角按钮,在展开的列表中选择"无轮廓"选项,将文本框的轮廓线去掉。

步骤 3　保持文本框的选中,利用"开始"选项卡设置文本框内文本的格式为微软雅黑、三号、深蓝色,居中对齐。

步骤 4　为使文档美观,选中 SmartArt 图形,将鼠标指针移到其上方中部的控制点上,向上拖动鼠标,调整整个 Smartart 图形的高度,直到美观为止。至此,公司简介文档制作完毕,按 Ctrl+S 组合键保存文档。

习　　题

1. 如何将现有文本转换成艺术字?
2. 如何为文档中的图片、图形、文本框等对象设置文字环绕方式?各文字环绕方式的区别是什么?
3. 如何在文档中同时选择多个非嵌入型对象?如何调整图片、图形、文本框等对象的大小和位置。
4. 如何为文档中的图片、图形和文本框应用系统内置样式?如果要自行美化这些对象,又该如何操作?
5. 如何设置文本框中文本的字符格式和段落格式?

12.4　制作求职简历

12.4.1　情景引入

由于社会大环境的影响,小郭所在的"佳美"商场经营出现困难,因此小郭决定寻找新的工作机会。对于求职者来说,制作一份优秀的简历是一块好的敲门砖。下面,我们与小郭一起制作如图 12.70 所示的求职简历表,学习在文档中创建、编辑和美化表格的方法。

12.4.2　作品展示

制作完成后的求职简历如图 12.70 所示。

12.4.3　知识链接

表格是由水平的行和垂直的列组成的,行与列交叉形成的方框称为单元格。我们可以在单元格中输入文字、插入图像等对象。表格在文档处理中占有十分重要的地位。在日常办公中常常需要制作各式各样的表格,如日程表、课程表和报名表等。

12.4.4　任务实施

1. 插入表格

在 Word 2016 中,我们可以使用表格网格或"插入表格"对话框创建表格,还可以手绘表格,操作步骤如下：

步骤 1　新建"求职简历"文档,然后单击"插入"选项卡"表格"组中的"表格"按钮,在展开的列表中选择"插入表格"选项,如图 12.71 所示。

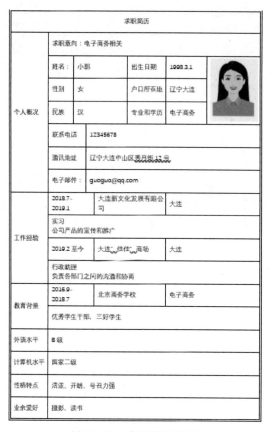

图 12.70　求职简历作品

步骤 2　打开"插入表格"对话框,分别在"列数"和"行数"编辑框输入列数和行数,如图 12.72 所示,单击"确定"按钮,按照设置创建表格。

图 12.71　"表格"列表

图 12.72　插入表格

- 固定列宽：选择该选项后，可在其后的编辑框中指定表格的列宽。
- 根据内容调整表格：选择该选项，表格各列宽输入的内容会自动调整。
- 根据窗口调整表格：选择该选项后，表格的宽度与文档正文的宽度一致。

若要创建简单的表格，可在"表格"下拉列表的网格中直接移动鼠标指针来确定表格的列数、行数，然后单击鼠标即可。

2. 选择表格和单元格

若要对表格进行编辑操作，首先应选中要修改的单元格、行、列或整个表格。Word 2016 提供了多种选择表格或单元格的方法，如表 12.1 所示。

表 12.1　选择表格、行、列与单元格的方法

选择对象	操作方法
选择整个表格	将鼠标指针移至表格上方，此时表格左上角将显示出控制柄，单击控制柄即可选中整个表格
选择行	将鼠标指针移至所选行左边界的外侧，待指针变成箭头形状后单击鼠标左键，如果此时按住鼠标左键上下拖动，可选中多行
选择列	将鼠标指针移至所选列的顶端，待指针变成"↓"形状后单击鼠标左键，如果此时按住鼠标左键并左右拖动，可选中多列
选择单个单元格	将鼠标指针移至单元格左边框，待指针变成箭头形状后单击鼠标左键，可选中该单元格，此时若双击，可选中该单元格所在的一整行
选择连续的单元格区域	方法 1：在所选单元格区域的第一个单元格中单击，然后按住 Shift 键的同时单击所选单元格区域的最后一个单元格 方法 2：将鼠标指针移至所选单元格区域的第一个单元格中，然后按住鼠标左键不放向其他单元格拖动，则鼠标指针经过的单元格均被选中
选择不连续的单元格或单元格区域	按住 Ctrl 键，然后使用上述方法依次选择单元格或单元格区域

3. 调整表格结构

为满足用户实际工作的需要，Word 2016 提供了多种方法来修改已创建的表格。例如，插入行、列或单元格，删除多余的行、列或单元格，合并或拆分单元格，以及调整单元格的行高和列宽等。

创建好表格后，将插入符放置在表格的任意一个单元格中，在 Word 2016 的功能区中将出现"表格工具/设计"和"表格工具/布局"选项卡，表格的大多数编辑和美化操作都是通过这两个选项卡来实现的，如图 12.73 和图 12.74 所示。

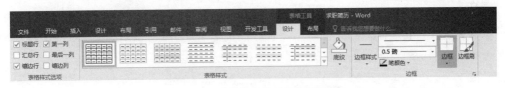

图 12.73　"表格工具/设计"选项卡

下面通过编辑表格来制作求职简历表的框架，操作步骤如下：

步骤 1　选中表格的第 1 行，在"表格工具/布局"选项卡单击"合并"组中的"合并单元格"按钮，将所选单元格合并，如图 12.75 所示。

图 12.74 "表格工具/布局"选项卡

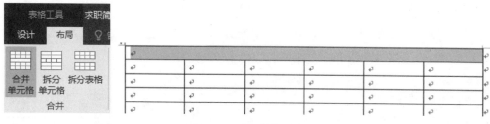

图 12.75 合并单元格

步骤 2 对照图 12.76,分别选择其他单元格进行合并,从而获得表格的基本框架。

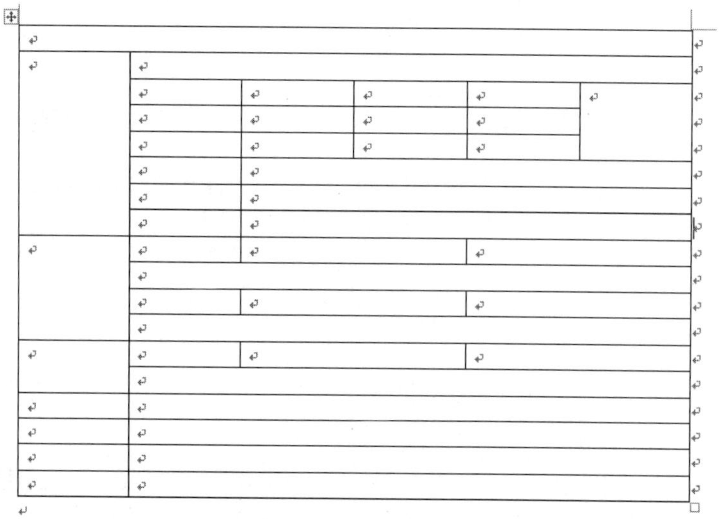

图 12.76 合并其他单元格

提示:用户也可利用删除表格线的方式来合并单元格,即单击"表格工具/布局"→"绘图"→"橡皮擦"按钮,然后在要删除的行线或列线上单击;按 Esc 键或再次单击"橡皮擦"按钮可取消该按钮的选取。此外,选择"绘制表格"按钮,可在表格中拖动鼠标来绘制行线或列线,从而拆分单元格,还可绘制斜线表头。

步骤 3 接下来设置表格的行高。设置行高最简单的方法是将鼠标指针移至表格的行分界线处,待鼠标指针变为"÷"形状后按住鼠标左键上下拖动。

步骤 4 要精确调整行高,可首先将鼠标指针置于该行任意单元格中,或同时选择要调整行高的多行,然后在"表格工具/布局"选项卡"单元格大小"组的"高度"编辑中输入行高值,按 Enter 键确认。本例将第 1 行的行高设为 1.3 厘米,如图 12.77 所示。

步骤 5 选中除第 1 行之外的所有行,然后在"单元格大小"组中的"高度"编辑框中输入 1,将选中行的高度全部设置为 1.0 厘米。

图 12.77 精确调整行高

步骤 6 调整列宽。同时选中第 3 行、第 4 行和第 5 行的第 2 列单元格,将鼠标指针移至所选列的右分界线处,待其变为左右箭头形状后按住鼠标左键并向左拖动,调整所选单元格的列宽,如图 12.78 所示。

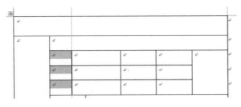

图 12.78 调整所选单元格的列宽

提示:若需要精确调整列宽,可在选中需要调整列宽的列后,在"单元格大小"组的"宽度"编辑框中输入具体数值并按 Enter 键确认。

若不选择单元格,表示调整插入符所在列全部单元格的宽度。

若希望将多行或多列调整为等高或等宽,可首先选中这些行、列或相应的单元格,再单击"单元格大小"组中的"分布行"或"分布列"按钮。

步骤 7 对照图 12.79,选择其他单元格并调整相关列的宽度。也可在输入表格内容后,根据表格内容调整单元格宽度和高度。

插入或删除行、列也是编辑表格时经常使用的操作,下面分别介绍。

- 插入行:在要插入行的位置选择与要插入的行数相同的行,然后单击"在上方插入"或"在下方插入"按钮,即可在所选行的上方或下方插入与所选行数相同的行。若单击所选行左侧的按钮,可快速在所选行的上方插入行。
- 插入列:在要插入列的位置选择与要插入的列数相同的列,然后单击"在左侧插入"或"在右侧插入"按钮,即可插入列。
- 删除行、列或单元格或表格:选中要删除的行、列或单元格,然后单击"删除"按钮,在展开的列表中选择相应选项。

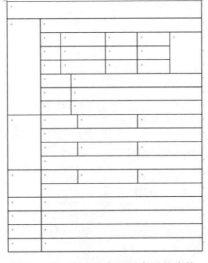

图 12.79 调整行高和列宽后的表格

4. 在表格中输入内容并设置格式

创建好表格框架后,就可以根据需要在表格中输入文字了。输入内容后,还可以根据需要调整表格内容在单元格中的对齐方式,以及设置单元格内容的字体、字号等。

步骤 1 对照图 12.80 所示,分别将插入符置于各单元格中,并输入相关文字。

步骤 2 适当调整某些列的宽度和某些行的高度,使表格内容不显得拥挤。

步骤 3 将插入符置于表格第 3 行最右侧的单元格中,单击"插入"选项卡"插图"组中的"图片"按钮,打开"插入图片"对话框,在对话框选择计算机中某文件夹中的"相片"图片,单击"插入"按钮,将相片插入到单元格中,如图 12.81 所示。

图 12.80　在表格中输入文字　　　　图 12.81　在单元格中插入图片

步骤 4 单击表格左上角的控制柄选中整个表格,然后单击"表格工具/布局"选项卡"对齐方式"组中的"中部两端对齐"按钮 ,将各单元格中的文字相对于单元格垂直居中对齐、水平居左对齐。

步骤 5 选中第 1 行单元格,利用"开始"选项卡"字体"组设置其字符格式为黑体、三号;利用"表格工具/布局"选项卡"对齐方式"组将文字设置为"水平居中"对齐 。

要设置整个表格相对于页面的对齐方式及与周围文字的环绕方式,可选中整个表格,然后单击"表格工具/布局"选项卡"表"组中的"属性"按钮 ,在打开的"表格属性"对话框中进行设置,如图 12.82 所示。如果将该对话框切换到"行""列"或"单元格"选项卡,可设置所选单元格的固定行高、固定列宽或单元格中文字的对齐方式等,如图 12.83 所示。

5. 为表格添加边框和底纹

表格创建和编辑完成后,还可进一步对表格进行美化操作,如设置所选单元格或整个表格的边框和底纹等。例如,要为整个表格添加一个 0.75 磅的黑双线外边框,为表格标题行添加橙色底纹,操作步骤如下:

步骤 1 选中要设置边框的单元格区域,本例选中整个表格。

步骤 2 在"表格工具/设计"选项卡"边框"组中分别单击"笔样式""笔画粗细"和"笔颜色"右侧的三角按钮,在展开的列表中选择边框的样式、粗细和颜色,如图 12.84 所示。

图 12.82　设置表格对齐和文字环绕方式

图 12.83　设置行高

图 12.84　选择笔样式、粗细和颜色

步骤 3　单击"边框"组"边框"按钮右侧的三角按钮,在展开的列表中选择要设置的边框类型,本例选择"外侧框线",如图 12.85 所示,为所选表格设置外边框。注意,如果所选的是单元格区域,则是为该单元格区域设置外边框。

步骤 4　选中表格第 1 行(标题行),单击"表格样式"组中"底纹"按钮下方三角按钮,在展开的列表中选择一种底纹颜色,如橙色,如图 12.86 所示。至此,求职简历制作完成。

要为表格设置复杂的边框和底纹,可选择"边框"列表底部的"边框和底纹"选项,在打开的"边框和底纹"对话框进行设置。

图 12.85　选择边框

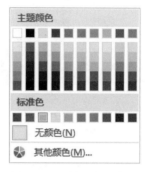
图 12.86　设置表格底纹

要使用系统内置的漂亮样式快速改变表格的外观,可在选中表格后,在"表格工具/设计"选项卡"表格样式"组中单击需要应用的样式。

12.4.5　拓展知识

1. 表格与文本的相互转换

(1) 将表格转换成文本。

要将表格转换成文本,只需在表格中的任意单元格中单击,然后单击"表格工具/布局"选项卡"数据"组中的"转换为文本"按钮 ,打开"表格转换成文本"对话框,如图 12.87 所示,在其中选择一种文字分隔符,单击"确定"按钮即可。

(2) 将文本转换成表格。

在 Word 中,也可以将用段落标记、逗号、制表符或其他特定字符隔开的文本转换成表格:选中要转换成表格的文本,单击"插入"选项卡"表格"组中的"表格"按钮,在展开的列表中选择"文本转换成表格"选项,在打开的"将文字转换成表格"对话框选择一种分隔符,单击"确定"按钮,如图 12.88 所示。此时,所选文本中被段落标记分开的文本将自动变为表格的行;被分隔符分开的文本将变成表格的列。

2. 表格中数据的计算与排序

我们除了可以在创建的表格输入数据外,还可以对表格中的数据进行计算与排序。

(1) 计算表格中的数据。

要对表格中的数据进行计算,可先在要放置计算结果的单元格中单击,然后单击"表格工具/布局"选项卡"数据"组中的"公式"按钮 ,打开"公式"对话框,在其中输入函数及参数并确定即可,如图 12.89 所示。计算出第一个结果后,将插入符置于总分列的其他单元格,单击快速访问工具栏中的"重做"按钮,可快速计算出其他人的总分成绩。

图 12.87 "表格转换成文本"对话框

图 12.88 "将文字转换成表格"对话框

图 12.89 计算表格中的数据

（2）排序表格中的数据。

在 Word 中，可以按照递增或递减的顺序将表格内容按笔画、数字、拼音或日期等进行排序。将插入符置于表格的任意单元格中，然后单击"表格工具/布局"选项卡"数据"组中的"排序"按钮，打开"排序"对话框。在"主要关键字"下拉列表中选择排序依据（参与排序的列），然后在其右侧选择排序方式，单击"确定"按钮，如图 12.90 所示。

图 12.90 排序表格中的数据

习 题

1. 如果想快速创建表格,该如何操作?
2. 调整表格行高和列宽的方法有哪些?
3. 如何合并多个单元格?如果要将1个单元格拆分成6个单元格,该如何操作?
4. 假设有一个5行4列的表格,现需要在第5行下方插入4行,该如何操作?
5. 假设有一个表格跨了多页文档,如果要在每页文档中都显示表格标题行,该如何操作?
6. 要将表格设为在页面中居中对齐,无环绕,该如何操作?

12.5 编排毕业论文

12.5.1 情景引入

李丽快大学毕业了,她的毕业论文正文内容也编写完毕,让我们一起帮助她排版毕业论文吧。这些高级排版技巧包括设置文档页面,在文档插入分页符和分节符,为文档添加页眉、页脚和页码,使用样式,插入目录等。下面,我们一起来帮助李丽排版毕业论文。

12.5.2 作品展示

制作完成后的"毕业论文"作品效果如图12.91所示。

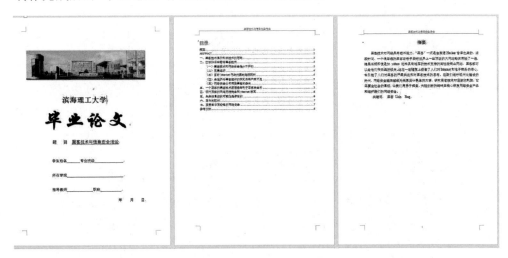

图 12.91 "毕业论文"作品

12.5.3 知识链接

- 设置文档页面:包括设置文档的纸张大小、纸张方向和页边距等。可利用功能区"布局"选项卡"页面设置"组中的按钮或"页面设置"对话框进行设置。
- 分页符:通常情况下,用户在编辑文档时,系统会自动分页。如果要对文档进行强制分页,可通过插入分页符实现。
- 分节符:通过为文档插入分节符,可将文档分为多节。节是文档格式化的最大单位,只有在不同的节中,才可以对同一文档中的不同部分进行不同的页面设置,如设置不同的页眉、页脚、页边距、文字方向或分栏版式等格式。
- 页眉和页脚:页眉和页脚分别位于页面的顶部和底部,常用来插入页码、文章名、作者姓名或公司徽标等内容。在Word 2016中,用户可以统一为文档设置相同的页眉和页脚,也可分别为偶数页、奇数页或不同的节等设置不同的页眉和页脚。
- 样式:是一系列格式的集合,使用它可以快速统一或更新文档的格式。一旦修改了某个样式,所有应用该样式的内容的格式就会自动更新。
- 目录:作用是列出文档中的各级标题及其所在的页码,方便读者查阅。

12.5.4 任务实施

1. 设置文档页面和格式

步骤1 打开"毕业论文素材"另存为"毕业论文效果"。

步骤2 单击"布局"→"页面设置"→"纸张大小"按钮,在展开的列表中选择"A4"选项,设置纸张大小为A4纸,如图12.92所示。

步骤3 单击"页面设置"组中的"页边距"按钮,在展开的列表中可选择系统内置的页边距样式,如图12.93所示。

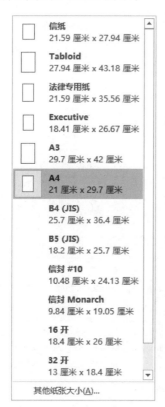

图12.92 纸张大小列表

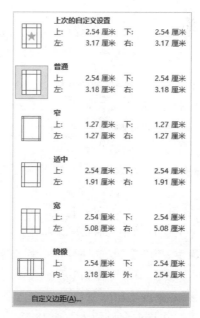

图12.93 页边距列表

步骤4 如果页边距下拉列表中没有想要的样式,可选择底部的"自定义页边距"选项,打开"页面设置"对话框,在"页边距"选项卡设置上、下、左、右页边距值。本例为:上、下、左、右边距均为2.5厘米,装订线为1厘米,装订线位置靠左,如图12.94所示。在"应用于"下拉列表中选择所设页边距的应用范围,一般选择"整篇文档",最后单击"确定"按钮。

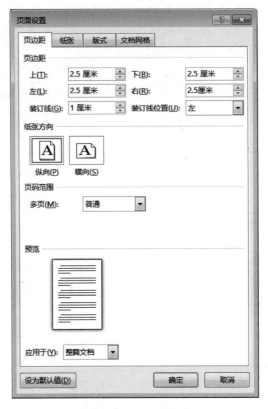

图 12.94　设置页边距

步骤5 选中除封面页内容(第1行至第9行)外的其他文档内容,设置其字号为四,中文字体为宋体,西文字体为 Times New roman,首行缩进2字符,行距为固定值,20磅。

2. 毕业论文封面

步骤1 在文档的开始位置单击,然后将学校图片插入到文档的开始位置,为其套用系统内置的"柔化边缘矩形"图片样式,并居中对齐。

步骤2 设置学校名称"滨海理工大学"的格式为宋体、一号,居中对齐;设置"毕业论文"文本的格式为华文行楷、72磅,居中对齐;设置"题目"~"年月日"的格式为宋体、四号,左缩进8个字符,"年月日"段落右对齐并右缩进4个字符。

步骤3 为"题目"~"指导教师"文本右侧的空格添加下画线。至此,毕业论文的封面设计完毕,效果如图12.95所示。

3. 插入分页符和分节符

下面在文档中分别插入一个分节符和分页符,将文档内容分为2节,操作步骤如下:

步骤1 要插入分节符,可将插入符置于需要分节的位置,如"摘要"文本的左侧,然后在"布局"选项卡单击"页面设置"组中的"分隔符"按钮,在展开的列表中选择"分节符"类别中的"下一页"选项,如图 12.96 所示。将封面与文档其他内容分别放在不同的节中。

图 12.95　毕业论文封面效果

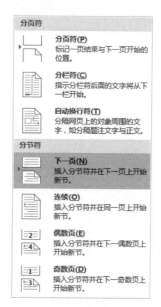

图 12.96　在文档中插入分页符

步骤 2　要插入分页符,可将插入符置于需要分页的位置,如"ABSTRACT"文本的左侧,然后在"分隔符"列表中选择"分页符"类别中的"分页符"选项。将插入点后的内容从新的一页开始。使用同样的方法,在"一、黑客技术属于科学技术的范畴"文本的左侧插入一个"分页符",再将中文、英文和正文内容也分别从新的一页开始。

4. 应用、修改与创建样式

下面对文档中的相关段落应用"标题 1"样式并修改该样式,再创建一个"自定标题 2"样式,将其应用到文档中,操作步骤如下:

步骤 1　在"摘要"段落中单击,然后单击"开始"选项卡"样式"中的"标题 1"样式,将样式应用于所选段落。

步骤 2　右击"标题 1"样式,在弹出的快捷菜单中选择"修改"选项,打开"修改样式"对话框,修改"标题 1"样式为黑体、三号,取消加粗,居中对齐,然后单击"格式"按钮,在展开的列表中分别选择"字体"和"段落"选项。在打开的"字体"对话框设置中文字体为黑体,西文字体为 Times New Roman;在"段落"对话框中取消段落的左缩进和首行缩进,并设置段前、段后间距均为 12 磅,行距为 1.5 倍,如图 12.97 所示。

提示:在样式的右键快捷菜单中选择"从样式库中删除"选项,可以将所选样式从样式库中删除,选择"删除××"选项,可将选中的样式删除。

步骤 3　在"修改样式"对话框中单击"确定"按钮,然后将"标题 1"样式应用于论文摘要的英文标题、文档中带有编号"一、"～"七、"及"参考文献"所在段落。

图 12.97 修改样式

步骤 4 设置"(一)黑客技术和网络安全是分不开的"的格式为黑体、四号,左对齐,段前和段后间距为 0.5 行,左缩进和首行缩进为无,1.5 倍行距。

步骤 5 保持插入符位于"(一)黑客技术和网络安全是分不开的"段落,单击"样式"组右下角的对话框启动器按钮,打开"样式"任务窗格,单击窗格左下角的"新建样式"按钮,打开"根据格式化创建新样式"对话框,在"名称"编辑框输入新样式名称"自定标题 2",在"样式基准"下拉列表中选择"标题 2"(目的是为下一步提取目录做准备),再选择"后续段落样式"为"正文",取消加粗,如图 12.98 所示。单击"确定"按钮,创建一个新样式。

图 12.98 设置新样式"自定标题 2"的参数

步骤 6 将创建的"自定标题 2"样式应用于文档中带有编号"(一)"～"(五)"的段落。此时,在"视图"选项卡"显示"组选中"导航窗格"复选框,可在文档左侧的导航窗格中看到文档的标题。

5. 添加页眉、页脚和页码

下面为文档第 2 节设置页眉和页脚(第 1 节不显示页眉和页脚),操作步骤如下:

步骤 1 将插入符置于封面页外的其他位置,单击"插入"选项卡"页眉和页脚"组中的"页眉"按钮,在展开的列表中选择一种页眉样式,如"空白",进入页眉和页脚编辑状态,输入页眉文本"黑客技术与信息安全浅论",再将其下方的空删除并取消缩进。

步骤 2 在"页眉和页脚工具/设计"选项卡"位置"组中设置"页眉顶端距离"为 1.9 厘米,使页眉线正好与页边距连接,如图 12.99 所示。

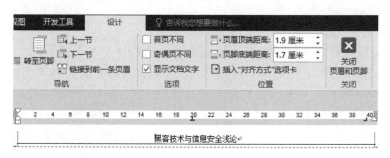

图 12.99 页眉的设置

步骤 3 单击"导航"组中的"转至页脚"按钮,切换到页脚处,然后在"页眉和页脚"组的"页码"下拉列表中选择"页面底端"→"普通数字 2"选项,如图 12.100 所示,在页面底端中部为文档添加页码。

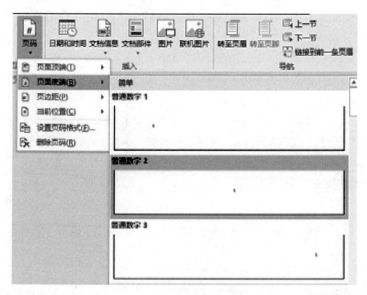

图 12.100 选择页码位置和样式

步骤 4 单击"导航"组中的"链接到前一条页眉"按钮,如图 12.101 所示,取消第 2 节与第 1 节页眉的链接状态。

图 12.101　取消"链接到前一条页眉"

步骤 5　将第 1 节的页眉,即封面页的页眉文本删除,然后选中页眉中的段落标记,在"开始"选项卡"段落"组的"边框"下拉列表中选择"无框线"选项,将页眉线删除。

步骤 6　在第 2 节的页脚处单击,同样单击"链接到前一条页眉"按钮,取消第 2 节与第 1 节的页脚链接,然后在"页码"下拉列表中选择"设置页码格式"选项,打开"页码格式"对话框,选中"起始页码"单选按钮,起始页码设置为 1。再将第 1 节的页码删除。最后单击"关闭和页眉页脚"按钮,退出页眉和页脚编辑状态。

提示:进入页眉页脚编辑状态后,可像编辑正文一样对页眉和页脚进行任意编辑,如输入文本、插入图片并设置格式等。需要注意的是,页眉和页脚与文档的正文处于不同的层次上,因此,在编辑页眉和页脚时不能编辑文档正文;同样,在编辑文档正文时也不能编辑页眉和页脚。要再次进入页眉和页脚编辑状态,只需在页眉和页脚处双击鼠标即可。

当为文档划分了不同的节时,可为不同的节设置不同的页眉或页脚。为此,可单击"页眉和页脚工具/设计"选项卡"导航"组中的"下一节"或"上一节"按钮,转到下一节或上一节。当需要为下一节设置与上一节不同的页眉或页脚时,需要单击该组中的"链接到前一条页眉"按钮,取消其选中状态,然后再设置该节的页眉或页脚。

此外,用户还可以根据需要为首页设置不同于其他页面的页眉页脚,或者分别为奇数页和偶数页设置不同的页眉和页脚,只需在"页眉和页脚工具/设计"选项卡"选项"组中选中"首页不同""奇偶页不同"复选框,然后再分别设置首页、奇数页和偶数页的页眉或页脚即可。

6. 提取目录

下面为文档提取一个 2 级目录,放置在新节中,操作步骤如下:

步骤 1　在"摘要"文本的左侧插入一个"下一页"分节符,接下来我们要把目录放置在分节后的空白页中。

步骤 2　在新空白页中单击,然后单击"样式"组中的"正文"样式。

步骤 3　单击"引用"选项卡"目录"组中的"目录"按钮,在展开的列表中选择一种系统内置的目录样式,如"自动目录 1",如图 12.102 所示。

步骤 4　Word 将搜索整个文档中 3 级标题及以上的标题,以及标题所在的页码,并把它们编制为目录,如图 12.103 所示。

若单击目录样式列表底部的"自定义目录"选项,可打开"目录"对话框,在其中可自定义目录的样式。

此外,因为 Word 所创建的目录是以文档的内容为依据,如果文档的内容发生了变化,如页码或者标题发生了变化,就要更新目录,使它与文档的内容保持一致,操作步骤如下:

步骤 1　单击需更新的目录的任意位置,此时在目录的左上角将显示"更新目录"选项,单击它或按 F9 键,或单击"引用"选项卡"目录"组中的"更新目录"按钮。

步骤 2　打开"更新目录"对话框,选择要执行的操作,如"更新整个目录",然后单击"确

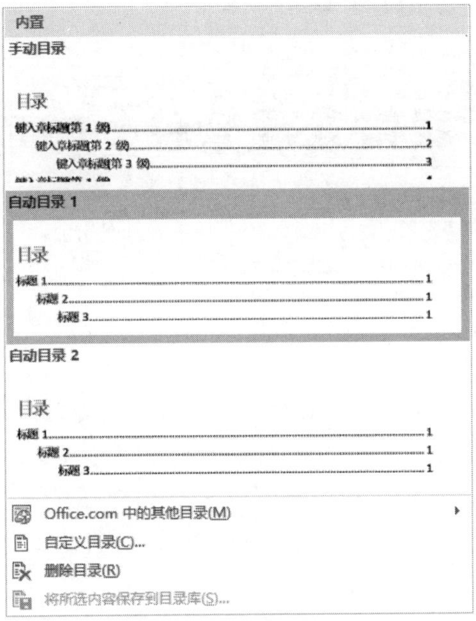

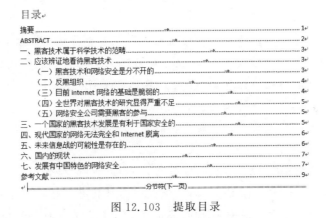

图 12.102　选择目录

图 12.103　提取目录

定"按钮,目录即可被更新。

若要删除在文档中插入的目录,可单击"目录"列表底部的"删除目录"项,或者选中目录后按 Delete 键。

习　　题

1. 分节符的作用是什么?
2. 可以在页眉中添加公司 LOGO 吗?
3. 样式的作用是什么? 如何修改、创建和应用样式?
4. 如果为一个文档设置首页不同、奇偶页不同的页眉和页脚,该如何操作?
5. 对文档提取目录前,需要做什么准备工作?
6. 提取目录后,如果想修改目录的级别和其他设置,该如何操作?

第 13 章　表格处理软件——Excel 2016

【项目导读】

　　Excel 2016 是 Office 2016 办公套装软件的另一个重要成员,它是一款优秀的电子表格制作软件,利用它可以快速制作出各种美观、实用的电子表格,以及对数据进行计算、统计、分析和预测等,并可按需要将表格打印出来。本项目通过利用 Excel 2016 制作学生成绩表、职称统计表,学习在 Excel 2016 中输入数据并编辑,调整工作表结构,以及对工作表进行基本操作等的方法。Excel 强大的计算功能主要依赖于其公式和函数,利用它们可以对表格中的数据进行各种计算和处理。此外,还可以利用 Excel 提供的数据排序、筛选、分类汇总、图表和数据透视表来管理和分析工作表中的数据。

【学习目标】

- 掌握利用常规方法和快捷方法在单元格中输入数据并编辑的操作。
- 掌握通过调整行高、列宽和合并单元格的方法来调整工作表结构的操作。
- 掌握设置工作表格式的操作,包括设置单元格字符格式、数字格式、对齐方式,为表格添加边框和底纹等美化工作表的操作。
- 掌握对工作表进行选择、插入、删除、移动、复制、隐藏或显示等操作。
- 掌握对工作表数据进行保护的操作。
- 掌握利用公式和函数对工作表数据进行计算与分析的操作。
- 掌握利用排序、筛选、分类汇总、图表和透视图对数据进行处理与分析的操作。
- 掌握对为工作表设置页眉和页脚并将工作表按要求进行打印的操作。

13.1　输入并编辑学生成绩表

13.1.1　情景引入

　　小郭的邻居是在一所高中当班主任的李老师,其德高望重,深受学生们喜爱。某天小郭到李老师家拜访时,发现李老师正在纸上画表格统计他们班学生的成绩。小郭告诉李老师,可以使用 Excel 快速制作学生成绩表,自动统计出学生的平均分、总分、名次和级别等。于是李老师请小郭教他 Excel 的使用方法。小郭告诉李老师,要使用 Excel,首先需要熟悉其工作界面,并了解工作簿、工作表和单元格的概念,Excel 中的数据类型及数据的输入方法等。下面,我们和小郭一起帮李老师制作如图 13.1 所示的学生成绩表。

1	一年级成绩表								
2	学号	姓名	语文	数学	英语	综合	总分	平均分	名次	级别
3	A001	朱万恒	90	88	90					
4	A002	阳海欧	116	102	117					
5	A003	吴鹏龙	113	99	100					
6	A004	王宇星	99	89	96					
7	A005	姜美东	100	112	113					
8	A006	刘佳明	113	105	99					
9	A007	赵越	79	102	104					
10	A008	吴启梦	96	92	89					
11	A009	王峥	75	85	83					
12	A010	李常圣	83	76	81					
13	A011	薛栋木	107	106	101					
14	A012	张森	74	86	88					
15	A013	李月松	90	91	94					
16	A014	慈胜祥	112	116	107					
17	A015	石易卓	94	90	91					
18	注：级别评定条件（以平均分为依据）：120-110分为优，100-109分为良，70-99分为及格，69分以下为不及格									

图 13.1　学生成绩表文档效果

13.1.2　知识链接

1. 认识 Excel 2016 的工作界面

步骤 1　单击"开始"按钮，然后滚动鼠标滚轮，按英文字母顺序找到 E，再单击其下的 Excel 选项，或单击任务栏左侧的 Excel 2016 按钮 ，进入其开始界面，如图 13.2 所示，左侧显示 Excel 最近使用过的文档，右侧显示一些常用的模板。

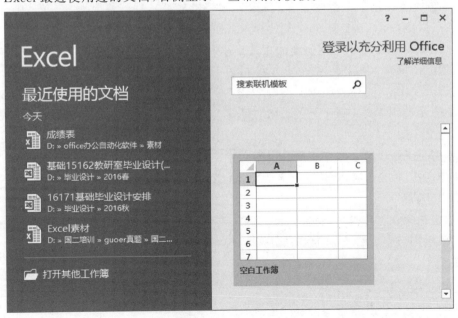

图 13.2　启动 Excel 2016

步骤 2 单击"空白工作簿"按钮,即可进入 Excel 2016 工作界面,它主要由快速访问工具栏、标题栏、功能区、编辑栏、工作表编辑区、状态栏和滚动条等组成,如图 13.3 所示。

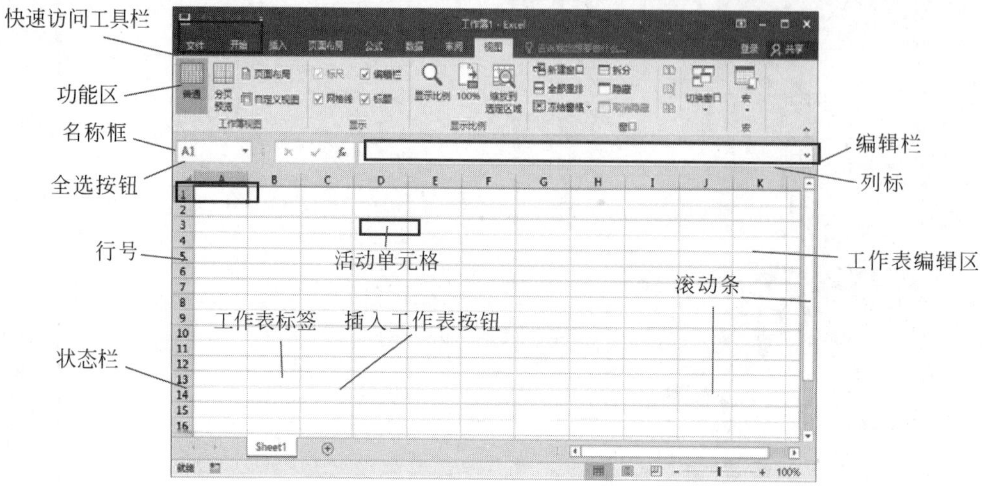

图 13.3 Excel 2016 工作界面

Excel 2016 的工作界面与 Word 2016 相似,下面只介绍不同部分元素的含义。

- 名称框:显示当前活动单元格的地址。
- 编辑栏:主要用于输入和修改活动单元格中的数据。当在工作表的某个单元格中输入数据时,编辑栏会同步显示输入的内容。
- 工作表编辑区:它是 Excel 处理数据的主要区域,包括单元格、行号和列标及工作表标签等。
- 工作表标签:在 Excel 的一个工作簿中通常包含多个工作表,而不同的工作表用不同的标签标记。工作标签位于工作簿窗口的底部。默认情况下,Excel 2016 工作簿中只包含一张工作表 Sheet1。
- 状态栏:用于显示当前操作的相关提示及状态信息。一般情况下,状态栏左侧显示"就绪"字样。在单元格输入数据时,显示"输入"字样。

2. 认识工作簿、工作表和单元格

下面介绍使用 Excel 制作电子表格时经常会遇到的工作簿、工作表和单元格的概念。

(1) 工作簿。

工作簿是 Excel 用来保存表格内容的文件。启动 Excel 2016 后,系统会自动生成一个名为"工作簿 1"的工作簿,默认扩展名为".xlsx"。

(2) 工作表。

工作表包含在工作簿中,由单元格、行号、列标和工作表标签组成。行号显示在工作表的左侧,依次用数字 1,2,…,1048576 表示;列标显示在工作表上方,依次用字母 A,B,…,XFD 表示。

(3) 单元格。

工作表中行与列相交形成的长方形区域称为单元格,它是用来存储数据和公式的基本单位。Excel 用列标和行号来表示某个单元格。例如,B3 代表第 B 列第 3 行单元格。

在工作表中正在使用的单元格周围有一个黑色方框,该单元格被称为当前单元格或活动单元格,用户当前进行的操作都是针对活动单元格的。

工作簿与工作表的关系,如同账簿与账页的关系,而工作表又由多个单元格组成,三者的关系如图 13.4 所示。

图 13.4　工作簿、工作表和单元格关系图

3. Excel 中的数据类型和输入方法

Excel 中经常使用的数据类型有文本型数据、数值型数据和时间/日期数据等。

- 文本型数据:文本是指汉字、英文,或由汉字、英文、数字组成的字符串。默认情况下,输入的文本会沿单元格左侧对齐。
- 数值型数据:在 Excel 中,数值型数据是使用最多,也是最为复杂的数据类型。数值型数据由数字 0~9、正号、负号、小数点、分数号"/"、百分号"％"、指数符号"E"或"e"、货币符号"￥"或"$"、千位分隔号","等组成。输入数值型数据时,Excel 自动将其沿单元格右侧对齐。
- 日期和时间数据:日期和时间数据属于数值型数据,用来表示一个日期或时间。日期格式为"mm/dd/yy"或"mm-dd-yy";时间格式为"hh:mm(am/pm)"。

在 Excel 2016 中输入数据的一般方法为:单击要输入数据的单元格,然后输入数据即可。此外,还可使用技巧来快速输入数据,如自动填充序列数据或相同数据,输入数值型数据时要注意以下几点:

- 如果要输入负数,必须在数字前加一个负号"－",或给数字加上圆括号。例如,输入"－5 或"(5)"都可在单元格中得到－5。
- 如果要输入分数,如 1/5,应先输入 0 和一个空格,然后输入"1/5"。否则,Excel 会把该数据作为日期格式处理,单元格中会显示"1 月 5 日"。
- 如果要输入日期和时间,可按前面介绍的日期和时间格式输入。

输入数据后,用户可以像编辑 Word 文档中的文本一样,对输入的数据进行各种编辑操作,如选择单元格区域,查找和替换数据,移动和复制数据等。

13.1.3　任务实施

1. 新建工作簿并输入数据

步骤 1　启动 Excel 2016 时,选择"空白工作簿"选项,可进入其工作界面并创建一个空白工作簿。如果要新建其他工作簿,可在"文件"界面中选择"新建"选项,进入"新建"界面,如图 13.5 所示,在其中选择相应选项,然后单击"创建"按钮,即可创建一个工作簿;若直接按 Ctrl+N 组合键,可快速创建一个空白工作簿。本例创建一个空白工作簿。

步骤 2　单击"快速访问工具"中的"保存"按钮,将创建的工作簿以"学生成绩表"为名

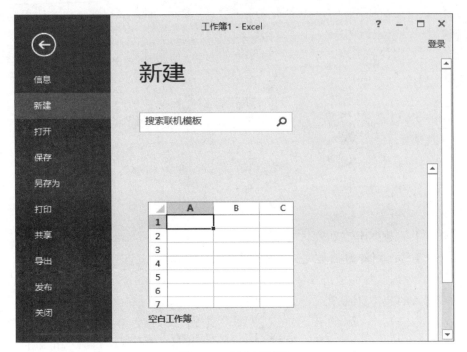

图 13.5 "新建"界面

保存在"素材"文件夹中。

提示:工作簿的保存、关闭和打开与 Word 2016 类似,此处不再赘述。

步骤 3 单击 A1 单元格,然后输入"一年级成绩表",输入的内容会同时显示在编辑栏中(也可选中单元格后,直接在编辑栏中输入数据),如图 13.6 所示。若发现输入错误,可按 Backspace 键删除。

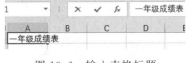

图 13.6 输入表格标题

步骤 4 按 Enter 键、Tab 键,或单击编辑栏上的"√"按钮确认输入。其中,按 Enter 键时,当前单元格下方的单元格被选中;按 Tab 键时,当前单元格右边的单元格被选中;单击"√"按钮时,当前单元格不变。

步骤 5 在 A2 至 J2 单元格中输入各列列标题,再在姓名列、各科成绩列和级别评定条件单元格输入数据,效果如图 13.7 所示。可以看到,输入的数值型数据沿单元格方右侧对齐,文本型数据沿单元格左侧对齐。

2. 自动填充数据

在 Excel 工作表的活动单元格的右下角有一个小黑方块,称为填充柄,通过拖动填充柄可以自动在其他单元格填充与活动单元格内容相关的数据,如序列数据或相同数据。其中,序列数据是指有规律地变化的数据,如日期、时间、月份、等差或等比数列。

步骤 1 单击"学号"列中的 A3 单元格,输入数据"A001",如图 13.8 所示。

步骤 2 将鼠标指针移动到 A3 单元格右下角的填充柄上,此时鼠标指针变成实心的十字形,按住鼠标左键并向下拖动,至 A17 单元格后释放鼠标左键,然后单击右下角的"自动填充选项"按钮 ,在展开的列表中选中"填充序列"单选按钮,系统就会自动以升序填充选中的单元格,效果如图 13.8 所示。

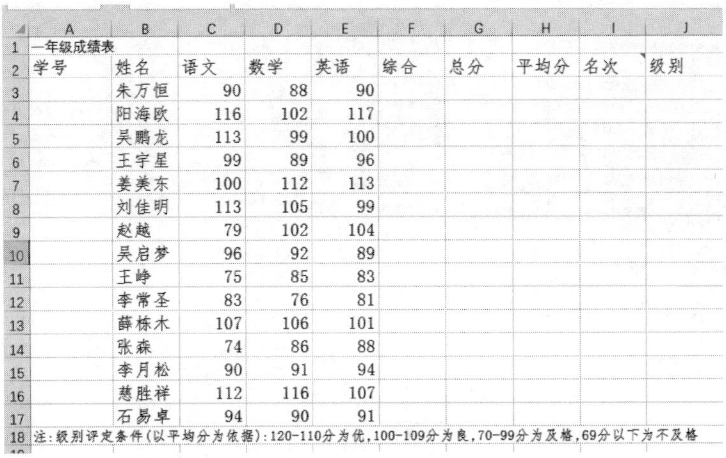

图 13.7 在单元格中输入部分数据

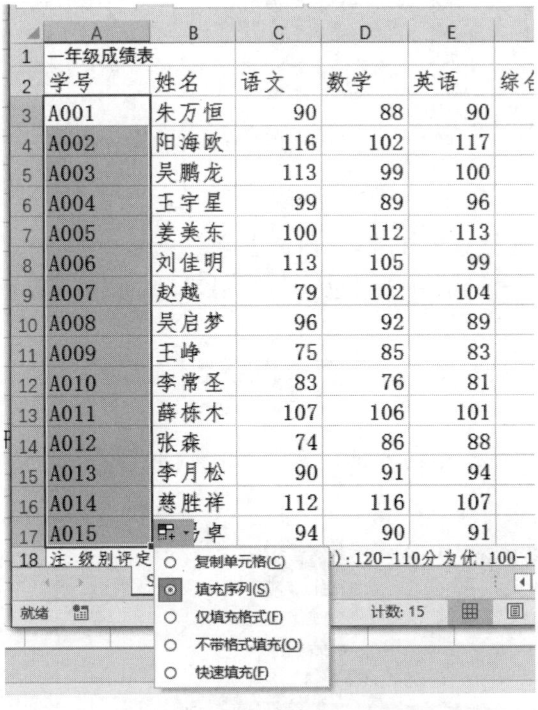

图 13.8 使用填充柄输入数据

提示：当在"自动填充选项"按钮列表中选择"复制单元格"时，可填充相同数据和格式；选择"仅填充格式"或"不带格式填充"时，则只填充相同格式或数据。

要填充指定步长的等差或等比序列，可在前两个单元格中输入序列的前两个数据，如在 A1，A2 单元格中分别输入 1 和 3，然后选定这两个单元格，并拖动所选单元格区域的填充柄至要填充的区域，释放鼠标左键即可。

单击"开始"选项卡"编辑"组中的"填充"按钮，在展开填充列表中选择相应的选项也可填充数据。但该方式需要提前选择要填充的区域，如图 13.9 所示。

图 13.9　利用"填充"列表填充数据

若要一次性在所选单元格区域填充相同数据,也可先选中要填充数据的单元格区域,然后输入要填充的数据,输入完毕按 Ctrl+Enter 组合键,如图 13.10 所示。

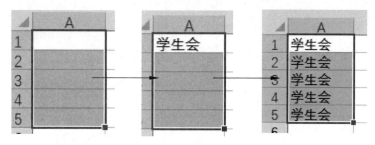

图 13.10　使用组合键填充相同数据

3. 插入批注

使用批注可以对单元格添加注释,方便读者理解单元格内容。当在单元格中添加批注后,会在该单元格的右上角显示一个红色三角标记,将鼠标指针移到该单元格中,会显示添加的批注内容。

步骤 1　单击要添加批注的单元格,如 I2,然后单击"审阅"选项卡"批注"组中的"新建批注"按钮,如图 13.11 所示。

步骤 2　在显示的批注框中输入批注文本,如图 13.12 所示,然后在批注框外的任意位置单击即可。

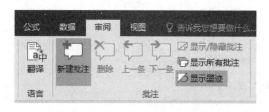

图 13.11　单击"新建批注"按钮

图 13.12　输入批注内容

4. 选择单元格

在 Excel 中进行的大多数操作,都需要首先将要操作的单元格或单元格区域选定。

步骤 1　将鼠标指针移至要选择的单元格上方后单击,即可选中该单元格。此外,可使用键盘上的方向键选择当前单元格的前、后、左、右单元格。

步骤 2　如果要选择相邻的单元格区域,可按下鼠标左键拖过希望选择的单元格,然后释放鼠标即可;或单击要选择区域的第一个单元格,然后按住 Shift 键单击最后一个单元格，此时即可选择它们之间的所有单元格，如图 13.13 所示。

步骤 3 若要选择不相邻的多个单元格或单元格区域，可首先利用前面介绍的方法选定第一个单元格或单元格区域，然后按住 Ctrl 键再选择其他单元格或单元格区域，如图 13.14 所示。

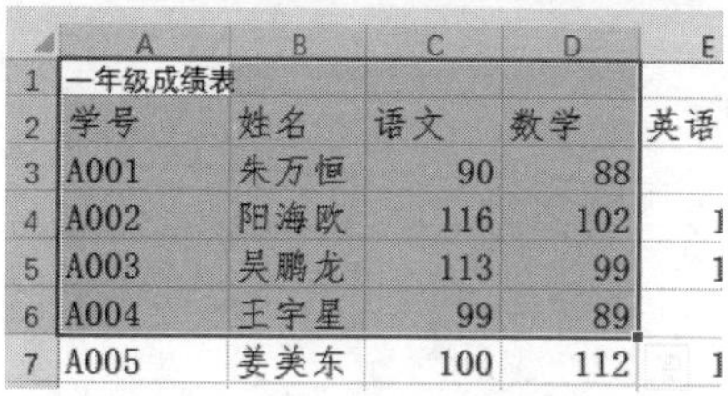

	A	B	C	D	E
1	一年级成绩表				
2	学号	姓名	语文	数学	英语
3	A001	朱万恒	90	88	
4	A002	阳海欧	116	102	1
5	A003	吴鹏龙	113	99	1
6	A004	王宇星	99	89	
7	A005	姜美东	100	112	1

图 13.13　选择相邻的单元格区域

	A	B	C	D	E	F
1	一年级成绩表					
2	学号	姓名	语文	数学	英语	综合
3	A001	朱万恒	90	88	90	
4	A002	阳海欧	116	102	117	
5	A003	吴鹏龙	113	99	100	
6	A004	王宇星	99	89	96	
7	A005	姜美东	100	112	113	
8	A006	刘佳明	113	105	99	

图 13.14　选择不相邻的多个单元格

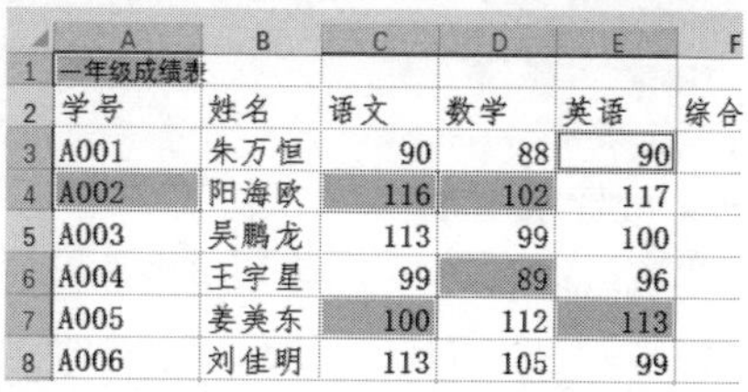

步骤 4 要选择工作表中的一整行或一整列，可将鼠标指针移到该行左侧的行号或该列顶端的列标上方，当鼠标指针变成向右或向下黑色箭头形状时单击即可。若要选择连续的多行或多列，可在行号或列标上按住鼠标左键并拖动；若要选择不相邻的多行或多列，可配合 Ctrl 键进行选择。

步骤 5 要选择工作表中的所有单元格，可按 Ctrl＋A 组合键或单击工作表左上角行号与列标交叉处的“全选”按钮 。

5. 编辑工作表数据

编辑工作表时，可以修改单元格数据，或者将单元格或单元格区域中的数据移动或复制到其他单元格或单元格区域，还可以清除单元格或单元格区域中的数据，以及在工作表中查找和替换数据等。

步骤 1 双击工作表中要编辑数据的单元格，将鼠标指针定位到单元格中，然后修改其中的数据，如图 13.15 所示。也可单击要修改数据的单元格，然后在编辑栏中进行修改。

	A	B	C	D
1	一年级成绩表			
2	学号	姓名	语文	数学
3	A001	朱万恒	90	
4	A002	阳海欧	116	
5	A003	吴鹏龙	113	
6	A004	王雨星	99	
7	A005	姜美东	100	
8	A006	刘佳明	113	

	A	B	C	D
1	一年级成绩表			
2	学号	姓名	语文	数学
3	A001	朱万恒	90	
4	A002	阳海欧	116	
5	A003	吴鹏龙	113	
6	A004	王宇星	99	
7	A005	姜美东	100	
8	A006	刘佳明	113	

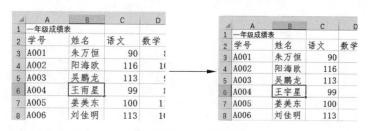

图 13.15　修改数据

步骤 2 如果要移动单元格内容，需首先选中要移动内容的单元格或单元格区域，将鼠标指针移至所选单元格区域的边缘，然后按住鼠标左键，拖动鼠标指针到目标位置后释放鼠标左键即可。若在拖动过程中按住 Ctrl 键，则拖动操作为复制操作，如图 13.16 所示。移动或复制单元格区域时，松开鼠标左键，会出现快速分析选项列表，从中选择相应选项，可快速把数据处理成图表、对数据进行汇总、创建迷你图或进行条件格式设置等。

提示：将数据移动到有内容的单元格区域时，会弹出对话框提示用户是否替换目标单元格区域中的内容。若是复制数据，则不会弹出任何提示。

步骤 3 对于一些大型的表格，如果需要查找或替换表格中的指定内容，可利用 Excel

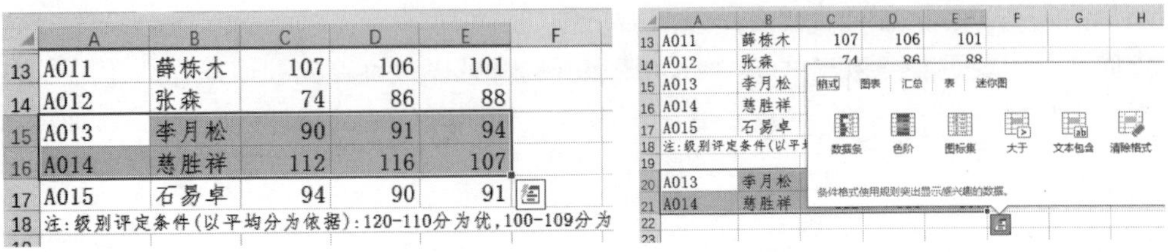

图 13.16 复制单元格内容

的查找和替换功能实现。操作方法与在 Word 中查找和替换文档中的方法相同。

步骤 4 若要删除单元格内容或格式,可选中要清除内容或格式的单元格或单元格区域,如选择步骤 2 复制过来的单元格数据所在区域;单击"开始"→"编辑"→"清除"按钮,在展开的列表中选择相应选项,可清除单元格中的内容、格式或批注等,如图 13.17 所示。本例中选择"全部清除"选项。

6. 合并单元格

合并单元格是指将相邻的单元格合并为一个单元格。合并后,将只保留所选单元格区域左上角单元格中的内容。下面将第 1 行的相关单元格合并,制作表头。操作步骤如下:

图 13.17 "清除"下拉列表

步骤 1 选择要合并的单元格,如 A1:J1 单元格区域。

步骤 2 单击"开始"→"对齐方式"→"合并后居中"按钮,或单击该按钮右侧的三角按钮,在展开的列表中选择"合并后居中"选项,即可将该单元格区域合并为一个单元格且单元格数据居中对齐,如图 13.18 所示。

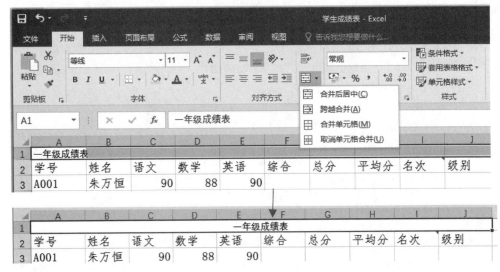

图 13.18 合并单元格

在进行合并单元格操作时,若在上述下拉列表中选择"合并单元格"选项,合并后单元格中的文字不居中对齐;若选择"跨越合并"选项,会将所选单元格按行合并。要想将合并后的单元格拆分开,只需选中该单元格,然后再次单击"合并后居中"按钮即可。

7. 调整行高和列宽

默认情况下,Excel 中所有行的高度和所有列的宽度都是相等的。用户可以利用鼠标拖动方式和"格式"列表中的命令来调整行高和列宽。

步骤 1 将鼠标指针移至要调整行高的行号的下框线处,待指针变成细十字形状后,按下鼠标左键上下拖动(此时在工作表中将显示出一个提示行高的信息框),到合适位置后释放鼠标左键,即可调整所选行的行高,如图 13.19 所示。

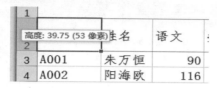

图 13.19　合并单元格

提示：若要调整多行行高,可同时选中多行,然后再使用以上方法调整。此外,若调整某列或多列单元格的宽度,只需将鼠标指针移至要调整列的列标右边线处,待指针变成细十字形状后按下鼠标左键左右拖动,到合适位置后释放鼠标左键即可。

步骤 2 要精确调整行高,可先选中要调整行高的单元格或单元格区域,本例同时选中第 2 行至第 17 行,然后右击所选行,在弹出的快捷菜单中选择"行高"选项,或单击"开始"选项卡"单元格"组中的"格式"按钮,在展开的列表中选择"行高"选项,接着在打开的"行高"对话框中设置行高值,单击"确定"按钮,如图 13.20 所示。

 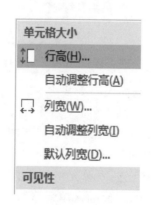 

图 13.20　精确调整多行行高

提示：要精确调整列宽,可在选中要调整的单元格或单元格区域后,在"格式"下拉列表中选择"列宽"选项。然后在打开的对话框中进行设置。

此外,将鼠标指针移至行号下方或列标右侧的边线上,待指针变成细十字形状后,双击边线,系统会根据单元格中数据的高度和宽度自动调整行高和列宽；也可在选中要调整的单元格或单元格区域后,在"格式"下拉列表中选择"自动调整行高"或"自动调整列宽"选项,自动调整行高和列宽。

8. 插入或删除单元格、行、列

在制作表格时,可能会遇到需要在有数据的区域插入或删除单元格、行、列的情况,此时可按如下操作步骤进行：

步骤1 要在工作表某行上方插入一行或多行,可首先在要插入的位置选中与要插入的行数相同数量的行,或选中单元格,然后单击"开始"→"单元格"→"插入"按钮下方的三角按钮,在展开的列表中选择"插入工作表行"选项,如图13.21所示。

图13.21 插入行

步骤2 要删除行,可首先选中要删除的行,或要删除的行所包含的单元格,然后单击"单元格"→"删除"按钮下方的三角按钮,在展开的列表中选择"删除工作表行"选项,如图13.22所示。若选中的是整行,则直接单击"删除"按钮即可。

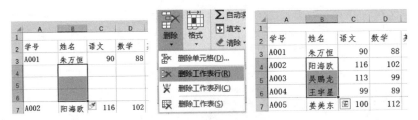

图13.22 删除工作表行

步骤3 要在工作表某列左侧插入一列或多列,可在要插入的位置选中与要插入的列数相同数量的列,或选中单元格,然后在"插入"下拉列表中选择"插入工作表列"选项。

步骤4 要删除列,可首先选中要删除的列,或要删除的列所包含的单元格,然后在"删除"下拉列表中选择"删除工作表列"选项。

步骤5 要插入单元格,可在要插入单元格的位置选中与要插入的单元格数量相同的单元格,然后在"插入"下拉列表中选择"插入单元格"选项,打开"插入"对话框,在其中设置插入方式,单击"确定"按钮,如图13.23所示。

- 活动单元格右移:在当前所选单元格处插入单元格,当前所选单元格右移。
- 活动单元格下移:在当前所选单元格处插入单元格,当前所选单元格下移。
- 整行:插入与当前所选单元格行数相同的整行,当前所选单元格所在的行下移。
- 整列:插入与当前所选单元格列数相同的整列,当前所选单元格所在的列右移。

步骤6 要删除单元格,可选中要删除的单元格或单元格区域,然后再选择"单元格"→"删除"→"删除单元格"选项,打开"删除"对话框,设置一种删除方式,单击"确定"按钮,如图13.24所示。

- 右侧单元格左移:删除所选单元格,所选单元格右侧的单元格左移。
- 下方单元格上移:删除所选单元格,所选单元格下方的单元格上移。
- 整行:删除所选单元格所在的整行。
- 整列:删除所选单元格所在的整列。

图 13.23 "插入"对话框

图 13.24 "删除"对话框

习　　题

1. 工作簿、工作表和单元格,它们三者的关系是怎样的?
2. Excel 的数据类型有哪些?在单元格中输入数据时,除了可以利用一般方法输入数据外,还可以利用哪些快捷方法输入?如何输入负号和分数?
3. 在单元格中输入数据后,如何对其进行编辑和修改?
4. 在单元格中输入数据后,文本型数据和数值型数据的对齐方式是一样的吗?
5. 要选择相邻或不相邻的单元格,如何操作?
6. 制作居中对齐的表格表头时,一般采取什么方法?
7. 如何在工作表中插入行或列?
8. 如果对行高和列宽的要求不是很高,可以利用哪种方法调整?

13.2　设置学生成绩表格式

13.2.1　情景引入

输入学生成绩表数据并调整工作表结构后,吴老师提出工作表还不够美观,于是小郭和吴老师一起对学生成绩表进行了格式设置操作,效果如图 13.25 所示。

13.2.2　知识链接

要设置工作表的格式,可先选中要进行格式设置的单元格或单元格区域,然后进行相关操作,主要包括以下几方面:

- 设置单元格格式:包括设置单元格内容的字符格式、数字格式和对齐方式,以及设置单元格的边框和底纹等。可利用"开始"选项卡的"字体"对齐方式和"数字"组中的按钮,或利用"设置单元格格式"对话框进行设置。
- 设置条件格式:在 Excel 中应用条件格式,可以让符合特定条件的单元格数据以醒目的方式突出显示,便于人们更好地对工作表数据进行分析。
- 套用表格样式:Excel 2016 为用户提供了许多预定义的表格样式。套用这些样式,

大学计算机基础

1	一年级成绩表								
2	学号	姓名	语文	数学	英语	综合	总分	平均分	名次	级别
3	A001	朱万恒	90	88	90					
4	A002	阳海欧	116	102	117					
5	A003	吴鹏龙	113	99	100					
6	A004	王宇星	99	89	96					
7	A005	姜美东	100	112	113					
8	A006	刘佳明	113	105	99					
9	A007	赵越	79	102	104					
10	A008	吴启梦	96	92	89					
11	A009	王峥	75	85	83					
12	A010	李常圣	83	76	81					
13	A011	薛栋木	107	106	101					
14	A012	张淼	74	86	88					
15	A013	李月松	90	91	94					
16	A014	慈胜祥	112	116	107					
17	A015	石易卓	94	90	91					
18	注：级别评定条件（以平均分为依据）：120-110分为优，100-109分为良，70-99分为及格，69分以下为不及格									

图 13.25 学生成绩表格式设置效果

可以迅速建立适合不同专业需求、外观精美的工作表。用户可利用"开始"选项卡的"样式"组来设置条件格式或套用表格样式。

13.2.3 任务实施

1. 设置字符格式

在 Excel 中设置表格内容的字符格式的操作与在 Word 中的设置相似。

步骤 1 选中 A1 单元格，然后在"开始"选项卡"字体"组中选择"字体"为"华文中宋"，字号为"24"，字体颜色为"紫色"，效果如图 13.26 所示。

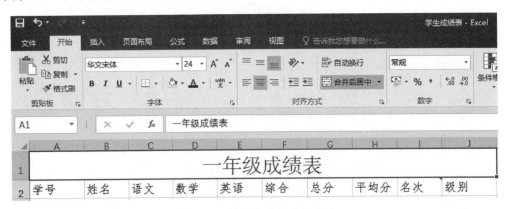

图 13.26 设置表头的字符格式

步骤 2 选中 A2:J17 单元格区域，在"开始"选项卡"字体"组的"字体"列表中依次选择微软雅黑和 Times New Roman，再设置字号为 12，字体颜色为蓝色，如图 13.27 所示。

步骤 3 选择 A2:J2 单元格区域（各列标题），设置字体颜色为黑色。

2. 设置对齐方式

通常情况下，输入到单元格中的文本为左对齐，数字为右对齐，逻辑值和错误值为居中

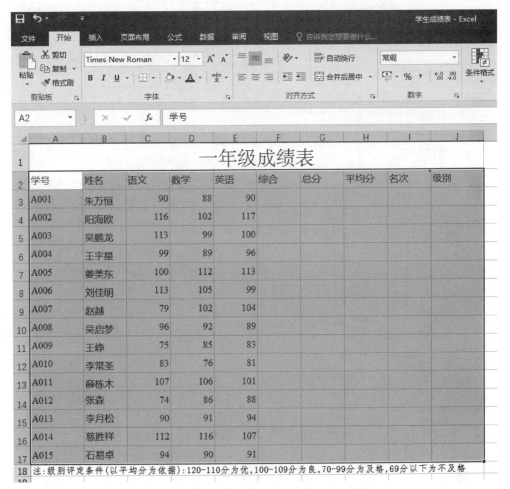

图 13.27 设置 A2:J17 单元格区域的字符格式

对齐。我们可以通过设置单元格的对齐方式，使整个表格看起来更整齐。

要设置单元格内容的对齐方式，可在选中单元格或单元格区域后直接单击"开始"选项卡"对齐方式"组中的相应按钮。

步骤 1 选中 A2:J2 单元格区域后，在"开始"→"对齐方式"组中单击"底端对齐"和"居中"按钮，使所选单元格中的数据在单元格中底端对齐，如图 13.28 所示。

步骤 2 选中 A3:J17 单元格区域后，在"开始"→"对齐方式"组中单击"居中"按钮，使所选单元格中的数据在单元格中居中对齐，如图 13.28 所示。

提示：也可单击"字体"组或"对齐方式"组右下角的对话框启动器按钮 ，在打开的"设置单元格格式"对话框中设置字符格式和对齐方式等。

3. 设置数字格式

Excel 提供了多种数字格式，如数值格式、货币格式、日期格式、百分比格式、会计专用格式等，灵活地利用这些数字格式，可使制作的表格更加专业和规范。操作步骤如下：

步骤 1 选择要设置格式的单元格区域，如选择学生成绩表的 H3:H17 单元格区域，然后单击"开始"选项卡"数字"组右下角的对话框启动器按钮 ，如图 13.29 所示。

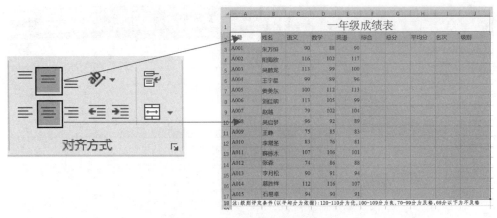

图 13.28　设置单元格内容的对齐

图 13.29　使用对话框设置数字格式

步骤 2　弹出"设置单元格格式"对话框的"数字"选项卡，在"分类"列表中选择数字类型，如"数值"，在右侧设置相关格式，如小数位数等，单击"确定"按钮，如图 13.30 所示。由于本例还没有在"平均分"列中计算出数据，因此暂时还看不到设置效果。

用户也可直接在功能区"开始"→"数字"组的"数字格式"下拉列表中选择数字类型，以及单击相关按钮来设置数字格式，如图 13.30 所示。

4．设置边框和底纹

在 Excel 工作表中，虽然从屏幕上看每个单元格都带有浅灰色的边框线，但是实际打印时不会出现任何线条。为了使表格中的内容更为清晰明了，可以为表格添加边框。此外，通过为某些单元格添加底纹，可以衬托或强调这些单元格中的数据，同时使表格显得更美观。

步骤 1 选定要添加边框的 A1:17 单元格区域，然后单击"开始"→"字体"组右下角的对话框启动器按钮，打开"设置单元格格式"对话框。

步骤 2 在"边框"→"样式"列表框中选择一种线条样式，在"颜色"下拉列表框中选择红色，然后单击"外边框"按钮，为表格添加外边框，如图 13.31 所示。

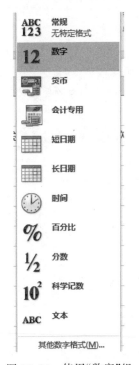

图 13.30 使用"数字"组设置数字格式

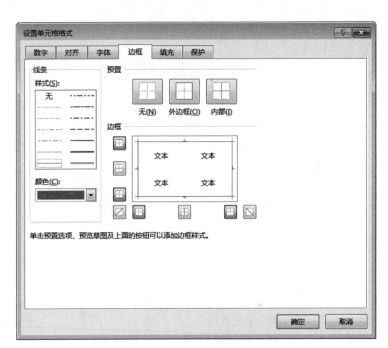

图 13.31 为表格设置外边框

步骤 3 选择一种细线条样式，然后单击"内部"按钮，为表格添加内边框，如图 13.32 所示，最后单击"确定"按钮。

提示：单击"开始"选项卡"字体"组中"边框"按钮右侧的三角按钮，在展开的列表中选择相应选项，可为选中的单元格区域指定系统预设的简单边框线。

步骤 4 同时选中 A2:J2，以及 A3:B17 单元格区域，然后单击"开始"选项卡"字体"组中"填充颜色"按钮右侧的三角按钮，在展开的列表中选择"浅绿"，如图 13.33 所示。添加边框和底纹后的工作表效果如图 13.34 所示。

提示：利用"设置单元格格式"对话框的"填充"选项卡可为所选单元格区域设置更多的底纹效果，如渐变背景、图案背景等。

5. 设置条件格式

在 Excel 中应用条件格式，可以让满足特定条件的单元格以醒目方式突出显示，便于对工作表数据进行更好的比较和分析。

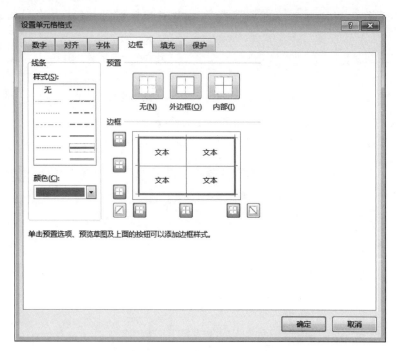

图 13.32　为表格设置内边框

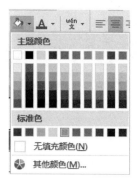

图 13.33　为所选单元格填充底纹

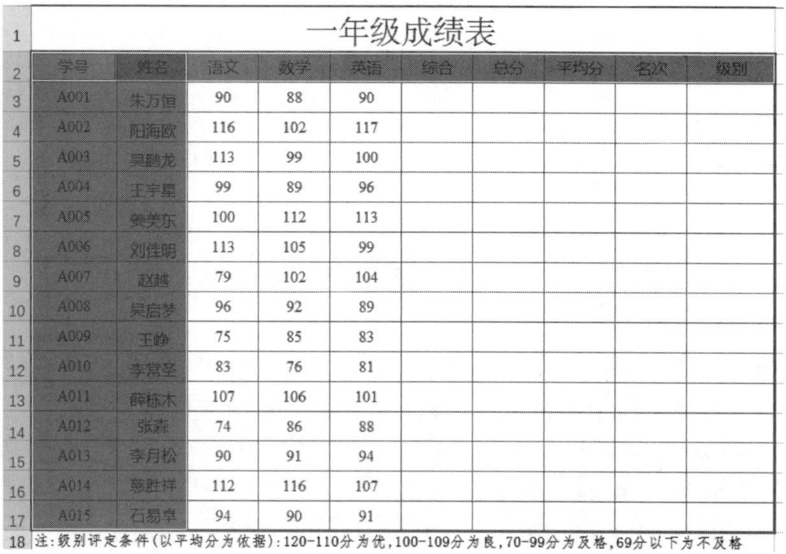

图 13.34　添加边框和底纹后的效果

步骤 1　选择要添加条件格式的单元格区域，本例选择 C3:E17 单元格区域。

步骤 2　单击"开始"→"样式"组中的"条件格式"按钮，在展开的列表中选择"突出显示单元格规则"，再在展开的子列表中选择一种具体的条件，如"大于"选项，如图 13.35 所示。

图 13.35　选择"大于"选项

步骤 3　弹出"大于"对话框,参照图 13.36 所示设置"大于"对话框中的参数。

图 13.36　设置条件格式

步骤 4　单击"确定"按钮。此时,各成绩大于 110 的单元格,背景为浅红色,字体颜色为深红色,如图 13.37 所示。最后将工作簿另存为"学生成绩表(格式)"。

		一年级成绩表					
	学号	姓名	语文	数学	英语	综合	总分	平均分
	A001	朱万恒	90	88	90			
	A002	阳海欧	116	102	117			
	A003	吴鹏龙	113	99	100			
	A004	王宇星	99	89	96			
	A005	姜美东	100	112	113			
	A006	刘佳明	113	105	99			
	A007	赵越	79	102	104			
	A008	吴启梦	96	92	89			
	A009	王峥	75	85	83			
	A010	李常圣	83	76	81			
	A011	薛栋木	107	106	101			
	A012	张淼	74	86	88			
	A013	李月松	90	91	94			
	A014	慈胜祥	112	116	107			
	A015	石易卓	94	90	91			

注:级别评定条件(以平均分为依据):120-110分为优,100-109分为良,70-99分为及格,6…

图 13.37　设置条件格式后的效果

从图 13.36 可以看出，Excel 2016 提供了 5 种条件规则，各规则的意义如下：
- 突出显示单元格规则：突出显示所选单元格区域中符合特定条件的单元格。
- 项目选取规则：其作用与突出显示单元格规则相同，只是设置条件的方式不同。
- 数据条、色阶和图标集：使用数据条、色阶（颜色的种类或深浅）和图标来标识各单元格中数据值的大小，从而方便查看和比较数据，设置时，只需在相应的子列表中选择需要的图标即可。

提示：用户可对已应用的条件格式进行修改，方法是在"条件格式"按钮列表中选择"管理规则"选项，打开"条件格式规则管理器"对话框，在"显示其格式规则"下拉列表中选择"当前工作表"项，此时对话框下方将显示当前工作表中设置的所有条件格式规则，在其中修改条件格式并确定即可。

当不需要应用条件格式时，可以将其删除，方法是在"条件格式"按钮列表中选择"清除规则"选项中相应的子项。

6. 自动套用格式

除了利用前面介绍的方法美化表格外，Excel 2016 还提供了许多内置的单元格样式和表样式，利用它们可以快速对表格进行美化。

应用单元格样式：选中要套用单元格样式的单元格区域，单击"开始"选项卡"样式"组中的"其他"按钮，在展开的列表中选择要应用的样式，如图 13.38 所示。

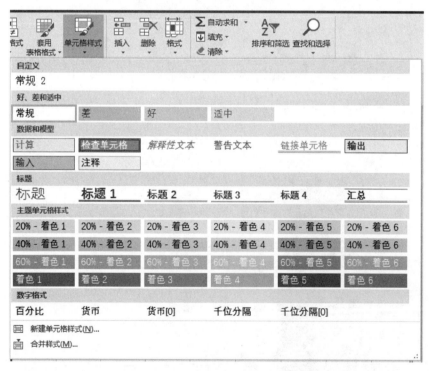

图 13.38　系统内置单元格样式列表

应用表样式：选中要应用表样式的单元格区域，单击"开始"→"样式"组中的"套用表格格式"按钮，在展开的列表自动套用格式中单击要使用的表格样式，如图 13.39 所示，再在打开的"套用表格式"对话框中单击"确定"按钮。

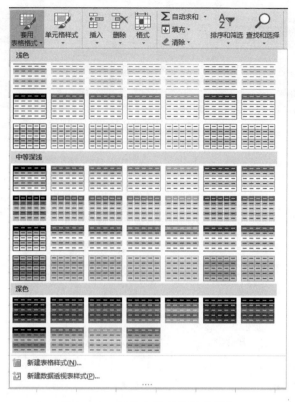

图 13.39　系统内置表格样式列表

习　　题

1. 设置单元格内容的字符格式和对齐方式有哪两种方法？如果要将单元格内容设为自动换行，该如何操作？
2. 如果要将单元格内容的数字格式设为数值、2 位小数点，可通过哪两种方法实现？如果要将单元格内容的数值格式设置为货币，又该如何操作？
3. 如何快速设置单元格的边框和底纹？
4. 如何为单元格区域设置条件格式？

13.3　编辑和保护职称统计表

13.3.1　情景引入

小郭利用 Excel 2016 制作了公司两个部门员工的职称统计表，然后交给领导查看。领导要求他将另一个部门的职称情况也统计一下，并将各工作表重命名，方便区分。此外，为了保护工作表中的数据，领导还要求他将 A 教研组工作表隐藏，并对 B 教研组工作表和 C 教研组中的"学位"列数据进行保护操作，效果如图 13.40 所示。

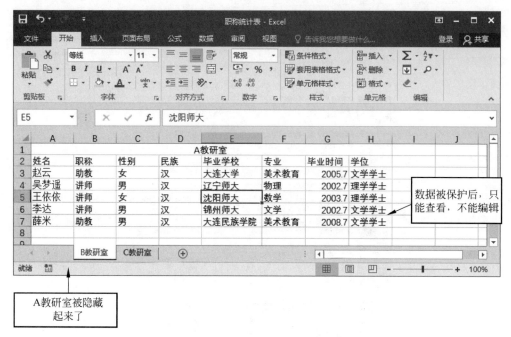

图 13.40　编辑和保护工作表效果

13.3.2　知识链接

- 编辑工作表：在 Excel 中，一个工作簿可以包含多张工作表，我们可以根据需要对工作表进行添加、删除、移动、复制和重命名等操作。
- 保护工作表：为了防止重要数据被他人查看、修改或删除，我们可以利用 Excel 提供的保护功能，对工作簿、工作表或单元格设置保护措施。

13.3.3　任务实施

1. 编辑工作表

选择、插入、重命名、移动和复制工作表的操作步骤如下：

步骤 1　打开职称统计表，要选择单个工作表，直接单击程序窗口左下角的工作表标签即可；要选择多个连续工作表，可在按住 Shift 键的同时单击要选择的工作表标签，如图 13.41 所示；要选择不相邻的多个工作表，可在按住 Ctrl 键的同时单击要选择的工作表标签。

提示：选择多个工作表后，所选工作表将变为工作表组，在工作表组中输入数据及设置格式等操作将应用于工作表组中的每个工作表。

步骤 2　默认情况下，新工作簿只包含 1 个工作表，若工作表不能满足需要，可单击工作表标签右侧的"插入工作表"按钮 ⊕，在所选工作表的右侧插入一个新工作表。

步骤 3　若要在某一个工作表之前插入新工作表，可在选中该工作表后单击功能区"开始"→"单元格"组中的"插入"按钮，在展开的列表中选择"插入工作表"选项，如图 13.41 所示。

步骤 4　我们可以为工作表取一个与其保存的内容相关的名字，从而方便区分工作表。

要重命名工作表,可双击工作表标签以进入其编辑状态,然后输入工作表名称,再单击除该标签以外工作表的任意处或按 Enter 键即可,如图 13.42 所示。用同样的方法重命名另一个工作表为"C 教研室"。

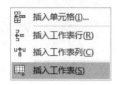

图 13.41　选择"插入工作表"选项

图 13.42　重命名工作表

步骤 5　要在同一工作簿中移动工作表,可单击要移动的工作表标签,然后按住鼠标左键不放,将其拖到所需位置即可。若在拖动的过程中按住 Ctrl 键,则为复制工作表操作,源工作表依然保留。将复制过来的工作表重命名为"C 教研室"。

提示：对工作表进行的大部分操作,包括插入、重命名、移动、复制和删除等,都可通过右击要操作的工作表标签,在弹出的快捷菜单中选择相应的选项来实现。

步骤 6　若要在不同的工作簿之间移动或复制工作表,可选中要移动或复制的工作表,然后单击功能区"开始"→"单元格"组中的"格式"按钮,在展开的列表中选择"移动或复制工作表"选项,打开"移动或复制工作表"对话框,如图 13.43 所示。

图 13.43　"移动或复制工作表"对话框

步骤 7　在"将选定工作表移至工作簿"下拉列表中选择目标工作簿(需要将该工作簿打开),在"下列选定工作表之前"列表中设置工作表移动的目标位置,然后单击"确定"按钮,即可将所选工作表移动到目标工作簿的指定位置;若选中对话框中的"建立副本"复选框,则为复制工作表。

步骤 8　对于没用的工作表可以将其删除,方法是单击要删除的工作表标签,单击功能区"开始"→"单元格"→"删除"按钮,在展开的列表中选择"删除工作表"选项;如果工作表中有数据,将弹出一个提示对话框,单击"删除"按钮即可。

2. 隐藏与显示工作表

隐藏工作表的目的是避免对工作表数据执行误操作，或防止他人查看工作表中的重要数据和公式。当隐藏工作表时，数据虽然从视图中消失，但并没有从工作簿中删除。

步骤 1 选中要隐藏的工作表"B 教研室"。

步骤 2 单击"开始"→"单元格"→"格式"按钮，从展开的列表中选择"隐藏和取消隐藏"→"隐藏工作表"，或在右键菜单中选择"隐藏"选项，即可看到所选工作表从视图中消失，如图 13.44 所示。

图 13.44 隐藏工作表

步骤 3 要显示被隐藏的工作表，可在"格式"下拉列表中选择"隐藏和取消隐藏"→"取消隐藏工作表"项，打开"取消隐藏"对话框，在"取消隐藏工作表"列表框中选择要显示的工作表，单击"确定"按钮，如图 13.45 所示。

图 13.45 "取消隐藏"对话框

3. 保护工作表数据

工作簿制作好后，用户可以通过设置密码的方式，对其结构进行保护，还可对整个工作表或工作表中的部分单元格进行保护，以防止他人进行修改。

（1）保护工作簿。

步骤 1 选中要进行保护的工作簿，单击"审阅"→"保护"组中的"保护工作簿"按钮，如图 13.46 所示。

步骤 2 在打开的对话框中选中"结构"复选框，然后在"密码"编辑框中输入保护密码并单击"确定"按钮，如图 13.47 所示，再在打开的对话框中输入同样的密码并确定。

图 13.46　单击"保护工作簿"按钮　　　　图 13.47　保护工作簿

步骤 3　对工作簿执行保存操作后,删除、移动、复制、重命名、隐藏工作表或插入新的工作表等操作均无效(但允许对工作表内的数据进行操作)。

步骤 4　要撤销工作簿的保护,可单击"审阅"→"保护"组中的"保护工作簿"按钮,在打开的对话框中输入保护工作簿时设置的密码,即可撤销工作簿的保护。

(2)保护工作表。

保护工作簿只能防止工作簿的结构不被修改,如果要使工作表中的数据不被别人修改,还需对工作表进行保护,操作步骤如下:

步骤 1　在工作簿中选择要进行保护的工作表"B 教研室",然后单击"审阅"选项卡"保护"组中的"保护工作表"按钮,或在右键菜单中选择"保护工作表"选项,打开"保护工作表"对话框,如图 13.48 所示。

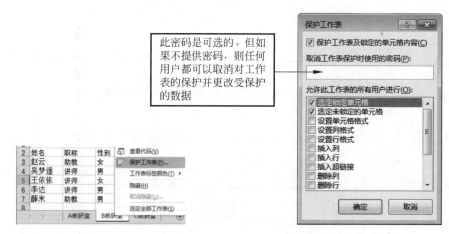

图 13.48　打开"保护工作表"对话框

步骤 2　在"取消工作表保护时使用的密码"编辑框中输入密码;在"允许此工作表的所有用户进行"列表框中选择允许操作的选项,然后单击"确定"按钮,并在随后打开的对话框中输入同样的密码后单击"确定"按钮。

步骤 3　此时,工作表中的所有单元格都被保护起来,不能进行在"保护工作表"对话框中没有选择的操作。如果试图进行这些操作,系统会弹出提示对话框,提示用户该工作表是受保护。

步骤 4　要撤销工作表的保护,只需单击"审阅"选项卡"保护"组中的"撤销工作表保护"按钮。若设置了密码保护,此时会打开"撤销工作表保护"对话框,输入保护时的密码,方可撤销工作表的保护。

(3) 保护单元格。

我们也可以只对工作表中的部分单元格实施保护,其他部分可以编辑修改,方法如下:

步骤 1　在"C 教研室"工作表中选中不需要保护的单元格区域,如 A2:H7 单元格区域,然后在"设置单元格格式"对话框的"保护"选项卡取消"锁定"复选框,如图 13.49 所示。

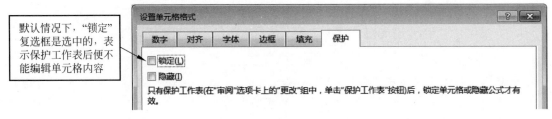

图 13.49　清除"锁定"复选框

步骤 2　打开"保护工作表"对话框,设置保护密码,取消"选定锁定单元格"复选框,然后单击"确定"按钮,在打开的对话框中输入密码并确定。此时,在工作表中只能编辑前面指定的单元格区域,不能编辑其他单元格区域。

习　　题

1. 如果两个工作表的结构和数据基本相同,要快速制作这两个工作表,可使用哪些方法?
2. 如何让别人无法撤销工作表的隐藏?

13.4　计算学生成绩表数据

13.4.1　情景引入

Excel 强大的计算功能主要依赖于其公式和函数,利用它们可以对表格中的数据进行各种计算和处理。下面,我们与吴老师和小郭一起,利用公式和函数快速计算出学生成绩表中每个学生的总成绩和平均分,并根据总成绩由高分到低分排出名次,如图 13.50 所示。

13.4.2　知识链接

1. 认识公式和函数

公式由运算符和参与运算的操作数组成。运算符可以是算术运算符、比较运算符、文本运算符和引用运算符;操作数可以是常量、单元格引用和函数等。要输入公式必须先输入"=",然后在其后输入运算符和操作数,否则 Excel 会将输入的内容作为文本型数据处理。图 13.51 所示分别是在某个单元格中输入的未使用函数和使用函数的公式。

图 13.51(a)所示公式的意义是:求 A2 单元格与 B5 单元格之积再除以 B6 单元格后加 100 的值;图 13.51(b)所示公式的意义是:使用函数 AVERAGE 求 A2:B7 单元格区域的平均

	A	B	C	D	E	F	G	H	I	J
1	一年级成绩表									
2	学号	姓名	平时成绩	期中成绩	期末成绩	总分	平均分	学期成绩	班级名次	期末总评
3	C121401	宋子丹	85	88	90	263	88	87.90	11	良好
4	C121402	郑菁华	116	102	117	335	112	112.20	1	优秀
5	C121403	张雄杰	113	99	100	312	104	103.60	5	优秀
6	C121404	江晓勇	99	89	96	284	95	94.80	7	良好
7	C121405	齐小娟	72	85	40	197	66	63.10	15	不及格
8	C121406	孙如红	113	105	99	317	106	105.00	3	优秀
9	C121407	甄士隐	79	102	104	285	95	95.90	6	良好
10	C121408	周梦飞	96	92	89	277	92	92.00	8	良好
11	C121409	杜春兰	75	85	83	243	81	81.20	13	及格
12	C121410	苏国强	83	76	81	240	80	80.10	14	及格
13	C121411	张杰	107	106	101	314	105	104.30	4	优秀
14	C121412	吉莉莉	74	86	88	248	83	83.20	12	及格
15	C121413	莫一明	90	91	94	275	92	91.90	9	良好
16	C121414	郭晶晶	112	116	107	335	112	111.20	2	优秀
17	C121415	侯登科	94	90	91	275	92	91.60	10	良好
18	注：总评条件（以学期成绩为依据）：102分以上优秀，84分以上良好，72分以上及格，否则不及格									

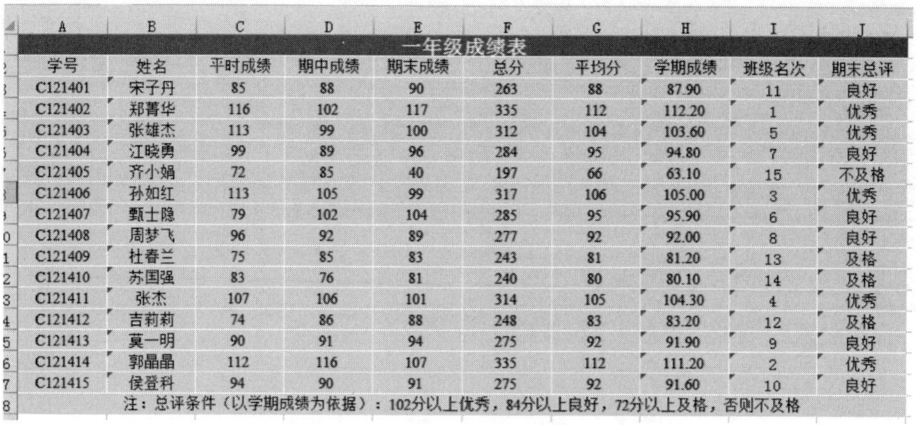

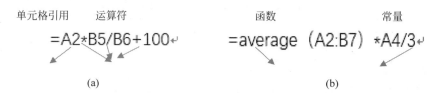

图 13.50　计算学生成绩表数据后的效果

单元格引用
运算符
=A2*B5/B6+100
函数
常量
=average（A2:B7）*A4/3

(a)　　　　(b)

图 13.51　公式组成元素

值，并将求出的平均值乘以 A4 单元格后再除以 3。计算结果将显示在输入公式的单元格中。

函数是预先定义好的表达式，它必须包含在公式中。每个函数都由函数名和参数组成，其中函数名表示将执行的操作（如求平均值函数 AVERAGE），参数表示函数将使用的值的单元格地址，通常是一个单元格区域，也可以是更为复杂的内容。在公式中合理地使用函数，可以完成诸如求和、求平均值、逻辑判断等数据处理操作。

2. 公式中的运算符

运算符是用来对公式中的元素进行运算而规定的特殊符号。Excel 包含 4 种类型的运算符：文本运算符、算术运算符、比较运算符和引用运算符。

（1）文本运算符。

使用文本运算符“&”（与号）可将两个或多个文本值串起来产生一个连续的文本值。例如：输入“祝你”&“快乐、开心！”会生成“祝你快乐、开心！”。

（2）算术运算符。

算术运算符如表 13.1 所示，其作用是完成基本的数学运算，并产生数字结果。

表 13.1　算术运算符及其含义

算术运算符	含　义	实　例
+（加号）	加法	A1+A2
-（减号）	减法或负数	A1-A2
*（星号）	乘法	A1 * 2
/（正斜杠）	除法	A1/3
%（百分号）	百分比	50%
^（脱字号）	乘方	2^3

(3) 比较运算符。

比较运算符如表 13.2 所示。它们的作用是比较两个值,并得出一个逻辑值,即"TRUE"(真)或"FALSE"(假)。

表 13.2 比较运算符及其含义

比较运算符	含 义	比较运算符	含 义
>(大于)	大于	>=(大于等于号)	大于等于
<(小于)	小于	<=(小于等于号)	小于等于
=(等于)	等于	<>(不等于号)	不等于

(4) 引用运算符。

引用运算符如表 13.3 所示。它们的作用是对单元格区域中的数据进行合并计算。

表 13.3 引用运算符及其含义

引用运算符	含 义	实 例
:(冒号)	区域运算符,用于引用单元格区域	B5:D5
,(逗号)	联合运算符,用于引用多个单元格区域	B5:D15,F5:H15
(空格)	交叉运算符,用于引用两个单元格区域的交叉部分	B7:D7 C6:C8

3. 单元格引用

单元格引用用来指明公式中所使用的数据的位置,它可以是一个单元格地址,也可以是单元格区域。通过单元格引用,可以在一个公式中使用工作表不同部分的数据,或者在多个公式中使用一个单元格中的数据;还可以引用同一个工作簿的不同工作表中的数据。当公式中引用的单元格数值发生变化时,公式的计算结果也会自动更新。

(1) 相同或不同工作簿、工作表中的引用。

对于同一工作表中的单元格引用,直接输入单元格或单元格区域地址即可。

在当前工作表中引用同一工作簿、不同工作表中的单元格的表示方法为:

工作表名称!单元格或单元格区域地址

例如,sheet2! F8:F16,表示引用 sheet2 工作表、F8:F16 单元格区域中的数据。

在当前工作表中引用不同工作簿中的单元格的表示方法为

[工作簿名称.xlsx]工作表名称!单元格(或单元格区域)地址

当引用某个单元格区域时,应先输入单元格区域起始位置的单元格地址,然后输入引用运算符,再输入单元格区域结束位置的单元格地址。

(2) 相对引用、绝对引用和混合引用。

公式中的引用分为相对引用、绝对引用和混合引用,下面分别说明。

- 相对引用:Excel 默认的单元格引用方式。它直接用单元格的列标和行号表示单元格,如 B5;或用引用运算符表示单元格区域,如 B5:D15。在移动或复制公式时,系统会根据移动的位置自动调整公式中相对引用的单元格地址。
- 绝对引用:指在单元格的列标和行号前面都加上"$"符号,如$B$5。不论将公式复制或移动到什么位置,绝对引用的单元格地址都不会改变。
- 混合引用:指引用中既包含绝对引用又包含相对引用,如 A$1 或$A1 等,用于表示列变行不变或列不变行变的引用。

4. Excel 中的常用函数

Excel 提供了大量的函数,表 13.4 列出了常用的函数类型和使用范例。

表 13.4 常用的函数类型和使用范例

函数类型	函 数	使用范围
常用	SUM(求和)、AVERAGE(求平均值)、MAX(求最大值)、COUNT(计数)等	=AVERAGE(F2:F7) 表示求 F2:F7 单元格区域中数字的平均值
日期与时间	DATA(日期)、TIME(时间)、HOUR(小时数)、TODAY(系统的今天日期)	=DATA(C2,D2,E2) 表示返回 C2,D2,E2 所代表的日期
数学与三角	ABS(求绝对值)、INT(求整数)、LOG(求对数)	=ABS(E4)表示得到 E4 单元格中数值的绝对值,即不带负号的绝对值
统计	AVERAGE(求平均值)、RANK(求大小排名)、COUNTIF(统计单元格区域中符合指定条件的单元格数)	=COUNTIF(H3:H13,">=12") 表示求 H3:H13 单元格中数据大于等于 120 的单元格数
逻辑	AND(与)、OR(或)、FALSE(假)、TRUE(真)、IF(如果)、NOT(非)	=IF(A3)=B5,A3*2,A3/B5) 表示使用条件测试 A3 是否大于等于 B5,条件结果为真或假
文本	MID(截取字符串)、LEFT(从左开始截取字符串)	=MID(B5,2,3) 表示从 B5 单元格的字符串中,第 2 位开始,截取连续的 3 位字符串
查找与引用	VLOOKUP(按列查找)	=VLOOKUP(B5,表 1,2,0)表示以 B5 单元格为关键字,查找表 1 中第 2 列满足条件的数值,0 为返回精确匹配

13.4.3 任务实施

1. 使用公式计算总分

下面使用公式计算学生各科总分,操作步骤如下:

步骤 1 打开设置格式后的"学生成绩表"工作簿。

步骤 2 单击要输入公式的 G3 单元格,然后输入等号"=",如图 13.52 所示。

步骤 3 输入要参与运算的单元格和运算符 c3+d3+e3+f3,如图 13.53 所示。也可以直接单击要参与运算的单元格,将其添加到公式中。

图 13.52 输入等号

图 13.53 输入公式

步骤 4 按 Enter 键或单击编辑栏中的"输入"按钮 ✓ 结束公式编辑,得到计算结果,即第一个学生的总分,如图 13.54 所示。

步骤 5 选中含有公式的单元格,然后将鼠标指针移动到该单元格右下角的填充柄处,

图 13.54　计算出第一个学生的总分

此时鼠标指针由空心变成实心的十字形,按住鼠标左键向下拖动,至目标位置后释放鼠标,将求和公式复制到同列的其他单元格中,计算出其他学生的总分。

提示：创建公式后,若需要修改公式,可双击包含公式的单元格,然后修改公式中引用的单元格地址或运算符等。此外,也可以单击包含公式的单元格,然后通过编辑栏修改公式。除了利用拖动填充柄方式复制公式外,也可利用复制、剪切和粘贴命令等方式来复制和移动公式。

2. 使用函数计算平均分

下面,使用"自动求和"下拉列表中的"平均值"选项,快速输入求平均值函数来计算学生成绩表中的平均分,操作步骤如下：

步骤 1　单击 H3 单元格,然后单击"开始"→"编辑"→"自动求和"按钮右侧的三角按钮,在展开的列表中选择"平均值"选项,如图 13.55 所示。

步骤 2　在所选单元格中显示输入的函数,并自动选择了求平均值的单元格区域,这里拖动鼠标重新选择需要引用的 C3:F3 单元格区域,如图 13.56 所示。

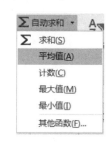

图 13.55　选择"平均值"选项

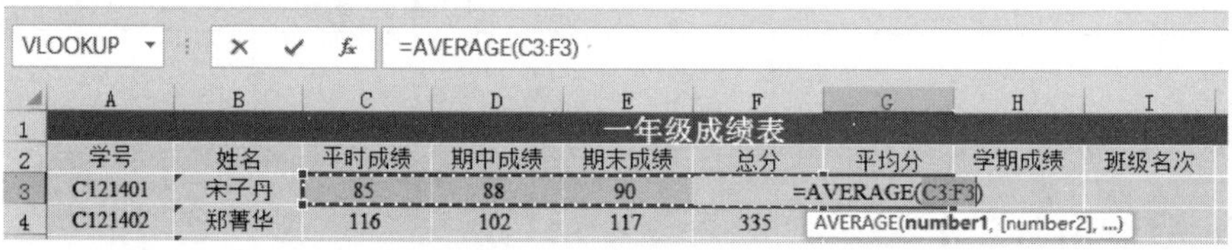

图 13.56　选择要计算平均值的单元区域

提示：利用"自动求和"列表中的"求和"函数(函数名为 SUM),可以求所引用的单元格区域中的数据之和。求和(SUM)、计数(COUNT)、最大值(MAX)和最小值(MIN)函数的用法与求平均值函数(AVERAGE)相同。

步骤 3　按 Enter 键求出 C3:F3 单元格区域数据的平均值,即求出第一个学生各科成绩的平均分,如图 13.57 所示,然后选中 H3 单元格,拖动其右下角的填充柄到单元格 H13,计算出其他学生的平均分,效果如图 13.58 所示。

3. 使用函数计算排名

除了前面介绍的输入函数的方法外,也可以使用函数向导来输入函数。下面使用 RANK.EQ 函数根据总分计算每个学生的名次。该函数的作用是返回一个数字在数字列表中的排位。操作步骤如下：

步骤 1　单击"班级名次"列中的 I3 单元格,然后单击编辑栏左侧的"插入函数"按钮,打开"插入函数"对话框,选择"统计"类别,然后选择 RANK.EQ 函数,如图 13.59 所示。

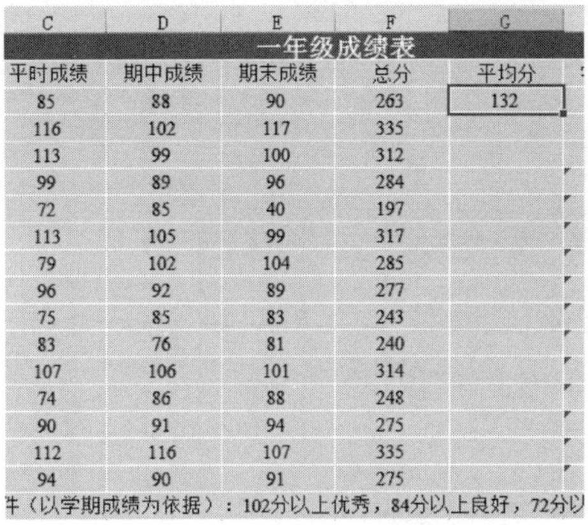

图 13.57　计算出第一个学生的平均分　　　图 13.58　复制公式计算其他学生的平均分

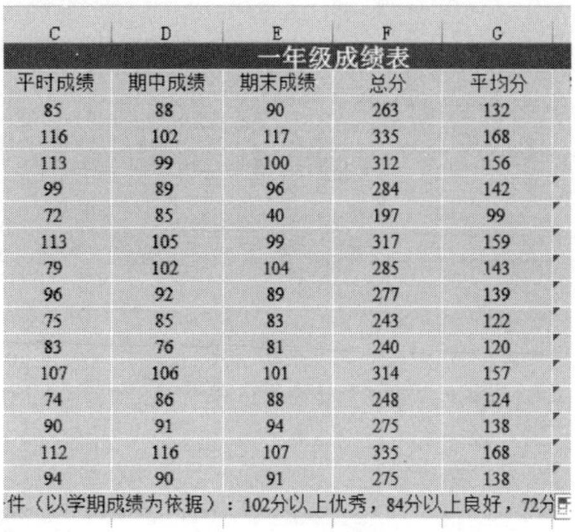

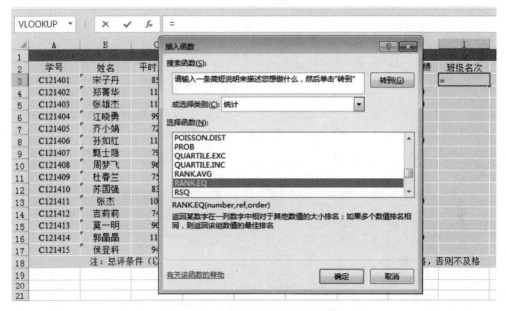

图 13.59　选择 RANK.EQ 函数

提示：RANK.EQ 函数的语法为：RANK.EQ(Number,Ref,Order)。其中：
Number：要进行排位的数字。
Ref：参与排位的数字列表或单元格区域。Ref 中的非数值型数据将被忽略。
Order：设置数字列表中数字的排位方式。若 Order 为 0（零）或省略，系统将基于 Ref 按降序对数字进行排位；若 Order 不为 0，系统将基于 Ref 按升序对数字进行排位。
函数 RANK.EQ 对重复数的排位相同，但重复数的存在将影响后续数值的排位。

步骤 2　单击"确定"按钮，打开"函数参数"对话框，单击第一个参数右侧的按钮，打开压缩的"函数参数"对话框，然后在工作表中选择要进行排位的 G3 单元格，选择单元格后单击按钮，重新展开"函数参数"对话框。

步骤 3　单击第 2 个参数右侧的按钮，然后在工作表中拖动鼠标选择参与排位的 G3：

G17 单元格区域,然后重新展开"函数参数"对话框。

步骤 4 在"函数参数"对话框引用的单元格区域的行号和列标前均加上"$"符号(在行号和列标前加"$"符号,表示使用绝对单元格地址,这样可以保证后面复制排序公式时,公式内容不变,从而使返回的排名准确),如图 13.60 所示。

图 13.60 使用 RANK.EQ 函数

步骤 5 单击"确定"按钮,计算出第一个学生的排名名次,即 G3 单元格在 G3:G13 单元格区域中的排名。拖动单元格 I3 的填充柄到单元格 I3,计算出其他学生的名次,结果如图 13.61 所示。

	A	B	C	D	E	F	G	H	I	J
1					一年级成绩表					
2	学号	姓名	平时成绩	期中成绩	期末成绩	总分	平均分	学期成绩	班级名次	期末总评
3	C121401	宋子丹	85	88	90	263	132	87.90	11	
4	C121402	郑菁华	116	102	117	335	168	112.20	1	
5	C121403	张雄杰	113	99	100	312	156	103.60	5	
6	C121404	江晓勇	99	89	96	284	142	94.80	7	
7	C121405	齐小娟	72	85	40	197	99	63.10	15	
8	C121406	孙如红	113	105	99	317	159	105.00	3	
9	C121407	甄士隐	79	102	104	285	143	95.90	6	
10	C121408	周梦飞	96	92	89	277	139	92.00	8	
11	C121409	杜春兰	75	85	83	243	122	81.20	13	
12	C121410	苏国强	83	76	81	240	120	80.10	14	
13	C121411	张杰	107	106	101	314	157	104.30	4	
14	C121412	吉莉莉	74	86	88	248	124	83.20	12	
15	C121413	莫一明	90	91	94	275	138	91.90	9	
16	C121414	郭晶晶	112	116	107	335	168	111.20	1	
17	C121415	侯登科	94	90	91	275	138	91.60	9	
18		注:总评条件(以学期成绩为依据):102分以上优秀,84分以上良好,72分以上及格,否则不及格								

图 13.61 复制公式计算其他学生的名次

提示:也可以使用"公式"选项卡"函数库"组中的按钮来输入函数,方法是单击相应函数类型下方的三角按钮,从展开的列表中选择要插入的函数,如图 13.62 所示。

此外,还可手工输入函数,方法是首先在单元格中输入"="号,即进入公式编辑状态,然后输入函数名称,再紧跟着输入一对括号,括号内为一个或多个参数(如单元格引用),参数之间要用逗号来分隔。

4. 使用函数判断级别

下面根据注释内容,利用函数判断学生成绩表中的成绩级别。IF 函数的作用是执行真

图 13.62 "公式"选项卡

假值判断,根据逻辑计算的真假值返回不同结果。操作步骤如下:

步骤 1 在 J3 单元格根据注释内容输入公式"=IF(H3>=102,"优秀",IF(H3>=84,"良好",IF(H3>=72,"及格","不及格")))",如图 13.63 所示。

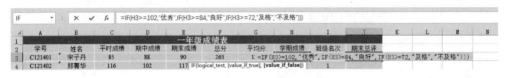

图 13.63 使用 IF 函数计算等级

提示:IF 函数的语法格式为:IF(logical_ test,value if true,value if false)。其中:
Logical_test:表示要选取的条件,可以为任意值或表达式。
Value_ if _true:表示条件为真时返回的值。
value_if _false:表示条件为假时返回的值。

步骤 2 向下拖动 J3 单元格的填充柄到 J17 单元格后释放鼠标,依据学期成绩判断出所有学生的成绩级别。至此,就完成了学生成绩表的计算。

习 题

1. Excel 的公式由哪几部分组成?
2. 在 Excel 中有哪几种输入公式的方法?
3. 上述成绩表中,如果要统计参与考试的学生人数,应使用什么函数?假设学期成绩大于等于 72 分为合格,可使用什么函数统计合格人数?如何计算合格率?

13.5 管理图书销售表数据

13.5.1 情景引入

小李在书城工作,他的上级让他统计一下一月份各图书的销售情况,包括筛选出销售额大于 1000 元的图书,以及分类汇总各书店的销售额等。

13.5.2 知识链接

除了可以利用公式和函数对工作表数据进行计算和处理外,还可以利用 Excel 提供的数据排序、筛选、分类汇总等功能来管理和分析工作表中的数据。

- 数据排序：Excel 可以对整个数据表或选定的单元格区域中的数据按文本、数字或日期和时间等进行升序或降序排序。
- 数据筛选：使用筛选可使数据表中仅显示那些满足条件的行，不符合条件的行将被隐藏。Excel 提供了两种筛选命令——自动筛选和高级筛选。无论使用哪种方式，要进行筛选操作，数据表中必须有列标签。
- 分类汇总：分类汇总是把数据表中的数据分门别类地进行统计处理，不需建立公式，Excel 会自动对各类别的数据进行求和、求平均值等多种计算。

13.5.3 任务实施

1. 数据排序

步骤 1 打开"图书销售"工作簿。

步骤 2 在 Excel 中，如果只是根据某列数据对工作表数据进行排序，可选中该列中的任意单元格，如"销量(本)"列，然后单击"数据"选项卡"排序和筛选"组中的"升序"按钮或"降序"按钮，如图 13.64 所示。

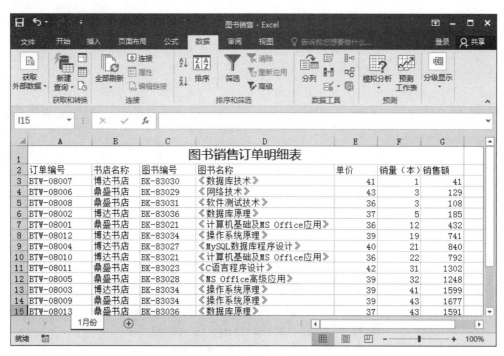

图 13.64 对"销量"列进行升序排序

步骤 3 若要根据多列数据(多关键字)对工作表中的数据进行排序，如对图书名称进行升序、销售数量进行降序排序，可在数据区域的任意单元格中单击，然后单击"数据"选项卡"排序和筛选"组中的"排序"按钮，打开"排序"对话框，在其中选择主要关键字"图书名称"，并选择排序依据和排序次序。

步骤 4 单击对话框中的"添加条件"按钮，添加一个次要条件，并参照图 13.65 所示，设置次要关键字的条件。

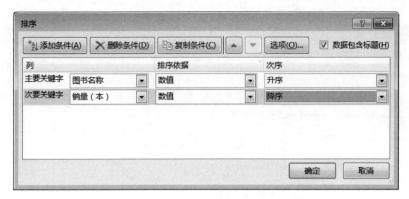

图 13.65　设置关键字

步骤 5　如果需要的话，可参照步骤 2 所述操作，为排序添加多个次要关键字，然后单击“确定”按钮进行排序。此时，系统先按照主要关键字条件对工作表中的数据进行排序；若主要关键字数据相同，则将数据相同的行按照次要关键字进行排序，如图 13.66 所示。最后将工作簿另存为“图书销售表(数据排序)”。

	A	B	C	D	E	F	G
1	图书销售订单明细表						
2	订单编号	书店名称	图书编号	图书名称	单价	销量（本）	销售额
3	BTW-08011	鼎盛书店	BK-83023	《C语言程序设计》	42	31	1302
4	BTW-08005	鼎盛书店	BK-83028	《MS Office高级应用》	39	32	1248
5	BTW-08004	博达书店	BK-83027	《MySQL数据库程序设计》	40	21	840
6	BTW-08009	鼎盛书店	BK-83034	《操作系统原理》	39	43	1677
7	BTW-08003	博达书店	BK-83034	《操作系统原理》	39	41	1599
8	BTW-08012	博达书店	BK-83034	《操作系统原理》	39	19	741
9	BTW-08010	博达书店	BK-83021	《计算机基础及MS Office应用》	36	22	792
10	BTW-08001	鼎盛书店	BK-83021	《计算机基础及MS Office应用》	36	12	432
11	BTW-08008	鼎盛书店	BK-83031	《软件测试技术》	36	3	108
12	BTW-08007	博达书店	BK-83030	《数据库技术》	41	1	41
13	BTW-08013	鼎盛书店	BK-83036	《数据库原理》	37	43	1591
14	BTW-08002	博达书店	BK-83036	《数据库原理》	37	5	185
15	BTW-08006	鼎盛书店	BK-83029	《网络技术》	43	3	129

1月份　就绪　100%

图 13.66　多关键字排序结果

提示：*需要注意的是，在进行数据管理的数据表中必须有列标题。此外，数据表中最好不要包含合并单元格、多重列标题或不规则数据区域等。*

2. 数据筛选

使用 Excel 的数据筛选功能可使数据表中仅显示满足条件的记录，不符合条件的记录将被隐藏。在 Excel 2016 中可以使用两种方式筛选数据—自动筛选和高级筛选。

1) 自动筛选

自动筛选适用于简单条件的筛选。自动筛选有 3 种筛选类型：按列表值、按格式或按条件。这 3 种筛选类型是互斥的，用户只能选择其中的一种进行数据筛选。例如，要将“图书销售表”销售额大于 1000 的记录筛选出来，操作步骤如下：

步骤 1　打开“图书销售表”，单击有数据的任意单元格，或选中要参与数据筛选的 A15:F15 单元格区域，然后单击“数据”选项卡“排序和筛选”组中的“筛选”按钮，此时标题行单元格的右侧将出现三角筛选按钮，如图 13.67 所示。

图 13.67 启用自动筛选

步骤 2 单击"销售额"列标题右侧的三角筛选按钮 ▼，在展开的列表中选择"数字筛选"，在展开的子列表中选择一种筛选条件，如"大于或等于"选项，在打开的"自定义自动筛选方式"对话框中输入 1000，如图 13.68 所示。

图 13.68 按条件进行筛选

步骤 3 单击"确定"按钮，此时，销售额小于 1000 数据将被隐藏，如图 13.69 所示。最后将工作簿另存为"图书销售（自动筛选）"。

图 13.69 输入列标题和筛选条件

2）高级筛选

这种筛选方法用于通过复杂的条件来筛选满足条件的记录。使用时，首先在工作表中的指定区域创建筛选条件，然后选择参与筛选的数据区域和筛选条件以进行筛选。例如，要

将"图书销售表"中书店名称为鼎盛书店且销售额大于等于 1500 的记录筛选出来,步骤如下:

步骤 1 打开"图书销售表",在工作表的空白单元格中输入筛选条件的列标题和对应的值,然后单击数据区域中任一单元格,再单击"数据"选项卡"排序和筛选"组中的"高级"按钮,如图 13.70 所示,打开"高级筛选"对话框。

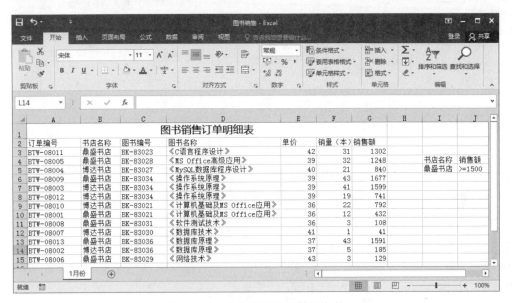

图 13.70 输入列标题和筛选条件

提示:条件区域与数据区域之间至少要有一个空列或空行,条件可以是两列或两列以上,也可以是单列中的多个条件。此外,筛选条件的列标题要和数据表中的列标题一致,当筛选条件的值位于一行时表示"且"的关系,位于不同行时表示"或"的关系。

步骤 2 在"高级筛选"对话框中确认"列表区域"(即数据区)中显示的单元格区域是否正确(若不正确,可单击其右侧的按钮,然后在工作表中重新选择要进行筛选操作的单元格区域),然后设置筛选结果的显示方式,如图 13.71 所示。

步骤 3 单击"条件区域"编辑框,然后在工作表中拖动鼠标选择步骤 1 设置的条件区域,松开鼠标,可在"条件区域"编辑框中看到选择的条件,如图 13.72 所示。

步骤 4 单击"复制到"编辑框,然后在工作表中单击某一单元格,将其设置为筛选结果放置区左上角的单元格,如图 13.73 所示。

步骤 5 单击"确定"按钮,系统将根据指定的条件对工作表进行筛选,并将筛选结果放置到指定区域,如图 13.74 所示。最后将工作簿另存为"图书销售表(高级筛选)"。

3)取消筛选

对于自动筛选,如果要取消对某列进行的筛选,可单击该列列标签单元格右侧的角按钮,在展开的列表中选中"全选"复选框,然后单击"确定"按钮;如果要删除数据表中的三角筛选按钮 ▼ ,可单击"数据"选项卡"排序和筛选"组中的"筛选"按钮。

要取消对所有列进行的筛选(包括将筛选结果放在原区域的高级筛选),可单击"数据"选项卡"排序和筛选"组中的"清除"按钮。

图 13.71 确认数据区域

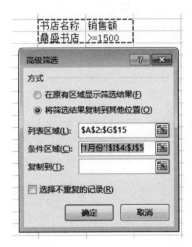

图 13.72 选择条件区域

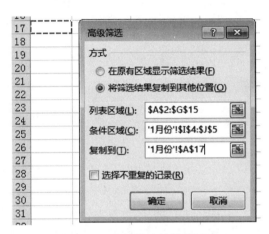

图 13.73 选择筛选结果放置区

图 13.74 高级筛选结果

3. 分类汇总

分类汇总有简单分类汇总和嵌套分类汇总之分,无论哪种汇总方式,进行分类汇总的数据表的第一行必须有列标签,而且在分类汇总前必须对作为分类字段的列进行排序。

1) 简单分类汇总

简单分类汇总是指以数据表中的某列作为分类字段进行汇总。下面在"图书销售"表中以"书店名称"作为分类字段,对"销售额"进行求和分类汇总。

步骤 1 打开工作簿"图书销售",对"书店名称"列数据进行升序排列,效果如图 13.75 所示。

	A	B	C	D	E	F	G	H
1				图书销售订单明细表				
2	订单编号	书店名称	图书编号	图书名称	单价	销量(本)	销售额	
3	BTW-08004	博达书店	BK-83027	《MySQL数据库程序设计》	40	21	840	
4	BTW-08003	博达书店	BK-83034	《操作系统原理》	39	41	1599	
5	BTW-08012	博达书店	BK-83034	《操作系统原理》	39	19	741	
6	BTW-08010	博达书店	BK-83021	《计算机基础及MS Office应用》	36	22	792	
7	BTW-08007	博达书店	BK-83030	《数据库技术》	41	1	41	
8	BTW-08002	博达书店	BK-83036	《数据库原理》	37	5	185	
9	BTW-08011	鼎盛书店	BK-83023	《C语言程序设计》	42	31	1302	
10	BTW-08005	鼎盛书店	BK-83028	《MS Office高级应用》	39	32	1248	
11	BTW-08009	鼎盛书店	BK-83034	《操作系统原理》	39	43	1677	
12	BTW-08001	鼎盛书店	BK-83021	《计算机基础及MS Office应用》	36	12	432	
13	BTW-08008	鼎盛书店	BK-83031	《软件测试技术》	36	3	108	
14	BTW-08013	鼎盛书店	BK-83036	《数据库原理》	37	43	1591	
15	BTW-08006	鼎盛书店	BK-83029	《网络技术》	43	3	129	
16								

图 13.75 按书店名称对数据进行升序排序

步骤 2 单击工作表中有数据的任一单元格,然后单击"数据"选项卡"分级显示"组中的"分类汇总"按钮,打开"分类汇总"对话框,在"分类字段"下拉列表中选择要分类的字段"书店名称",在"汇总方式"下拉列表中选择汇总方式"求和",在"选定汇总项"列表框中选择要汇总的项目"销售额"(可以选择多个汇总项),如图 13.76 所示。

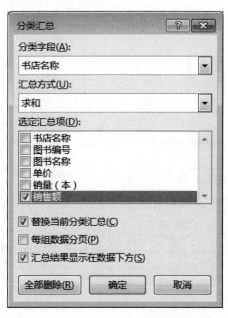

图 13.76 设置分类汇总的参数

步骤 3 单击“确定”按钮，即可将工作表中的数据按书店对销售额进行汇总，如图 13.77 所示。最后另存工作簿为“图书销售表(按书店分类汇总)”。

1							
2	订单编号	书店名称	图书编号	图书名称	单价	销量（本）	销售额
3	BTW-08004	博达书店	BK-83027	《MySQL数据库程序设计》	40	21	840
4	BTW-08003	博达书店	BK-83034	《操作系统原理》	39	41	1599
5	BTW-08012	博达书店	BK-83034	《操作系统原理》	39	19	741
6	BTW-08010	博达书店	BK-83021	《计算机基础及MS Office应用》	36	22	792
7	BTW-08007	博达书店	BK-83030	《数据库技术》	41	1	41
8	BTW-08002	博达书店	BK-83036	《数据库原理》	37	5	185
9		**博达书店 汇总**					4198
10	BTW-08011	鼎盛书店	BK-83023	《C语言程序设计》	42	31	1302
11	BTW-08005	鼎盛书店	BK-83028	《MS Office高级应用》	39	32	1248
12	BTW-08009	鼎盛书店	BK-83034	《操作系统原理》	39	43	1677
13	BTW-08001	鼎盛书店	BK-83021	《计算机基础及MS Office应用》	36	12	432
14	BTW-08008	鼎盛书店	BK-83031	《软件测试技术》	36	3	108
15	BTW-08013	鼎盛书店	BK-83036	《数据库原理》	37	43	1591
16	BTW-08006	鼎盛书店	BK-83029	《网络技术》	43	3	129
17		**鼎盛书店 汇总**					6487
18		**总计**					10685
19							

图 13.77 按书店对销售额进行求和分类汇总结果

提示：若希望对该表继续以“书店名称”作为分类字段，选择其他“汇总方式”“汇总项”进行分类汇总，可再次打开“分类汇总”对话框，在“汇总方式”下拉列表中选择其他汇总方式，如“计数”，在“选定汇总项”列表框中选择“型号”，取消“替换当前分类汇总”复选框，单击“确定”按钮。该方式也被称为多重分类汇总。

2）分级显示数据

对工作表中的数据进行分类汇总后，在工作表的左侧将显示一些符号，如 123 等，它们的作用如下。

- 分级显示明细数据：单击分级显示符号 123 可显示相应级别的数据，较低级别的明细数据会隐藏起来。
- 隐藏与显示明细数据：单击折叠按钮可以隐藏对应汇总项的原始数据，此时该按钮变为 +，单击该按钮将显示原始数据。

3）取消分类汇总

要取消分类汇总，可打开“分类汇总”对话框，单击“全部删除”按钮。

习 题

1. 在对工作表的数据进行排序时，主要关键字、次要关键字的区别是什么？

2. 在上述图书销售表中，若要筛选出名为鼎盛书店的记录，应如何操作？要筛选出名为鼎盛书店，或者书名为《数据库原理》的记录，应如何操作？

3. 在图书销售表中，若要按书名对销售价格进行求平均值分类汇总，应如何操作？

13.6 制作图书销售图表和数据透视表

13.6.1 情景引入

出色地完成了 1 月份图书销售情况的分析后，小李需再利用 Excel 制作一个上半年某产品销量对比图和迷你图,如图 13.78 所示,并利用数据透视表综合分析各销售团队、产品的销量、销售额等情况,效果如图 13.79 所示。

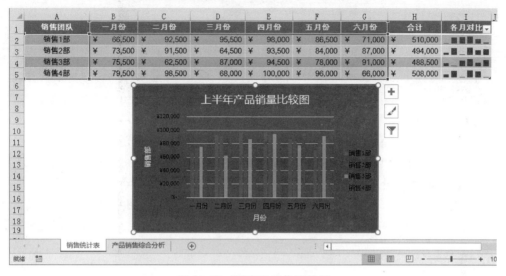

图 13.78　图表和迷你图效果

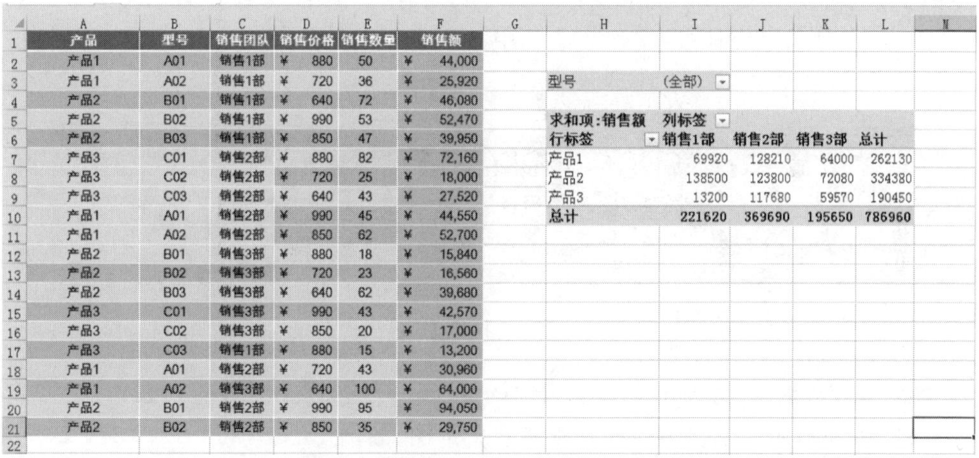

图 13.79　数据透视表效果

13.6.2　知识链接

1. 认识图表

利用 Excel 图表可以直观地反映工作表中的数据,方便用户进行数据的比较和预测。

创建和编辑图表,首先需要认识图表的组成元素(称为图表项),以柱形图为例,它主要由图表区、标题、绘图区、坐标轴、图例、数据系列等组成。

Excel 2016 支持创建各种类型的图表,如柱形图、折线图、饼图、条形图、面积图、散点图等,如图 13.80 所示。例如,可以用柱形图反应一段时间内数据的变化或各项之间的比较情况;可以用折线图反映数据的变化趋势;可以用饼图表现数据间的比例分配关系。

图 13.80　图表类型

在 Excel 2016 中,选择要创建图表的数据区域,然后选择一种图表类型,即可创建图表。创建图表后,可利用"图表工具设计(格式)"选项卡对图表进行编辑和美化操作。

2. 认识迷你图

迷你图是位于单元格中的一种微型图表,可用于直观地表示数据。使用迷你图可以显示一系列数据的变化趋势,或突出显示数据的最大值和最小值等。

3. 认识数据透视表

数据透视表是一种对大量数据快速分类汇总的交互式表格,用户可通过调整其行或列以查看对数据源的不同汇总,还可利用筛选器或通过显示不同的行、列标签来筛选数据。

13.6.3　任务实施

1. 制作产品销量对比图表

步骤 1　打开工作簿"产品销售统计",将其另存为"产品销售统计(图表和数据透视表)",然后在"产品销量统计表"工作表中选中要创建图表的数据区域,本例选择各销售团队和各月销量单元格,如图 13.81 所示。

A	B	C	D	E	F	G	H
销售团队	一月份	二月份	三月份	四月份	五月分	六月份	合计
销售1部	¥ 66,500	¥ 92,500	¥ 95,500	¥ 98,000	¥ 86,500	¥ 71,000	¥ 510,000
销售2部	¥ 73,500	¥ 91,500	¥ 64,500	¥ 93,500	¥ 84,000	¥ 87,000	¥ 494,000
销售3部	¥ 75,500	¥ 62,500	¥ 87,000	¥ 94,500	¥ 78,000	¥ 91,000	¥ 488,500
销售4部	¥ 79,500	¥ 98,500	¥ 68,000	¥ 100,000	¥ 96,000	¥ 66,000	¥ 508,000

图 13.81　选择数据透视表

步骤 2　单击"插入"选项卡"图表"组中的"柱形图"按钮,在展开的列表中选择"簇状柱形图",此时,系统将在工作表中插入一张簇状柱形图,如图 13.82 所示。

步骤 3　单击图表右上角的"图表元素"按钮 ,从弹出的列表中勾选"坐标轴标题",为图表添加横坐标轴和纵坐标轴标题。将鼠标指针移至"图例"上方,单击出现的▶按钮,从弹出的子列表中选择"右",将图例置于图表右侧,如图 13.83 所示。

提示:除了利用上述方法添加、删除或更改图表组成元素的位置外,也可在"图表工具/设计"选项卡"图表布局"组中单击"添加图表元素"按钮,在弹出的列表中选择相应选项来更改图表组成元素,如图 13.84 所示。此外,若单击该组中的"快速布局"按钮,在弹出的列表中选择一种布局类型,可快速完成对图表组成元素的布局。

步骤 4　将"图表标题"文本改为"上半年手机产品销量比较图",将纵坐标轴标题改为"销量(部)",将横坐标轴标题改为"月份",如图 13.84 所示。

步骤 5　完成图表组成元素的布局后,下面通过设置图表组成元素的格式以美化图表。切换到"图表工具格式"选项卡,然后将鼠标指针移到图表空白处,待显示"图表区"时单击,

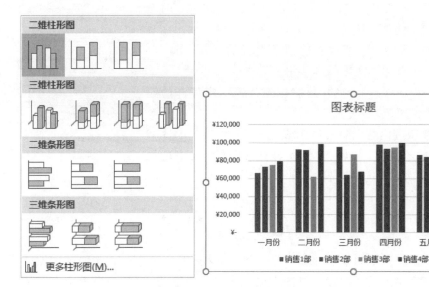

图 13.82　选择图表类型并插入图表

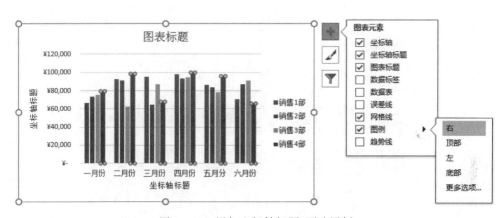

图 13.83　添加坐标轴标题、更改图例

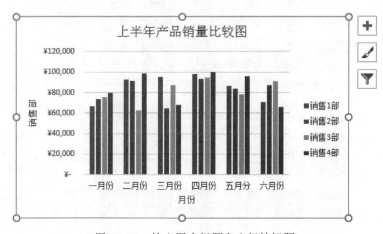

图 13.84　输入图表标题和坐标轴标题

选中图表区；也可在"当前所选内容"组中单击"图表元素"右侧的三角按钮,在展开的列表中选择图表组成元素,如图13.85所示。在对图表的各组成元素进行设置时,都需要选中要设置的元素,用户可参考选择图表区的方法来选择图表的其他组成元素。

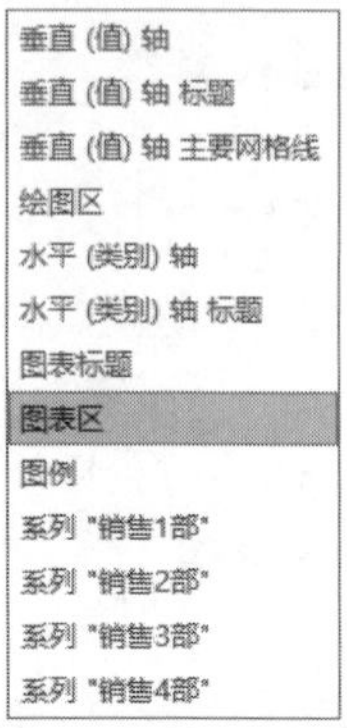

步骤6 单击"形状样式"组中的"形状填充"按钮,在展开的颜色列表中为图表区设置颜色,如浅蓝。

步骤7 在"当前所选内容"组中的"图表元素"下拉列表中选择"绘图区",选中图表的绘图区,然后在"形状样式"组的列表中选择一种样式,如图13.86所示;选中图表的图例,为其应用与绘图区一样的样式(读者也可根据自己的喜好设置)。

步骤8 选中图表的标题,利用"开始"选项卡的"字体"组设置其字体为微软雅黑,字号为16,字体颜色为白色;分别选中图表的横、纵坐标轴标题,设置其字体为微软雅黑,字号为12,字体颜色为白色;分别选中图表的横、纵坐标轴,设置其字体颜色为白色;将图例的填充颜色设置为白色,最后拖动图表边框上的控制点适当调整图表大小,效果如图13.87所示。

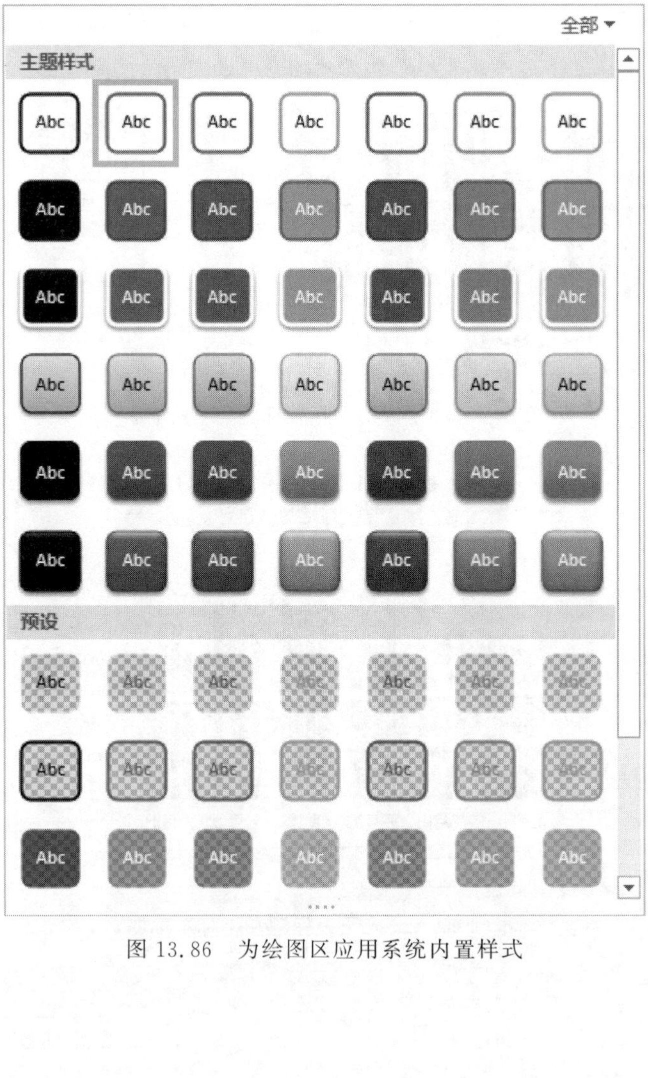

图13.85 选择图表元素"图表区"

图13.86 为绘图区应用系统内置样式

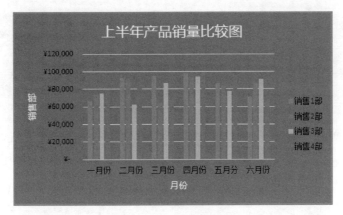

图 13.87　美化后的图表

2. 制作手机销量迷你图

要创建迷你图,可参考以下步骤完成:

步骤 1　选择要插入迷你图的空白单元格或空白单元格区域,如图 13.88 所示。

	A	B	C	D	E	F	G	H	I
1	销售团队	一月份	二月份	三月份	四月份	五月份	六月份	合计	各月对比
2	销售1部	¥ 66,500	¥ 92,500	¥ 95,500	¥ 98,000	¥ 86,500	¥ 71,000	510,000	
3	销售2部	¥ 73,500	¥ 91,500	¥ 64,500	¥ 93,500	¥ 84,000	¥ 87,000	494,000	
4	销售3部	¥ 75,500	¥ 62,500	¥ 87,000	¥ 94,500	¥ 78,000	¥ 91,000	488,500	
5	销售4部	¥ 79,500	¥ 98,500	¥ 68,000	¥ 100,000	¥ 96,000	¥ 66,000	508,000	

图 13.88　选择放置迷你图的单元格区域

步骤 2　在"插入"选项卡的"迷你图"组中单击迷你图类型按钮,如"柱形",打开"创建迷你图"对话框。在"数据范围"编辑框中输入迷你图数据源单元格区域引用,或将光标置于该编辑框后,在工作表中选择数据范围,完成后单击"确定"按钮,创建出所选类型的迷你图,如图 13.89 所示。

图 13.89　创建各月销量对比迷你图

当选择迷你图单元格时,将出现如图 13.90 所示的"迷你图工具/设计"选项卡,利用该选项卡可编辑和美化迷你图,包括更改迷你图数据区域、更改迷你图类型、突出显示迷你图高点和低点、更改迷你图样式、设置迷你图颜色、清除迷你图等。

3. 制作产品销分析数据透视表

下面利用数据透视表综合分析各销售部、品牌的销量、销售额等。

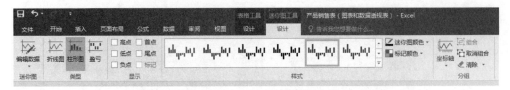

图 13.90　迷你图工具功能区

步骤 1　将“产品销售统计(图表和数据透视表)”工作簿切换到“手机销售综合分析”工作表,单击数据表中的任意非空单元格,然后单击“插入”选项卡“表格”组中的“数据透视表”按钮,如图 13.91 所示。

	A	B	C	D	E	F
1	产品	型号	销售团队	销售价格	销售数量	销售额
2	产品1	A01	销售1部	¥ 880	50	¥ 44,000
3	产品1	A02	销售1部	¥ 720	36	¥ 25,920
4	产品2	B01	销售1部	¥ 640	72	¥ 46,080
5	产品2	B02	销售1部	¥ 990	53	¥ 52,470
6	产品2	B03	销售1部	¥ 850	47	¥ 39,950
7	产品3	C01	销售2部	¥ 880	82	¥ 72,160
8	产品3	C02	销售2部	¥ 720	25	¥ 18,000

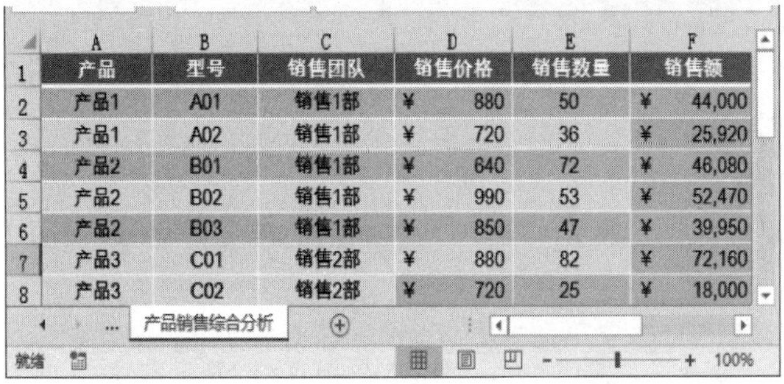

图 13.91　单击“数据透视表”按钮

为确保数据可用于数据透视表,在创建数据源时需要做到以下几方面:

- 删除所有空行或空列。
- 删除所有自动小计。
- 确保第一行包含列标签。
- 确保各列只包含一种类型的数据,而不能是文本与数字的混合。

步骤 2　打开“创建数据透视表”对话框,在“表/区域”编辑框中自动显示了工作表名称和数据源区域。如果显示的数据源区域引用不正确,可以将光标置于该编辑框中然后在工作表中重新选择;选中“现有工作表”单选钮(表示将数据透视表放在现有工作表中),然后在工作表中单击要放置数据透视表的左上角单元格,如 A23,如图 13.92 所示。

步骤 3　单击“确定”按钮,在所选单元格处添加一个空的数据透视表。此时,Excel 2016 的功能区自动显示“数据透视表工具”选项卡,且工作表编辑区的右侧显示“数据透视表字段”窗格,供用户为数据透视表添加字段,创建数据透视表布局,如图 13.93 所示。

提示:默认情况下,“数据透视表字段”窗格显示两部分:上方的字段列表区是源数据表中包含的字段(列标签),将其拖入下方字段布局区域中的“筛选”“列”“行”和“值”等列表框中,即可在报表区域(工作表编辑区)显示相应的字段和汇总结果。“数据透视表字段”窗格下方各选项的含义如下:

筛选:用于筛选整个报表。

值:用于显示需要汇总数值数据。

列:用于将字段显示为报表顶部的列。

行:用于将字段显示为报表侧面的行。

图 13.92 "创建数据透视表"对话框

图 13.93 数据透视表框架

步骤 4 在"数据透视表字段"窗格中将所需字段拖到字段布局区域的相应位置。本例将"产品"字段拖到"行"区域,将"销售团队"字段拖到"列"区域,将"销售额"字段拖到"值"区域,将"型号"字段拖到"筛选"区域。即可汇总出各品牌、各销售员的销售总额,以及各销售员销售的不同品牌销售额合计,如图 13.94 所示。

图 13.94 对数据透视表布局

步骤 5 要查看指定产品的汇总数据,可单击"行标签"右侧的筛选按钮,在展开的列表中取消"全选"复选框的选中,然后选择要查看的产品,如"产品 1"和"产品 2",单击"确定"按钮,如图 13.95 所示。此外,利用"列标签"筛选按钮,可查看指定销售团队的汇总数据;利用"型号"筛选按钮,可查看指定型号的汇总数据。

步骤 6 用户可随时调整字段布局区域的字段或计算类型来对工作表中的数据进行更多分析。例如,在字段布局区将"值"区域中的"销售额"字段拖出布局区以将其删除,然后将"销量"字段拖到该区域,以分析各产品和销售团队的产品销量情况。

步骤 7 如果要更改计算类型,如求平均值、最大值等,可单击"值"区域的字段,从弹出的列表中选择"值字段设置"选项,打开"字段值设置"对话框进行设置。

习 题

1. 图表主要由哪些元素组成?创建图表后,如何添加或删除图表组成元素?
2. 如果要对比各数据之间的百分比关系,用什么类型的图表比较合适?
3. 设置图表组成的格式一般通过哪个选项卡进行?
4. 数据透视表有什么作用?

第 14 章　演示文稿制作软件——PowerPoint 2016

【项目导读】

PowerPoint 是 Office 系列办公软件中的另一个重要组件，它是一款专业的演示文稿制作工具，可用来制作各种用途的演示文稿，如讲义、课件、公司宣传产品介绍等。制作者可以在演示文稿中设置各种引人入胜的视觉、听觉效果。

利用 PowerPoint 2016 设置演示文稿内容的操作与利用 Word 2016 处理文档有许多相同之处，因此，对于前面已经学习过的知识，本项目将不再具体讲解。本项目将以演示文稿的制作流程和应用为主线，学习演示文稿的制作方法。

【学习目标】

- 了解演示文稿的基本概念，掌握 PowerPoint 演示文稿基本操作和内容设置，如输入和设置文本，以及插入和设置文本框、图片、图形、艺术字和声音等对象。
- 掌握管理幻灯片和修饰演示文稿的操作，如选择、插入、复制和移动幻灯片，为演示文稿应用主题，设置背景，以及使用母版统一设置幻灯片内容和格式等。
- 掌握为幻灯片及幻灯片中的对象设置动画和放映演示文稿的操作。

14.1　制作北京旅游宣传册的第 1 张幻灯片

14.1.1　情景引入

小李在好运旅行社上班，为进一步提升旅游行业的整体队伍素质，小李要做一个北京旅游项目宣传演示文稿。首先需要了解演示文稿的组成和设计原则，熟悉 PowerPoint 2016 的工作界面，并了解 PowerPoint 2016 的视图模式、设置演示文稿的背景等知识。下面我们一起帮小李完成宣传册的第 1 张幻灯片制作，效果如图 14.1 所示。

图 14.1　宣传册第 1 张幻灯片效果

14.1.2 知识链接

1. 演示文稿的组成和制作原则

演示文稿是由一张或多张幻灯片组成的,每张幻灯片一般包括两部分内容:幻灯片标题(用来表明主题)、若干文本条目(用来论述主题)。另外,还可以包括图片、图形、图表、表格等其他对于论述主题有帮助的内容。

如果是由多张幻灯片组成的演示文稿,通常在第 1 张幻灯片上单独显示演示文稿的主标题和副标题,在其余幻灯片上分别列出与主标题有关的子标题和文本条目。

制作演示文稿的最终目的是给观众演示,能否给观众留下深刻的印象是评定演示文稿效果的主要标准。为此,在进行演示文稿设计时一般应遵循以下原则:

- 重点突出。
- 简洁明了。
- 形象直观。

在演示文稿中应尽量减少文字的使用,因为大量的文字说明往往使观众感到乏味,应尽可能地使用其他更直观的表达方式,如图片、图形和图表等。如果可能的话,还可以加入声音、动画和视频等来加强演示文稿的表达效果。

2. 熟悉 PowerPoint 2016 的工作界面

启动 PowerPoint 2016 的方法与启动 Word 2016 和 Excel 2016 一样。默认情况下进入其开始界面,选择"空白演示文稿"后,PowerPoint 2016 会创建一个空白演示文稿,其中会有一张包含标题占位符和副标题占位符的空白幻灯片,如图 14.2 所示。

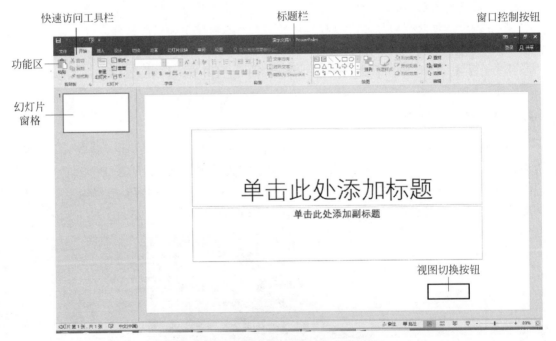

图 14.2 PowerPoint 2016 的工作界面

- 幻灯片窗格:其中显示了幻灯片的缩略图,单击某张幻灯片的缩略图可选中该幻灯片,此时即可在右侧的幻灯片编辑区编辑该幻灯片内容。

- 幻灯片编辑区：是编辑幻灯片的主要区域，在其中可以为当前幻灯片添加文本、图片、图形、声音和影片等，还可以创建超链接或设置动画。
- 视图切换按钮：单击不同的按钮 回 品 嘢 呈 ，可切换到不同的视图模式。

提示：幻灯片编辑区中带有虚线边框的编辑框被称为占位符，用于指示可在其中输入标题文本（标题占位符）、正文文本（文本占位符），或者插入图表、表格和图片（内容占位符）等对象。幻灯片版式不同，占位符的类型和位置也不同。

3. 认识 PowerPoint 的视图

PowerPoint 2016 主要提供了普通视图、大纲视图、幻灯片浏览视图、阅读视图和备注页视图几种视图模式。其中，普通视图是 PowerPoint 2016 默认的视图模式，主要用于制作演示文稿；在幻灯片浏览视图中，幻灯片以缩略图的形式显示，从而方便用户浏览演示文稿中所有幻灯片的整体效果；阅读视图是以窗口的形式来查看演示文稿的放映效果。

用户可利用"视图"选项卡"演示文稿视图"组中的相应按钮，或者利用状态栏中的视图模式切换按钮来切换演示文稿视图模式。

14.1.3 任务实施

1. 应用主题并保存演示文稿

下面我们为启动 PowerPoint 2016 时新建的空白演示文稿应用"回顾"主题并保存，操作步骤如下：

步骤 1 单击"设计"→"主题"组右侧的"其他"按钮 ，如图 14.3 所示。

图 14.3 单击"其他"按钮

步骤 2 在展开的主题列表中单击选择要应用的主题，如"回顾"，即可为演示文稿中的所有幻灯片应用系统内置设置的某一主题。

步骤 3 单击"快速访问"工具栏中的"保存"按钮，在"另存为"界面中单击"浏览"按钮，打开"另存为"对话框，在左侧的导航窗格中选择保存位置，在"文件名"编辑框中输入文件名"北京旅游宣传册"，单击"保存"按钮保存演示文稿。

2. 设置演示文稿背景

默认情况下，演示文稿中的幻灯片使用主题自带的背景，用户也可重新为幻灯片设置纯色、渐变色、图案、纹理和图片等背景，使制作的幻灯片更加美观。

步骤 1 单击"设计"→"自定义"组中的"设置背景格式"按钮 ，打开"设置背景格式"任务窗格，如图 14.4 所示。

步骤 2 在"填充"分类中选择一种填充类型（如纯色填充、渐变填充、图片或纹理填充等），本例选择"图片或纹理填充"单选钮，再单击"文件"按钮。

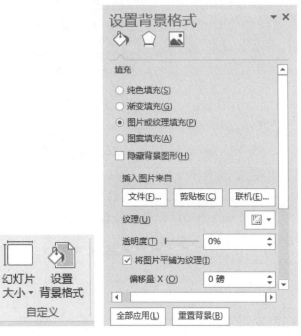

图 14.4 背景样式列表和"设置背景格式"对话框

步骤 3 打开"插入图片"对话框,在其中找到素材中的"天坛"图片,如图 14.5 所示。单击"插入"按钮,返回"设置背景格式"任务窗格,然后将"透明度"调整为 10%,如图 14.6 所示。

图 14.5 插入素材图片

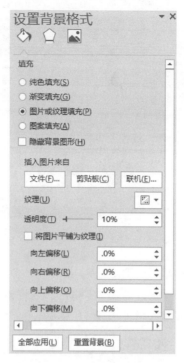

图 14.6　设置透明度

步骤 4　单击任务窗格右上角的"关闭"按钮,将设置的背景应用于当前幻灯片中,单击"应用到全部"按钮,则可将设置的背景应用于演示文稿中的所有幻灯片。

"设置背景格式"任务窗格中各填充类型的作用如下:

- 纯色填充:用来设置纯色背景,可设置所选颜色的透明度。
- 渐变填充:选择该单选按钮后,可通过选择渐变类型,设置色标等来设置渐变填充。
- 图片或纹理填充:选择该单选按钮后,若要使用纹理填充,可单击"纹理"右侧的按钮,在展开的列表中选择一种纹理即可。
- 图案填充:使用图案填充背景。设置时,只需选择需要的图案,并设置图案的前景色、背景色即可。

若选择"隐藏背景图形"复选框,设置的背景将覆盖幻灯片母版中的图形、图像和文本等对象,也将覆盖主题中自带的背景。

3. 输入文本并设置格式

在 PowerPoint 2016 中,用户可以使用占位符或文本框在幻灯片中输入文本。

步骤 1　在第 1 张幻灯片的标题占位符中单击,输入标题文本"北京旅游",再在占位符中选中输入的文本,利用"开始"选项卡的"字体"组设置标题的字体为华文琥珀,字号为 80,字体颜色为白色,字形为倾斜,并添加阴影,如图 14.7 所示。

步骤 2　将鼠标指针移至标题占位符的上或下边缘,待鼠标指针变成十字形状时按住鼠标左键向上拖动,再在"绘图工具/格式"选项卡的"大小"组中将占位符的长度调整为 12 厘米。效果如图 14.8 所示。选择占位符、调整占位符大小以及移动占位符等操作与在 Word 文档中调整文本框相同。

图 14.7 输入文本并设置格式　　　　图 14.8 设置占位符的大小和位置

步骤 3　在副标题占位符中输入"服务为先,信誉为本"文本,设置其字符格式为微软雅黑、32、黑色,然后将鼠标指针移至副标题占位符的边缘,待鼠标指针变成十字形状时按住鼠标左键向上和向左适当拖动,使其效果如图 14.9 所示。

图 14.9　输入副标题文本框

步骤 4　单击"开始"选项卡"绘图"组中的"文本框"按钮,如图 14.10 所示,在幻灯片右上角拖动鼠标绘制一个横排文本框,然后输入文本"好运旅行社与您一起共闯天涯,"阅"尽人间美景!"然后设置其字符格式为微软雅黑,20 号字。

图 14.10　选择文本框

提示:与 Word 中的文本框不同的是,在 PowerPoint 中拖动鼠标绘制的文本框没有固定高度,其高度会随输入的文本自动调整,若选择文本框工具后在灯片中单击,则文本框没有固定宽度,其宽度将随输入的文本自动调整。

步骤 5 切换到"绘图工具/格式"选项卡,在"艺术字样式"组中为文本框中的文字选择一种艺术字样式,如"填充:白色,文本色1;阴影",然后将文本框进行旋转,如图14.11所示。

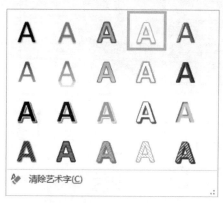

图 14.11 设置文本的艺术字样式并旋转

习　题

1. 如何设置单张或所有演示文稿的背景?
2. 在演示文稿中输入文本的方法有哪两种?
3. 如何设置幻灯片中文本的字符格式?

14.2　制作北京旅游宣传册的其他幻灯片

14.2.1　情景引入

下面我们和小李一起制作"北京旅游宣传册"演示文稿的其他幻灯片,学习幻灯片的插入、复制和移动,在幻灯片中插入和编辑图片、图形和声音等对象,以及使用母版统一设置幻灯片内容等。任务完成效果如图14.12所示。

14.2.2　知识链接

- 插入、复制和移动幻灯片:默认情况下,新建演示文稿时只包含一张幻灯片,但演示文稿通常都是由多张幻灯片组成的,故需要插入、复制、删除和移动幻灯片。
- 在幻灯片中插入和编辑图片、图形等对象:与在Word文档中的操作相同。
- 在幻灯片中插入和编辑声音与视频:可以根据需要在演示文稿中插入声音和影片,还可以对插入的声音和影片进行编辑,如设置播放方式。
- 使用幻灯片母版:利用幻灯片母版可以统一设置演示文稿中各张幻灯片的内容和格式。

14.2.3　任务实施

1. 幻灯片的基本操作

幻灯片的基本操作包括选择、插入、复制、移动和删除幻灯片等。下面以制作"北京旅游

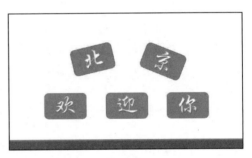

图 14.12　北京宣传册演示文稿的其他幻灯片效果

宣传册"演示文稿为例说明，操作步骤如下：

步骤 1　要在演示文稿中的某张幻灯片后面添加一张新幻灯片，可首先在"幻灯片"窗格中单击该幻灯片将其选中，这里单击第 1 张幻灯片（当演示文稿中只有一张幻灯片时，也可不进行选择）。

步骤 2　单击"开始"→"幻灯片"组中的"新建幻灯片"按钮，如图 14.13 所示，即可新建一张使用默认版式的幻灯片。

技巧：用户也可在选择幻灯片后，按 Enter 键或 Ctrl+M 组合键，按默认版式在所选幻灯片的后面添加一张幻灯片。

步骤 3　要复制幻灯片，可在"幻灯片"窗格中右击要复制的幻灯片，在弹出的快捷菜单中选择"复制"选项，如图 14.14 所示，然后在"幻灯片"窗格中插入复制的幻灯片的位置并右击，在弹出的快捷菜单中选择一种粘贴方式，如"使用目标主题"选项，如图 14.15 所示，即可将复制的幻灯片插入到该位置，效果如图 14.16 所示。

提示：在复制幻灯片、调整幻灯片排列顺序和删除幻灯片时，可同时选中多张幻灯片进行操作。要同时选中不连续的多张幻灯片，可按住 Ctrl 键在"幻灯片"窗格中依次单击要选择的幻灯片；要同时选中连续的多张幻灯片，可按住 Shift 键单击开始和结束位置的幻灯片。

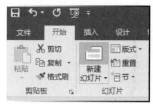

图 14.13 添加新幻灯片

图 14.14 选择"复制"选项

图 14.15 选择粘贴选项

步骤 4 播放演示文稿时,将按照幻灯片在"幻灯片"窗格中的排列顺序进行播放。若要调整幻灯片的排列顺序,可在"幻灯片"窗格中单击选中要调整顺序的幻灯片,然后按住鼠标左键将其拖到需要的位置即可。

步骤 5 要删除幻灯片,可首先在"幻灯片"窗格中单击选中要删除的幻灯片,然后按 Delete 键,或右击要删除的幻灯片,在弹出的快捷菜单中选择"删除幻灯片"选项。这里将复制过来的幻灯片删除。

2. 设置幻灯片版式

幻灯片版式通过占位符的方式为用户规划好了幻灯片中内容的布局,只需选择一个符合需要的版式,然后在其规划好的占位符中输入或插入内容,便可快速制作出符合要求的幻灯片。

默认情况下,添加的幻灯片的版式为"标题和内容",可以根据需要改变其版式。例如,在"幻灯片"窗格中单击第 2 张幻灯

图 14.16 复制结果

片,然后单击"开始"选项卡"幻灯片"组中的"版式"按钮,在展开的列表中选择一种幻灯片版式,如选择"内容与标题"版式,即可为所选幻灯片应用该版式,如图14.17所示。

图14.17 设置幻灯片版式

提示：用户除了可在创建好幻灯片后更改版式外,也可在新建幻灯片时应用版式,方法是：单击"新建幻灯片"按钮下方的三角按钮,在展开的幻灯片版式列表中进行选择。

3. 在幻灯片中插入和美化对象

在幻灯片中插入图片、绘制图形并进行美化的具体操作步骤如下：

步骤1 单击第2张幻灯片右侧的图标,打开"插入图片"对话框,选中素材文件夹中的"旅行"图片,如图14.18所示,用户也可利用"插入"选项卡"图像"组中的按钮插入图片。

图14.18 利用图片占位符插入图片

步骤2 单击"插入"按钮,即可在该占位符处插入一张图片,但该图片上下被隐藏了,我们要将其恢复,为此,可右击图片,在弹出的快捷菜单中选择"设置图片格式"选项,打开"设置图片格式"任务窗格,在"大小与属性"的"原始尺寸"下单击"重设"按钮,将图片恢复原尺寸,样式如图14.19所示。

步骤3 在第2张幻灯片的标题占位符中输入文本"景点介绍",选中文本并设置字号

图 14.19　将图片恢复到原始尺寸

为 48,然后在"绘图工具/格式"选项卡的"艺术字样式"列表中为其设置一种艺术字样式。

步骤 4　在文本占位符中输入"长城""故宫"和"颐和园"文本,各文本均为独立的段落,选中文本并设置字体为微软雅黑,字号为 32 磅,然后在"开始"选项卡的"段落"组单击"转换为 SmartArt 图形"按钮,在展开的列表中选择"基本维恩图",如图 14.20 所示。

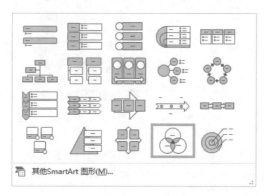

图 14.20　文本转换为 SmartArt 图

步骤 5　将 SmartArt 图形放大,至此,第 2 张幻灯片便制作好了,效果如图 14.21 所示。

步骤 6　单击"开始"选项卡"幻灯片"组中"新建幻灯片"按钮下方的三角按钮,在展开的幻灯片版式列表中选择"仅标题"版式,在第 2 张幻灯片后添加一张幻灯片。

步骤 7　在新幻灯片中输入标题"三日游",然后单击"开始"选项卡"绘图"组中的"文本框"按钮,在幻灯片编辑区右侧绘制一个文本框并隔行输入文本。输入完成后选中文本框,设置其字体为微软雅黑,字号为 24 磅,加粗并添加阴影,对齐方式为文本右对齐。

步骤 8　单击"插入"选项卡"图像"组中的"图片"按钮,在打开的"插入图片"对话框中选择"素材"文件夹中的"长城"图片,单击"插入"按钮插入图片。

图 14.21　第 2 张幻灯片效果

步骤 9　拖动图片 4 个角上的控制点调整其大小，然后将图片移动到幻灯片的左侧。保持图片的选中状态，利用"图片工具/格式"选项卡"图片样式"组为图片添加系统内置的"映像右透视"样式，如图 14.22 所示，第 3 张幻灯片的最终效果如图 14.23 所示。

图 14.22　为图片添加样式

图 14.23　第 3 张幻灯片效果

步骤 10　参考前面的操作或利用复制并修改幻灯片的方法制作第 4 张和第 5 张幻灯片，效果如图 14.24 所示。

图 14.24　第 4 张和第 5 张幻灯片效果

步骤 11　在第 5 张幻灯片后添加一张空白版式的幻灯片，然后单击"插入"选项卡"插图"组中的"形状"按钮，在展开的列表中选择"圆角矩形"，在幻灯片的左上角位置按住鼠标左键并拖动,绘制一个圆角矩形,如图14.25所示。

步骤12 保持圆角矩形的选中状态,输入"北"字并设置字体为华文行楷,字号为96磅,效果如图14.26所示。

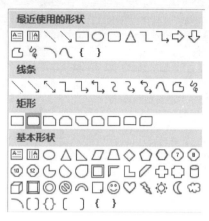

图14.25 绘制圆角矩形

图14.26 输入文字并设置字符格式

步骤13 将鼠标指针移到形状的边框线上,待鼠标指针变成十字形状后按住Ctrl键并向右拖动,复制形状,用同样的方法再复制4个形状,并修改其中的文本内容,使其效果如图14.27所示。

图14.27 复制其他形状并修改内容

步骤14 在"绘图工具"→"格式"→"艺术字样式"组的"文本效果"下拉列表中选择"棱台"→"角度",如图14.28所示,然后将个别形状适当旋转,使其效果如图14.29所示。至此,第6张幻灯片就制作好了。

4. 在幻灯片中插入声音

步骤1 切换到第1张幻灯片,然后单击"插入"→"媒体"组中的"音频"按钮,在展开的列表中选择"PC上的音频"选项,如图14.30所示。

步骤2 在打开的"插入音频"对话框中选择音频文件所在的文件夹,然后选择所需的声音文件("PPT素材"文件夹中的"背景音乐.北京欢迎你"),单击"插入"按钮,如图14.31所示。

步骤3 插入声音文件后,系统将在灯片中间位置添加一个声音图标,用户可以用操作图片的方法调整该图标的位置及尺寸,如图14.32所示。

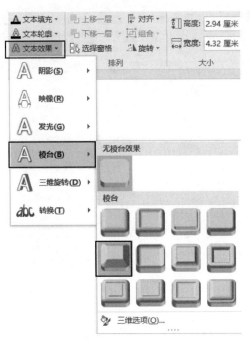

图 14.28 为文本设置填充颜色和棱台效果

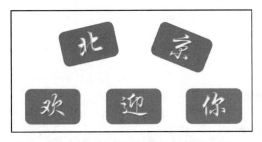

图 14.29 第 6 张幻灯片效果

图 14.30 选择"PC 上的音频"选项

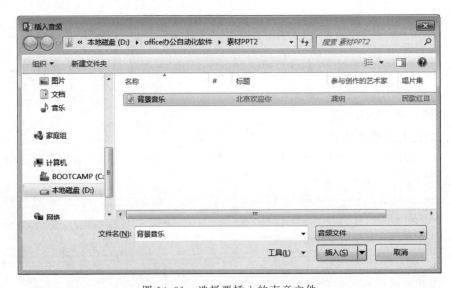

图 14.31 选择要插入的声音文件

图 14.32　插入声音及调整声音图标

步骤 4　选择"声音"图标后,自动出现"音频工具"选项卡,它包括"格式"和"播放"两个子选项卡,如图 14.33 所示,单击"播放"→"预览"组中的"播放"按钮可以试听声音;在"音频选项"组中可设置声音播放方式,这里选择"跨幻灯片播放"、"播放时隐藏"和"循环播放,直到停止"复选框。

图 14.33　"音频工具/播放"选项卡

在"开始"下拉列表中选择"自动"选项表示放映幻灯片时自动播放音频;选择"单击时"选项表示单击声音图标才能开始播放音频。单击"编辑"组中的"剪裁音频"按钮,可在打开的对话框中对音频文件进行编辑,如拖动开始和结束滑块来裁剪音频。

5. 编辑幻灯片母版

制作演示文稿时,通常需要为指定幻灯片设置相同的内容或格式。例如,在每张幻灯片中都加入公司的徽标(Logo),且每张幻灯片标题占位符和文本占位符的字符格式和段落格式都一致。如果在每张幻灯片中都重复设置这些内容,无疑会浪费时间,此时可在 PowerPoint 的幻灯片母版中设置这些内容。

下面,利用幻灯片母版将"北京旅游宣传册"演示文稿中"标题幻灯片"中的下方有颜色的矩形删除,在"仅标题"版式幻灯片的左上角位置添加一个标志图形,并修改标题的字符格式,操作步骤如下:

步骤 1　在"视图"选项卡单击"母版视图"组中的"幻灯片母版"按钮,进入母版视图,此时系统自动打开"幻灯片母版"选项卡,如图 14.34 所示。

步骤 2　在"幻灯片"窗格中单击上方的"标题幻灯片/版式",然后在右侧的幻灯片中选中下方的褐色矩形,按 Delete 键将其删除,如图 14.35 所示。

提示:默认情况下,在"幻灯片母版"视图左侧任务窗格中的第 1 个母版(比其他母版稍大)称为"幻灯片母版",在其中设置的内容和格式将影响当前演示文稿中的所有幻灯片;其下方的多个母版为幻灯片版式母版,在某个版式母版中进行的设置将影响使用了对应幻灯片版式的幻灯片(将鼠标指针移至母版上方,将显示母版名称,以及其应用于演示文稿的哪些幻灯片)。用户可根据需要选择相应的母版进行设置。

步骤 3　在"幻灯片"窗格中单击"仅标题"版式,然后单击"插入"选项卡"图像"中的"图片"按钮,在打开的"插入图片"对话框中找到"素材"→"北京旅行社宣传册"文件夹中的"标志"图片,单击"插入"按钮,将其插入到幻灯片中,如图 14.36 所示。

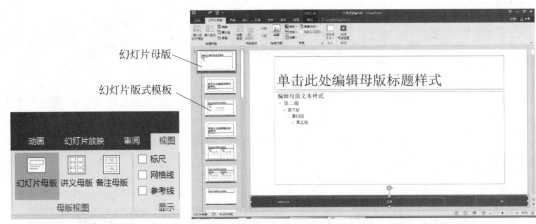

图 14.34　幻灯片母版视图

图 14.35　编辑"标题幻灯片/版式"母版

图 14.36　选择要编辑的母版和插入图片

步骤 4 在"图片工具/格式"选项卡的"调整"组中单击"颜色"按钮,在展开的列表中选择"设置透明色"选项,如图 14.37 所示,然后将鼠标指针移到图片的白色区域上单击,去掉图片的背景颜色,效果如图 14.38 所示。

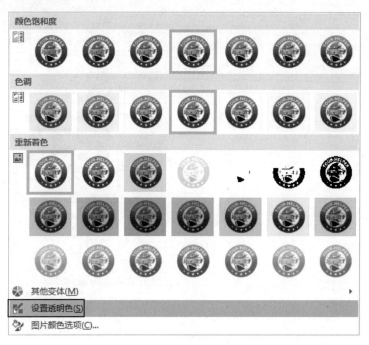

图 14.37　选择"设置透明色"选项

图 14.38　去掉图片的背景颜色

步骤 5 将标志图片缩小并移动至幻灯片编辑区的左上角。
步骤 6 选中该张母版中的标题占位符,在"开始"选项卡设置其字符格式为微软雅黑、60 磅,如图 14.39 所示。

图 14.39　编辑图片设置标题

步骤7 在"绘图工具/格式"选项卡的"艺术字样式"列表中为其选择一种艺术字样式，在"文字效果"列表中为其选择一种棱台效果，如图14.40所示。

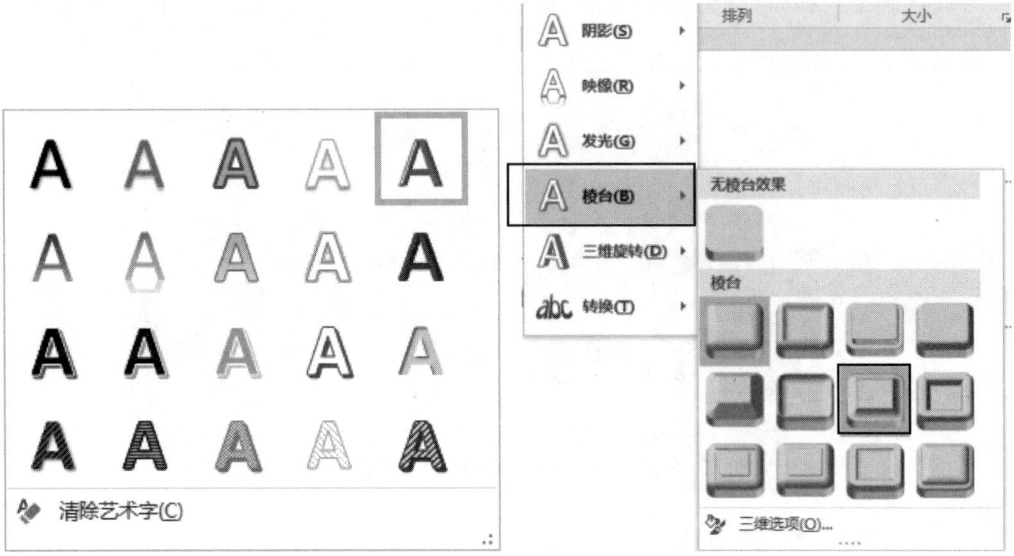

图14.40 为文本应用艺术字样式和棱台效果

步骤8 单击"幻灯片母版"选项卡"关闭"组中的"关闭母版视图"按钮，退出幻灯片母版编辑模式，可看到设置效果，如图14.40所示。

习 题

1. 如果要制作内容相似的幻灯片，可以如何操作？
2. 对于插入到幻灯片中的图片，可以对其进行哪些编辑或控制操作？
3. 可以在幻灯片中插入视频吗？应如何操作？
4. 幻灯片母版分为哪些类型？对它们进行的编辑将影响哪些幻灯片？

14.3 设置交互和动画效果

14.3.1 情景引入

制作好"北京旅行社宣传册"演示文稿的内容后，接下来还需要为其导航文本添加超链接以及在幻灯片底部添加动作按钮，以便在放映幻灯片时通过单击超链接或动作按钮，快速切换到其他幻灯片。此外，为了使演示文稿的放映效果更好，还需要为幻灯片设置切换效果，以及为幻灯片中的对象设置动画效果。下面我们与小李一起完成这些任务。

14.3.2 知识链接

- 设置超链接和创建动作按钮：放映演示文稿时，通过单击超链接和动作按钮可以切换幻灯片、打开网页或文档、发送电子邮件等。

- 为幻灯片设置切换效果：幻灯片切换效果是指放映演示文稿时从一张幻灯片过渡到下一张幻灯片时的动画效果。默认情况下，各幻灯片之间的切换是没有任何效果的。可以通过设置，为每张幻灯片添加具有动感的切换效果以丰富其放映过程，还可以控制每张幻灯片切换的速度，以及添加切换声音等。
- 为幻灯片中的对象设置动画效果：可以为幻灯片中的文本、图片和图形等对象应用各种动画效果，使演示文稿的播放更加精彩。

14.3.3 任务实施

1. 设置超链接

为"旅行社宣传册"演示文稿中的导航文本设置超链接的具体操作步骤如下：

步骤 1 在"幻灯片"窗格中选择第 2 张幻灯片，然后拖动鼠标选中"长城"文本。再单击"插入"选项卡"链接"组中的"超链接"按钮，如图 14.41 所示。

图 14.41 选中文本并单击"超链接"按钮

步骤 2 在打开的"插入超链接"对话框的"链接到"列表中单击"本文档中的位置"选项，然后在"请选择文档中的位置"列表框中选择第 3 张幻灯片，如图 14.42 所示。单击"确定"按钮，为所选文本添加超链接，效果如图 14.43 所示。放映演示文稿时，单击该超链接文本，将切换到第 3 张幻灯片。

- 选择"现有文件或网页"选项，并在"地址"编辑框中输入要链接的网址，可将所选对象链接到网页。

图 14.42 选择链接选项

- 选择"新建文档"选项,可新建一个演示文稿文档并将所选对象链接到该文档。
- 选择"电子邮件地址"选项,可将所选对象链接到一个电子邮件地址。

步骤3 参考前面的操作,将"故宫"文本链接到第4张幻灯片,将"颐和园"文本链接到第5张幻灯片。

2. 创建动作按钮

为"北京旅游宣传册"演示文稿创建向前、向后翻页等动作按钮的具体操作步骤如下:

步骤1 切换到第3张幻灯片,单击"插入"→"插图"组中的"形状"按钮,在展开的列表中选择"动作按钮:转到开头" ,如图14.44所示。

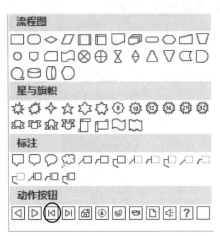

图14.43 为文本插入超链接的效果　　　　图14.44 选择动作按钮

步骤2 在幻灯片的底部偏右位置拖动鼠标绘制一个大小适中的按钮,此时会弹出"操作设置"对话框,选择"超链接到"单选按钮,然后在其下方的下拉列表中选择"第一张幻灯片"选项,如图14.45所示,单击"确定"按钮。

图14.45 制定开始按钮

步骤3 使用同样的方法,依次绘制"动作按钮:后退或前一项""动作按钮:前进或下一项"和"动作按钮:转到结尾",效果如图14.46所示。各按钮在"操作设置"对话框中的参数都保持默认设置。

步骤4 按住Shift键依次单击选中4个按钮,然后在"绘图工具/格式"选项卡"大小"组中设置按钮的大小,如图14.47所示。

图14.46 绘制其他按钮　　　　　　　　　图14.47 设置大小

步骤5 单击"排列"组中的"对齐"按钮,在展开的列表中选择"垂直居中"和"横向分布"选项,将几个按钮上下居中对齐,以及左右均匀分布,如图14.48所示;再单击"组合"按钮,在展开的列表中选择"组合"选项,组合所选按钮,效果如图14.49所示。

图14.48 设置对齐　　　　　　　　　图14.49 组合按钮效果

步骤6 单击"绘图工具/格式"选项卡"形状样式"组中的"其他"按钮,在展开的列表中为动作按钮添加系统内置的样式,如图14.50所示。

图14.50 为按钮添加系统内置样式

步骤7 保持动作按钮的选中状态,按Ctrl+C组合键,然后切换到第4张幻灯片,按Ctrl+V组合键,将按钮复制到第4张幻灯片;利用相同的方法,将按钮复制到后面的几张幻灯片中。至此,动作按钮添加完毕。

提示: 为文字、图片等对象设置动作时,只需选中对象,然后单击"插入"选项卡"链接"组中的"动作"按钮,在打开的"动作设置"对话框中进行设置即可。

3. 为幻灯片设置切换效果

为幻灯片添加切换效果的具体操作步骤如下:

步骤 1 在"幻灯片"窗格中选中要设置切换效果的幻灯片,然后单击"切换"选项卡"切换到此幻灯片"组中的"其他"按钮,在展开的列表中选择一种幻灯片切换方式,例如,选择"飞机",如图 14.51 所示。

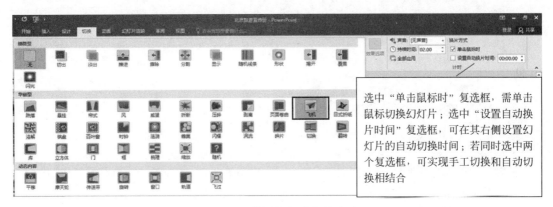

图 14.51　设置幻灯片切换方式

步骤 2 在"计时"组中的"声音"和"持续时间"下拉列表框中可选择切换幻灯片时的声音效果和幻灯片的切换速度,在"换片方式"设置区中可设置幻灯片的换片方式,本例保持默认选中的"单击鼠标时"复选框。

步骤 3 要想将设置的幻灯片切换效果应用于全部幻灯片,可单击"计时"组中的"应用到全部"按钮。否则,当前的设置将只应用于当前所选的幻灯片。

4. 为幻灯片中的对象设置动画效果

利用 PowerPoint 2016 的"动画"选项卡可以为幻灯片中的对象设置各种动画效果,利用"动画窗格"可以对添加的动画效果进行管理。

步骤 1 切换到第 2 张幻灯片,选中要添加动画效果的对象,如右侧的图片,然后单击"动画"选项卡"高级动画"组中的"动画窗格"按钮,打开"动画窗格",如图 14.52 所示。

图 14.52　打开"自定义动画"任务窗格

步骤 2 在"动画"组的动画列表中选择一种动画类型,以及该动画类型下的效果。例如,选择"进入"类型的"飞入"动画效果,如图 14.53 所示。各动画类型的作用如下:

图 14.53 选择动画效果

- 进入：设置放映幻灯片时对象进入放映界面时的动画效果。
- 强调：为已进入幻灯片的对象设置强调动画效果。
- 退出：设置对象离开幻灯片的动画效果，让对象离开幻灯片。

步骤 3 在"动画"组的"效果选项"下拉列表中设置动画的运动方向，如选择"自左侧"；在"计时"组中设置动画的开始播放方式和动画的播放速度。本例设置如图 14.54 所示。"开始"下拉列表中各选项的作用如下：

- 单击时：在放映幻灯片时，需单击鼠标才开始播放动画。
- 与上一动画同时：在放映幻灯片时，自动与上一动画效果同时播放。
- 上一动画之后：在放映幻灯片时，播放完上一动画效果后自动播放该动画效果。

步骤 4 依次选中标题占位符和幻灯片左侧的长城，故宫与颐和园文本所在形状如图 14.55 所示，在"动画"列表下方单击"更多进入效果"选项，打开"更改进入果"对话框，选择"压缩"动画效果，单击"确定"按钮，如图 14.56 所示。

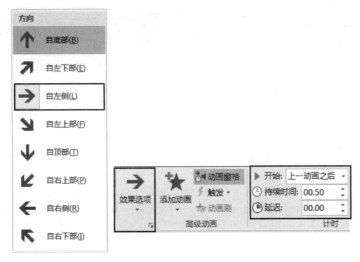
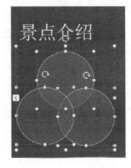

图 14.54 设置动画效果和计时选项　　　　图 14.55 选择对象

步骤 5 在"计时"组设置其开始播放方式和持续时间,如图 14.57 所示。

图 14.56 选择动画效果　　　　图 14.57 设置动画

步骤 6 选中"景点介绍"标题占位符,单击"高级动画"组中的"添加动画"按钮,在展开的动画列表中选择"强调"类的"波浪形"动画效果,如图 14.58 所示。

提示: 与利用"动画"组中的动画列表添加动画效果不同的是,利用"添加动画"列表可以为同一对象添加多个动画效果;而利用"动画"组只能为同一对象添加一个动画效果,后添加的效果将替换前面添加的效果。

步骤 7 在 PowerPoint 右侧的"动画窗格"中可以查看和编辑为当前幻灯片中的对象

添加的所有动画效果。这里在动画窗格中单击选中上步添加的强调类动画，然后单击右侧的三角按钮，在展开的列表中选择"效果选项"，如图14.59所示。

图14.58 添加"强调"类动画效果

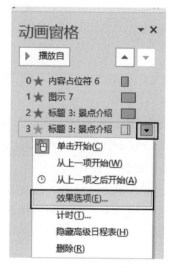

图14.59 动画窗格

步骤8 弹出动画属性对话框，在"效果"选项卡中设置动画的声音效果，动画播放结束后对象的状态，以及动画文本的出现方式，本例保持默认设置，如图14.60所示。

图14.60 设置增强效果选项

步骤 9 切换到"计时"选项卡，可以设置动画的开始方式、延迟时间和动画重复次数等。这里将期间设为中速，动画重复次数设为 3，单击"确定"按钮，如图 14.61 所示。

图 14.61 设置计时选项

提示：如果要将设置的动画效果应用于幻灯片中的其他对象或其他幻灯片，可利用"高级动画"组中的"动画刷"按钮，其使用方法与 Word 中的"格式刷"类似。

步骤 10 放映幻灯片时，各动画效果将按在"动画窗格"任务窗格的排列顺序进行播放，也可以通过拖动方式调整动画的播放顺序，或在选中动画效果后，单击"动画窗格"上方的上、下按钮来排列动画的播放顺序。

习　　题

1. 如果希望放映演示文稿时单击幻灯片中的某个对象打开指定的网页，应如何设置？
2. 要将幻灯片的切换方式设为手动切换和自动切换结合，应如何操作？
3. 如何为幻灯片中的同一个对象添加进入、强调和退出动画效果？
4. 如何利用触发器控制动画或音频的播放？

14.4　放映和打包北京旅游宣传册演示文稿

14.4.1　情景引入

通过前面的几个任务，"北京旅行社宣传册"演示文稿便已制作好了。接下来，小李开始设置演示文稿放映效果和放映的操作。确认演示文稿没有问题后，小李将演示文稿打包，交给张经理在全国旅行社推介会上放映。

14.4.2　知识链接

- **放映前的设置**：在放映幻灯片前，可以创建自定义放映集、隐藏不需要放映的幻灯片等。

- 放映幻灯片：放映幻灯片时，可以通过鼠标和键盘对放映过程进行控制，以及添加墨迹注释等。
- 打包演示文稿：为了方便在其他计算机中放映演示文稿，可以将演示文稿打包。

14.4.3 任务实施

1. 自定义放映

下面将现有演示文稿中的指定幻灯片组成一个新的放映集"北京游"，具体操作步骤如下：

步骤 1 单击"幻灯片放映"选项卡"开始放映幻灯片"组中的"自定义幻灯片放映"按钮。在展开的列表中选择"自定义放映"选项，打开"自定义放映"对话框，单击"新建"按钮，如图 14.62 所示。

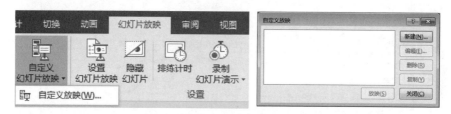

图 14.62 打开"自定义放映"对话框

步骤 2 打开"定义自定义放映"对话框，在"幻灯片放映名称"编辑框中输入放映集名称；在"在演示文稿中的幻灯片"列表中依次选中要加入自定义放映集的幻灯片左侧的复选框，然后单击"添加"按钮，将所选幻灯片添加到右侧的"在自定义放映中的幻灯片"列表中，如图 14.63 所示。

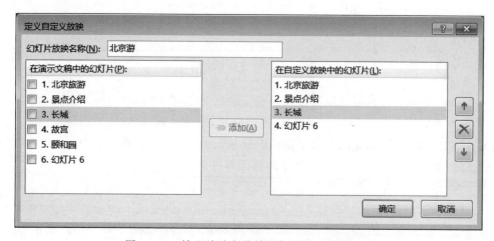

图 14.63 输入放映名称并添加要放映的幻灯片

步骤 3 单击"定义自定义放映"对话框中的"确定"按钮，返回"自定义放映"对话框，此时在对话框的"自定义放映"列表中将显示创建的自定义放映集。单击"关闭"按钮，完成自定义放映集的创建。

步骤 4 单击"自定义幻灯片放映"按钮，在展开的列表中可看到新建的自定义放映集，单击即可放映。

提示：除了通过自定义放映方式放映指定的幻灯片外，也可在"幻灯片"窗格中选择希望在放映时隐藏的幻灯片，单击"幻灯片放映"选项卡"设置"组中的"隐藏幻灯片"按钮，将其隐藏。再次执行该操作可显示隐藏的幻灯片。

2. 设置放映方式

根据不同的场所，可对演示文稿设置不同的放映方式，如可以由演讲者控制放映，也可以由观众自行浏览，或让演示文稿自动运行。此外，对于每种放映方式，还可以控制是否循环播放，指定播放哪些幻灯片以及确定幻灯片的换片方式等。具体操作步骤如下：

步骤 1 单击"幻灯片放映"选项卡中的"设置幻灯片放映"按钮，打开"设置放映方式"对话框，如图 14.64 所示。

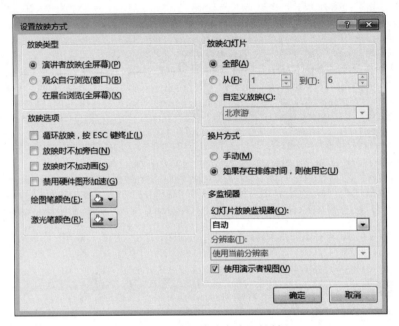

图 14.64 "设置放映方式"对话框

- 演讲者放映：这是最常用的放映类型。放映时幻灯片将全屏显示，演讲者对课件的播放具有完全的控制权。例如，切换幻灯片，播放动画，添加墨迹注释等。
- 观众自行浏览：放映时在标准窗口中显示幻灯片，显示菜单栏和 Web 工具栏，方便用户对换片进行切换、编辑、复制和打印等操作。
- 在展台浏览：该放映方式不需要专人来控制幻灯片的播放，适合在展览会等场所全屏放映演示文稿。

步骤 2 在"放映选项"设置区选择是否循环播放幻灯片，是否不播放动画效果等。

步骤 3 在"放映幻灯片"设置区选择放映演示文稿中的哪些幻灯片。用户可根据需要选择是放映演示文稿中的全部幻灯片，还是只放映其中的一部分幻灯片，或者只放映自定义放映中的幻灯片。

步骤 4 在"推进幻灯片"设置区选择切换幻灯片的方式。如果设置了间隔一定的时间自动切换幻灯片，应选择第 2 种方式。该方式同时也适用于单击鼠标切换幻灯片。

步骤 5 单击"确定"按钮，完成放映方式的设置。

3. 放映演示文稿

步骤1 用户可利用以下几种方法来启动幻灯片放映：
- 在"幻灯片放映"选项的"开始放映幻灯片"组中单击"从头开始"按钮，或者按 F5 键，从第 1 张幻灯片开始放映演示文稿。
- 在"开始放映幻灯片"组中单击"从当前幻灯片开始"按钮，或者按 Shift+F5 组合键，可从当前幻灯片开始放映。

步骤2 在放映过程中，可根据制作演示文稿时的设置来切换幻灯片或显示幻灯片内容。例如，通过单击切换幻灯片和显示动画，通过单击超链接跳转到指定的幻灯片。

步骤3 在放映过程中，将鼠标指针移至放映画面左下角位置，会显示一组控制按钮，利用它们可进行以下操作：
- 添加墨迹注释：单击 按钮，在弹出的列表中选择一种绘图笔，然后在放映画面中按住鼠标左键并拖动，可为幻灯片中一些需要强调的内容添加墨迹注释。
- 跳转幻灯片：单击 或 按钮可跳转到上一张或下一张幻灯片。

步骤4 放映演示文稿时，PowerPoint 还提供了许多控制播放进程的技巧，归纳如下：
- 按↓、→、Enter、空格、PageDown 键均可快速显示下一张幻灯片。
- 按↑、←、Backspace、PageUp 键均可快速显示前一张幻灯片。
- 同时按住鼠标左右键不放，可快速返回第一张幻灯片。

步骤5 演示文稿放映完毕后，可按 Esc 键结束放映，如果想在中途终止放映，也可按 Esc 键。如果在幻灯片放映中添加了墨迹标记，结束放映时会弹出提示框，单击"放弃"按钮，可不在幻灯片中保留墨迹。

4. 打包演示文稿

当用户将演示文稿拿到其他计算机中播放时，如果该计算机没有安装 PowerPoint 程序，或者没有演示文稿中所链接的文件以及所采用的字体，那么演示文稿将不能正常放映。此时，可利用 PowerPoint 提供的"打包成 CD"功能，将演示文稿及与其关联的文件、字体等打包，这样即使其他计算机中没有安装 PowerPoint 程序也可以正常播放演示文稿。

步骤1 在"文件"界面中依次单击"导出"→"将演示文稿打包成 CD"→"打包成 CD"按钮，如图 14.65 所示。

步骤2 在打开的"打包成 CD"对话框中的"将 CD 命名为"编辑框中为打包文件命名，如图 14.66 所示。

步骤3 单击"选项"按钮，打开"选项"对话框，如图 14.67 所示，利用该对话框可打包文件设置包含文件以及打开和修改文件的密码等，完成后单击"确定"按钮。

步骤4 单击"复制到文件夹"按钮，打开"复制到文件夹"对话框，设置打包的文件夹名称及保存位置，如图 14.68 所示，单击"确定"按钮。

提示：在"打包成 CD"对话框中单击"添加"按钮，打开"添加文件"对话框，利用该对话框可以向包中添加其他文件。单击"复制到 CD"按钮，会弹出提示对话框，提示用户插入一张空白 CD，以便将打包文件复制到空白 CD 中。

步骤5 弹出如图 14.69 所示的提示对话框，询问是否打包链接文件，单击"是"按钮。

步骤6 等待一段时间后，即可将演示文稿打包到指定的文件夹中，并自动打开该文件夹，显示其中的内容。最后单击"打包成 CD"对话框中的"关闭"按钮，将该对话框关闭。

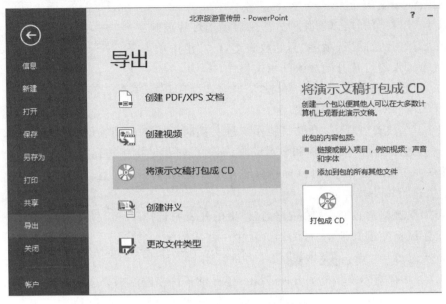

图 14.65 单击"打包成 CD"按钮

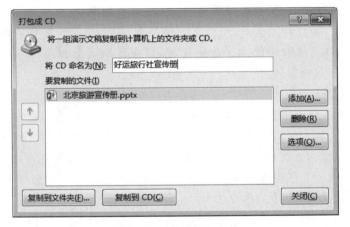

图 14.66 命名打包文件

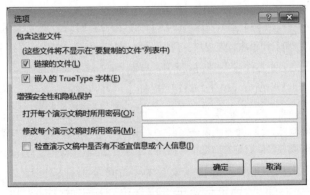

图 14.67 设置打包选项

图 14.68　设置打包文件的位置

图 14.69　提示对话框

步骤 7　将演示文稿打包后,可找到存放打包文件的文件夹,然后利用 U 盘或网络等方式,将其复制或传输到别的计算机中进行播放。

习　题

1. 要放映演示文稿中的部分幻灯片,该如何操作?
2. 要从当前幻灯片开始放映演示文稿,该如何操作?
3. 要将演示文稿拿到一台没有安装 PowerPoint 的机器上播放,该如何操作?

第 15 章　Internet 应用

随着计算机应用的普及,特别是家用计算机越来越普及,计算机向网络化发展。计算机网络是现代通信技术与计算机技术相结合的产物,就是把分布在不同地理区域的计算机与专门的外部设备用通信线路互联成一个规模大、功能强的网络系统,从而使众多的计算机可以方便地互相传递信息,共享硬件、软件、数据信息等资源。通过网络,您可以和其他连到网络上的用户一起共享网络资源,也可以和他们互相交换数据信息。

15.1　连接 Internet

连接 Internet 的基本考虑因素要想使用 Internet,必须首先使用自己的主机或终端通过某种方式与 Internet 进行连接。所谓 Internet 连接,实际上只要与已经在 Internet 上的某一主机进行连接就可以了。一旦完成这种连接过程也就与整个 Internet 接通了。这是 Internet 的优点之一。连接 Internet 有多种方法,这些方法有各自的优点和局限性。

15.1.1　Internet 连接方式

最常见的 Internet 接入方式有三种:

1. 通过局域网网关接入

在局域网中的计算机,通过本地 IP 网关(路由器)可直接与 Internet 连接,成为 Internet 上的一台主机。

计算机接入 Internet 前,需要由局域网的网络管理员分配一个固定的 IP 地址,也就是在网上唯一的 IP 地址。根据局域网 VLAN 的划分情况,还要知道网关的地址以及 DNS 服务器的 IP 地址。按照前面介绍的方法进行 IP 地址设置,就可以访问 Internet 了。

2. 拨号上网

通过电话线路接入是家庭用户最常见的上网方式,现在通过电话线路有拨号上网、ISDN、ADSL 三种接入方式。ISDN 和 ADSL 需要电信局安装专门的交换机,因此不一定所有地区都可以使用,而拨号上网只需要有畅通的电话线路。

拨号上网就是使用调制解调器拨号和 ISP 的主机连接,自动获得 ISP 动态分配的 IP 地址,可以访问 Internet。

3. ADSL 接入

ADSL(Asymmetric Digital Subscriber Line,非对称数字线路)是在普通电话线上传输高速数字信号的技术。虽然传统的 Modem 也是使用电话线传输的,但只使用了 0k~4kHz 的低频段,而电话线理论上有接近 2MHz 的带宽,ADSL 正是使用了 26kHz 以后的高频带才能提供高速的数据传输。经 ADSL 调制解调器编码后的信号通过电话线传到电信局后，通过 ADSL 交换机的信号识别/分离器，如果是语音信号就传到电话交换机上，如果是数字信号就接入 Internet。

国内采用的 ADSL 连接有两种方式：专线上网方式和虚拟拨号方式。专线方式费用采用包月方式，主要提供给单位用户使用；虚拟拨号方式采用按时间收费的方式，主要提供给家庭和个人用户使用。其实 ADSL 只是 xDSL 家族的一员，它的家族成员还包括：HDSL、SDSL、VDSL 和 RADSL 等。它们的主要区别就在传输速度和距离、上下行速率是否对称。

15.1.2　IP 地址的设置

要想连入 Internet，首先要对 IP 地址进行设置。在 Windows 桌面上右击"网上邻居"图标，在弹出的快捷菜单中选择"属性"选项，打开网络连接对话框，右击"本地连接"图标，在弹出的快捷菜单中选择"属性"选项，打开如图 15.1 所示对话框。通过用鼠标左键单击"安装"按钮，依次安装"Microsoft 网络客户端""Microsoft 网络的文件和打印机共享""TCP/IP 协议"等。在安装过程中要注意"厂商"应选择"Microsoft"。

图 15.1　本地连接属性

要想上网还要配置一个 IP 地址，就像你要有个身份证一样，IP 地址是唯一的。在本地连接属性中从已安装的组建列表中双击"Internet 协议（TCP/IP）"，打开如图 15.2 所示的"Internet 协议（TCP/IP）属性"对话框，选择使用下面的"IP 地址"来设置机器的 IP，这要根据具体情况来设置，子网掩码会自动生成为"255.255.255.0"，默认网关和 DNS 服务器地址都要根据不同的情况来填写。如图 15.2 所示本机 IP 是"219.216.250.182"，则默认网关为"219.216.250.1"。

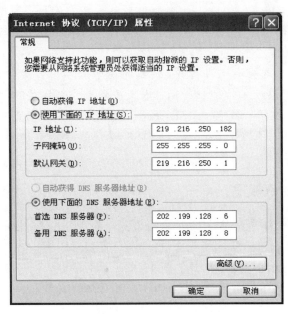

图 15.2　TCP/IP 属性

15.2　IE 浏览器

浏览器又称 Web 用户程序,它是一种用于获取 Internet 网上资源的应用程序,是查看万维网中的超文本文档及其他文档、菜单和数据库的重要工具。市面上有很多种版本的浏览器,但是用法都大致相同。这里介绍一下 IE 浏览器。IE 浏览器是嵌入在微软操作系统下的一个浏览器,下面以 IE 7.0 为例来说明浏览器的用法。

15.2.1　IE 浏览器的组成

通过在桌面上左键双击 Internet Explorer 图标或从快速启动栏的 Internet Explorer 图标等方式启动 IE 浏览器。例如打开新浪的网站,如图 15.3 所示。

IE 浏览器的界面主要有以下几部分组成:

标题栏:标题栏位于浏览器最顶端,用于显示网页的标题。

菜单栏:包括"文件""编辑""查看""收藏夹""工具""帮助";利用这些命令可以完成 IE 中几乎所有的操作。

工具栏:包括一些常用的按钮,通过单击这些按钮可以实现相应的功能。

地址栏:用于输入要浏览的网页地址。

工作区:用于显示浏览的网页信息。

15.2.2　IE 浏览器的设置

要想让自己的浏览器既好用又符合自己的习惯,就要对浏览器进行配置。在 IE 菜单栏中单击"工具",然后在下拉列表中选择"Internet 选项",如图 15.4 所示。在这里有很多实用的项目,利用这些配置可以使浏览网页更快捷方便。

图 15.3 用 IE 浏览器浏览新浪网

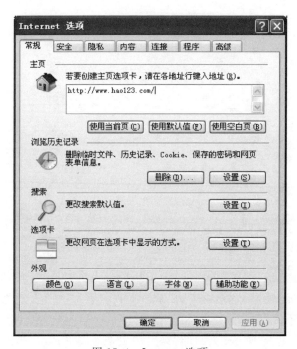

图 15.4 Internet 选项

现在我们就可以对 IE 进行配置了,例如主页,当你打开浏览器的时候不用别的操作就可以进入的页面,你可以把你经常上的页面作为主页从而省去很多麻烦。在上网过程中 IE 会自动把我们以前浏览过的图片、动画等保存在硬盘上,从而加快网页加载速度,但是时间长了,保存在硬盘上的文件越来越多就会影响机器的运行速度,所以我们可以定时清理一下,这就是删除历史记录的操作了。

有时候我们上网要用到代理服务器,这就要用到"连接"标签下的"局域网设置"按钮,然后你就可以设置代理服务器的地址和端口了。下面就以上内容,举几个具体的例子加以说明:

内容 1:Internet 的常规设置。

(1) 主页设置为:www.bkysoft.com。

(2) 网页保存在历史记录中的天数设置为:10。

(3) 删除 Cookies,删除所有脱机内容。

(4) 使用的磁盘空间设置为:1637MB。

操作步骤:

① 打开 Internet Explorer,单击"工具"菜单中的"Internet 选项"命令,进入"Internet 选项"对话框。在"常规"页面的"主页"中输入"www.bkysoft.com",如图 15.5 所示。

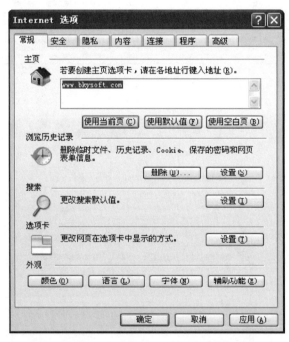

图 15.5 "Internet 选项"对话框

② 在图 15.5 中,单击"常规"页面的"浏览历史记录"的"设置"按钮,进入临时文件和历史记录设置对话框。设置网页保存在历史记录中的天数为 10,设置使用的磁盘空间为 1637MB,如图 15.6 所示。

③ 在图 15.5 中,单击"常规"页面的"浏览历史记录"的"删除"按钮,进入删除浏览的历史记录对话框。然后单击"删除 Cookie(O)"按钮,在弹出的删除 Cookies 对话框中单击"是"

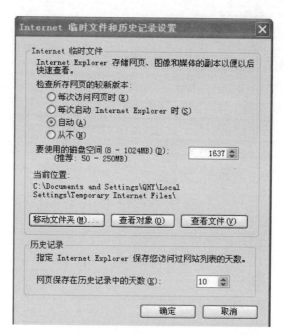

图 15.6 临时文件和历史记录设置对话框

就可以删除 Cookies。然后再单击"删除历史记录"按钮,可以删除历史记录,如图 15.7 所示。

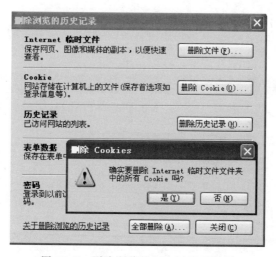

图 15.7 删除浏览的历史记录对话框

内容 2:Internet 的安全设置,设置 Internet 的安全级别为:高。
操作步骤:

① 打开 Internet Explorer,单击"工具"菜单中的"Internet 选项"命令,进入"Internet 选项"对话框。

② 在"安全"选项卡中,设置 Internet 的安全级别。Internet 的默认安全级别是中,在"该区域的安全级别"中通过鼠标拖动滚动条就可以把安全级别设置为高,如图 15.8 所示。

内容 3:Internet 的隐私设置,隐私级别设置为:阻止所有 Cookie。

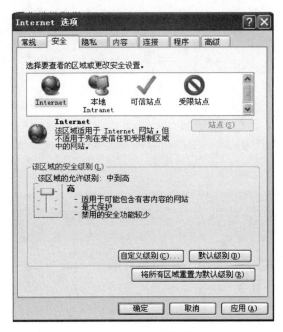

图 15.8 "安全"选项卡

操作步骤：

① 打开 Internet Explorer，单击"工具"菜单中的"Internet 选项"命令，进入"Internet 选项"对话框。

② 在"隐私"选项卡中，设置 Internet 的隐私级别。Internet 的默认隐私级别是中，在"设置"中通过鼠标拖动滚动条就可以把隐私级别设置为阻止所有 Cookie，如图 15.9 所示。

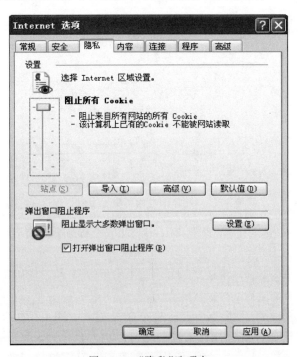

图 15.9 "隐私"选项卡

内容 4：Internet 的内容设置。

（1）个人信息自动完成设置清除表单，清除密码。

（2）个人信息自动完成功能应用于设置为禁止：Web 地址。

操作步骤：

① 打开 Internet Explorer，单击"工具"菜单中的"Internet 选项"命令，进入"Internet 选项"对话框。

② 在"内容"选项卡中，用于设定分级审查、证书和个人信息。在"自动完成"中单击"设置"按钮。在弹出的"自动完成设置"对话框中完成个人信息自动完成清除表单，清除密码的设置，如图 15.10 所示。

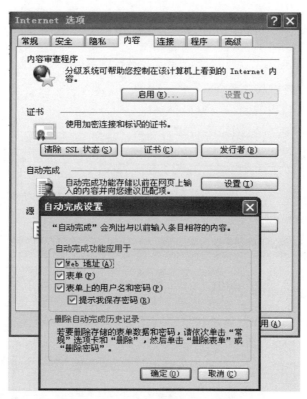

图 15.10 "自动完成设置"对话框

内容 5：Internet 的连接设置。

（1）局域网设置为：自动检测设置。

（2）局域网设置为：使用自动配置脚本。

（3）代理服务器设置为：对于本地地址不使用代理服务器。

操作步骤：

① 在"Internet 选项"对话框的"连接"选项卡中，列出了用户连接 Internet 的方式，如果用户同时建立了拨号和通过局域网连接，在每次连接时，要选择两者中的一种。

② 单击"局域网设置"按钮，弹出"局域网设置"对话框，在该对话框中，把局域网设置为自动检测设置；局域网设置为使用自动配置脚本；代理服务器设置为跳过本地地址的代理服务器，如图 15.11 所示。

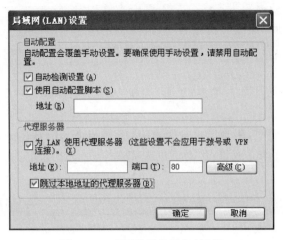

图 15.11 "局域网设置"对话框

内容 6：Internet 的程序设置。

（1）设置 HTML 编辑器的程序为：记事本。

（2）设置电子邮件程序为：Outlook Express。

（3）Internet 电话设置为：NetMeeting。

操作步骤：

"Internet 选项"对话框的"程序"选项卡用于设定采用何种程序处理电子邮件、HTML 编辑器、新闻组、Internet 电话等，如图 15.12 所示。

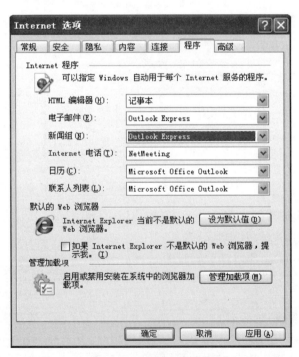

图 15.12 "程序"选项卡

当然，在 Internet 选项里并不止这些功能，这里就不一一介绍了。

15.2.3 用 IE 浏览器访问网页

我们可以直接在 IE 浏览器的地址栏里输入要访问的网址，按 Enter 键就可以进入要访问的网页了。该地址由 4 部分组成：协议名、站点位置、负责维护的组织名和标志组织类型的后缀。我们在输入的时候可以不输入协议名，例如要访问 http://www.163.com，我们可以在地址栏直接输入 www.163.com。

在上网的时候会遇到自己喜欢的网页，可以把它添加到"收藏夹"里，点击 ☆ 这个图标就可以把当前页加入"收藏夹"了，这样下次再访问这个页面的时候就可以直接从"收藏夹"里打开就可以了。如图 15.13 单击左边"收藏夹"里的链接就可以访问我们所需要的页面。

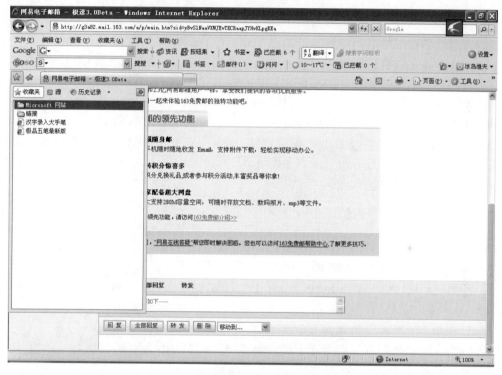

图 15.13　IE 收藏夹

上面讲到了在上网过程中 IE 会自动把我们以前浏览过的图片、动画等保存在硬盘上，从而加快网页加载速度，随着时间的推移临时文件越来越多，以前看过的网页是会打开得比较快，但是以前没打开过的网页会很慢，要想提高一下上网速度还是定期清理一下临时文件。

15.3　电子邮件

电子邮件随着计算机及互联网的广泛应用，已经成了上网必备的联系方式。随着计算机和互联网的普及，人类社会的信息交流方式发生了巨大的变化，推动着全球经济、文化、政治的发展。通过电子邮件交流已经成为现在的主要交流和联系的方式，同时由于它具有方便快捷的特点，使得人们足不出户便可以与世界上任何地方的人进行交流，大大提高了信息传播的速度。

15.3.1 电子邮件初识

通过网络的电子邮件系统，用户可以用非常低廉的价格，以非常快速的方式，与世界上任何一个角落的网络用户联系，这些电子邮件可以是文字、图像、声音等各种方式。同时，用户可以得到大量免费的新闻、专题邮件，并实现轻松的信息搜索。这是任何传统的方式也无法相比的。电子邮件还可以进行一对多的邮件传递，同一邮件可以一次发送给许多人。最重要的是，电子邮件是整个网络系统中直接面向人与人之间信息交流的系统。它的数据发送方和接收方都是人，所以极大地满足了大量存在的人与人通信的需求。

电子邮件的工作过程遵循客户端/服务器模式。每份电子邮件的发送都要涉及发送方与接收方，发送方构成客户端，而接收方构成服务器，服务器含有众多用户的电子信箱。发送方通过邮件客户程序，将编辑好的电子邮件向邮局服务器发送。邮局服务器识别接收者的地址，并向管理该地址的邮件服务器发送消息。邮件服务器只将消息存放在接收者的电子信箱内，并告知接收者有新邮件到来。接收者通过邮件客户程序连接到服务器后，就会看到服务器的通知，进而打开自己的电子信箱来查收邮件。

通常 Internet 上的个人用户不能直接接收电子邮件，而是通过申请 ISP 主机的一个电子信箱，由 ISP 主机负责电子邮件的接收。一旦有用户的电子邮件到来，ISP 主机就将邮件移到用户的电子信箱内，并通知用户有新邮件。因此，当发送一封电子邮件给另一个客户时，电子邮件首先从用户计算机发送到 ISP 主机，再到 Internet，再到收件人的 ISP 主机，最后到收件人的个人计算机。

15.3.2 申请电子邮箱

现在，很多网站的电子邮箱都是免费的，并且现在的存储空间越来越大，那怎么才能获得一个免费的电子邮箱呢？下面举一个申请 163 邮箱的例子。

在 IE 浏览器地址栏中输入 http://mail.163.com，就可以打开 163 邮箱页面，如图 15.14 所示。

单击"注册 3G 网易免费邮箱"按钮，就会进入申请"网易通行证界面"，如图 15.15 所示，根据网页上的提示填写好所有带 * 的内容，不带 * 的可填可不填，都填好后单击"注册账号"按钮就完成注册了。

这样电子邮箱就申请好了，你现在可以单击"进入 3G 免费邮箱"就可进入自己的邮箱了，也可以在 163 邮箱页面输入刚申请的用户名和密码就可以进入邮箱。

15.3.3 收发邮件

我们现在已经有了一个电子邮箱就可以用它来收发邮件了。进入邮箱，在界面左侧用鼠标左键单击"写信"按钮，打开如图 15.16 所示页面。

在"收件人"文本框输入要发给的人的邮箱地址，在"主题"文本框输入邮件主题，在征文处输入要写的内容，还可以添加附件，单击"添加附件"按钮，选择想要加入的附件，然后单击发送就成功发送了一封电子邮件。

接收邮件跟发送邮件一样，要先登录邮箱，单击"收信"按钮打开收件箱列表，单击邮件主题就可以阅读收到的邮件，阅读完了还可以回复邮件，只要单击"回复"按钮，后面的操作就跟发邮件的操作一样了。

图 15.14　163 邮箱首页

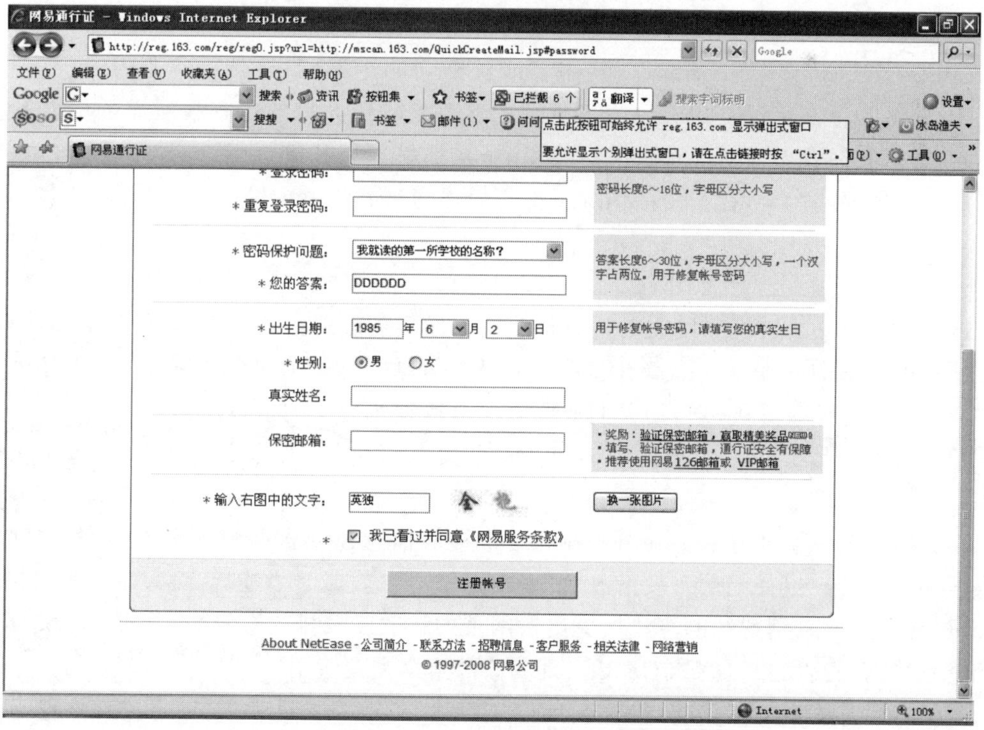

图 15.15　申请网易通行证

Internet 应用

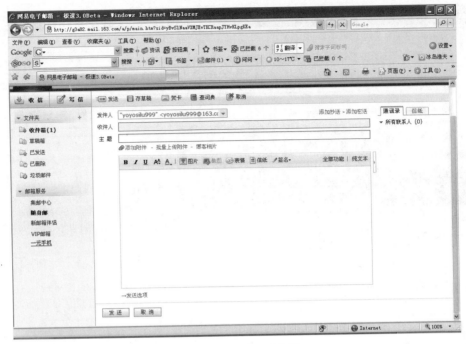

图 15.16　网易电子邮箱

15.4　Internet 资源搜索

Internet 是一个巨大的信息库，其内容涉及不同的主题，包括各行各业的内容，为人们的生活、学习和工作等提供了极大的方便。我们浏览网页的目的是查找所需的信息和获得相关的服务，我们就要知道怎么去找这些资源，在那里可以找到它们，怎样才能更快更准确地找到我们想要的内容，在需要的情况下把它们保存到我们的电脑上。

15.4.1　搜索引擎

搜索引擎是一个对互联网上的信息资源进行搜集整理的查询系统，它包括信息搜集、信息整理和用户查询三部分。搜索引擎是一个提供信息"检索"服务的网站，它使用某些程序把因特网的所有信息归类以帮助人们能更方便地找到所需要的信息。

搜索引擎按其工作方式可以分为三种：全文搜索引擎、目录索引搜索引擎和元搜索引擎。

全文搜索引擎主要是从 Internet 各网站中提取信息建立自己的网页数据库，实现自动信息搜集。当用户以关键词查找信息时，搜索引擎会在数据库中进行搜索，如果找到与关键词相符的网站，便采用特殊的算法计算出各网页的相关度及排名等级，然后根据相关度将这些网页链接返回给用户。例如 Google、百度等都是全文搜索引擎。

目录索引搜索引擎就是将网站分门别类地存放在相应的目录中，用户在查询信息时可选关键词搜索，也可按分类目录逐层查找。关键词搜索返回的结果与全文搜索引擎是一样的。目录索引虽然具有搜索功能，但严格意义上算不上是搜索引擎，仅仅是按目录分类的网站链接列表而已。例如新浪、网易等都属于目录索引。

元搜索引擎在接受用户查询请求时,同时在其他多个引擎上进行搜索,并将结果返回给用户。

15.4.2　页面保存

保存页面非常简单,如果你想保存当前页,只要单击"文件",在下拉菜单中选择"另存为"命令,输入所要存放的路径保存即可。有时候我们并不想要保存整个页面,而是想保存某幅图片,在图片上右击,在弹出的快捷菜单中选择"图片另存为"选项即可。还有一种情况就是有些站点采用了禁用鼠标右键的设置,我们可以直接把页面保存下来,在所保存的文件中有该网页的素材资料,图片自然在其中了。

15.4.3　文件下载

当我们需要保存某个资源时,可以用 IE 直接进行下载,单击该资源的链接就会弹出让用户保存的对话框,选择保存路径设置好保存名字之后就可以单击"保存"按钮,当显示"下载完毕"后你就可以单击"打开"按钮或单击"打开文件夹"按钮来打开所下载的文件。当然下载时也可以在文件链接上右击,在弹出的快捷菜单中选择"目标另存为"选项进行下载。使用 IE 直接进行下载是非常方便的,但是他有两个非常明显的不足,第一,IE 下载不能"断点续传",就是在下载过程中如果出现断网、死机等情况就要重新下载,第二,IE 下载不能多线程,否则下载速度会受限制。如果要下载比较大的数据,可以采用下载工具下载。目前的下载工具都支持断点续传功能,用得比较广泛的是迅雷和 FlashGet,这两种下载工具在下载上用法差不多,这里来举一个用迅雷下载的例子。最简单的一种方法是右键单击资源链接,在弹出列表中选择"使用迅雷下载",迅雷开始下载该文件。如果知道资源的 URL 地址就可以单击"新建"按钮,就会弹出如图 15.17 所示的对话框,在网址的文本框里输入资源的URL,设置好存储路径和另存名称,单击"确定"按钮,资源就开始下载了。

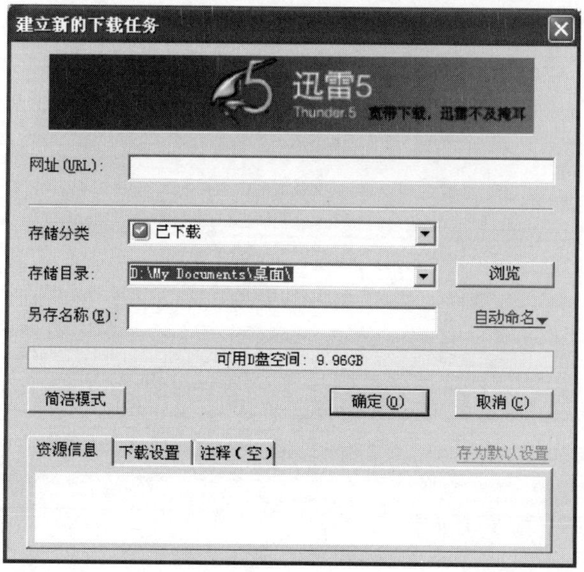

图 15.17　新建迅雷下载任务

当出现死机、断网等特殊情况时,迅雷会自动断开链接。并且在下次打开时可以继续下载上次没下完的文件。

习　　题

一、选择题

1. IP 地址 192.168.0.244 是(　　)IP。
   A. A 类　　　　　B. B 类　　　　　C. C 类　　　　　D. D 类
2. IP 地址 192.168.0.74 的主机号是(　　)。
   A. 192　　　　　B. 168　　　　　C. 0　　　　　D. 74
3. IP 地址 192.168.0.74 的默认网关是(　　)。
   A. 192.168.0.74　　　　　　　　　B. 192.168.0.1
   C. 192.168.250.1　　　　　　　　D. 219.216.0.1

二、填空题

1. _____是用来判断任意两台计算机的 IP 地址是否属于同一子网络的根据。
2. 搜索引擎按其工作方式可以分为三种:_____、_____和_____。
3. IP 地址可以分成_____和_____两部分。

三、简答题

1. Internet 的连接方式有哪些?
2. 判断 IP 地址 192.168.0.177 和 IP192.168.0.77 是否属于同一子网络?

四、操作题

申请一个新浪的免费电子邮箱。

第 16 章 网页设计

16.1 HTML 语言

HTML 是 Hypertext Markup Language 的缩写,即超文本标记语言。它是用于创建可从一个平台移植到另一平台的超文本文档的一种简单标记语言,经常用来创建 Web 页面。用 HTML 编写的超文本文档称为 HTML 文档,它能独立于各种操作系统平台。自 1990 年以来 HTML 就一直被用作 WWW 上的信息表示语言,用于描述 Homepage 的格式设计和它与 WWW 上其他 Homepage 的连接信息。HTML 文件是带有格式标识符和超文本链接的内嵌代码的 ASCII 文本文件,通常它带有.html 或.htm 的文件扩展名。

HTML 是制作网页的基础,早期的网页都是直接用 HTML 代码编写的,不过现在有很多智能化的网页制作软件,如 FrontPage、Dreamweaver 等,通常不需要人工去写代码,而是由这些软件自动生成的。尽管不需要自己写代码,但了解 HTML 代码仍然非常重要,是学习网络营销与电子商务的技术基础知识。

HTML 语言是通过利用各种标记来标识文档的结构以及标识超链接的信息。虽然 HTML 语言描述了文档的结构格式,但并不能精确地定义文档信息必须如何显示和排列,而只是建议 Web 浏览器应该如何显示和排列这些信息,最终在用户面前的显示结果取决于 Web 浏览器本身的显示风格及其对标记的解释能力。这就是为什么同一文档在不同的浏览器中展示的效果会不一样。

虽然 HTML 是一种语言,但 HTML 不是程序语言,如 C++ 和 Java 之类,它只是标示语言,只要明白了各种标记的用法便算学会了 HTML。HTML 的格式非常简单,只是由文字及标记组合而成,因此任何文本编辑器都可以制作 HTML 页面,当然也有专业的 HTML 代码的制作工具。但目前"所见即所得"的编辑器逐渐被网站设计人员接受,如 Frontpage、Dreamweaver 等,虽然这类编辑器不需要你非常熟悉 HTML 代码,但毕竟是以 HTML 为基础,有些必要的语法和页面的优化仍然要用到 HTML 代码。

16.1.1 HTML 的基本框架

<HTML></HTML>:HTML 标签放置于 HTML 文件的头尾,它的作用是告诉浏览器这个文件是 HTML 文件。

<HEAD></HEAD>:HEAD 标签一般在 HTML 标签和 BODY 标签的中间,是用来定义一些头部说明。

<TITLE></TITEL>:TITLE 标签是用来定义这个 HTML 文档的标题,让浏览者访

问网页时能够一下子明白网页的相关内容。它将显示在浏览器左上方。

<BODY></BODY>：在<BODY>标签里，可以定义网页的背景色、文字、链接等的颜色，甚至可以调入一些程序执行。在<BODY>和</BODY>中间，是网页的主要内容，是直接呈现给网友的部分。具体格式如下：

```
< HTML >
< HEAD >
    < TITLE > 标题 </ TITLE >
</ HEAD >
< BODY >
    正文
</ BODY >
</ HTML >
```

我们可以看一下 HTML 语言是怎样在页面中显示的，在"记事本"里输入下面代码：

```
< HTML >
< HEAD >
    < TITLE > 测试页面 </ TITLE >
</ HEAD >
< BODY >
    在这里显示正文内容
</ BODY >
</ HTML >
```

然后保存文件，文件扩展名必须是".html"或"htm"，这样就可以用浏览器来打开这个页面了，上面代码显示如图 16.1 所示。HTML 文件中的空格都是无效的，它的最终显示效果完全由标记来决定，因此在写 HTML 语言时最好能使标记对齐，这样容易看出各标记的配对情况。

图 16.1　HTML 如何显示

16.1.2 HTML 标记

HTML 元素是构成 HTML 文档的基本单位,它通常由起始标记、内容和结束标记组成。HTML 的标记总是封装在由<和>构成的一对尖括号之中。

1. 单标记

某些标记称为"单标记",因为它只需单独使用就能完整地表达意思,这类标记的语法是:<标记>

最常用的单标记是<P>,它表示一个段落的结束,并在段落后面加一空行。

2. 双标记

另一类标记称为"双标记",它由"始标记"和"尾标记"两部分构成,必须成对使用,其中始标记告诉 Web 浏览器从此处开始执行该标记所表示的功能,而尾标记告诉 Web 浏览器在这里结束该功能。始标记前加一个斜杠"/"即成为尾标记。这类标记的语法是:

<标记>内容</标记>

3. 标记属性

许多单标记和双标记的始标记内可以包含一些属性,其语法是:

<标记 属性1 属性2 属性3 ……>

各属性之间无先后次序,属性也可省略(即取默认值),例如单标记<HR>表示在文档当前位置画一条水平线,一般是从窗口中当前行的最左端一直画到最右端。在 HTML 3.0 中此标记允许带一些属性:

<HR SIZE=3 ALIGN=LEFT WIDTH="75%">

其中 SIZE 属性定义线的粗细,属性值取整数,缺省为1;ALIGN 属性表示对齐方式,可取 LEFT,CENTER,RIGHT;WIDTH 属性定义线的长度,可取相对值,缺省值是"100%"。

常用的 HTML 标签如表 16.1 所示。

表 16.1 常用的 HTML 标签

标签	描述	属性
头部标签		
<HEAD>	标识 HTML 头部的开始和结束	
<TITLE>	设定显示在浏览器左上方的标题内容	
<LINK>	设定外部文件的链接	
<SCRIPT>	设定页面中程序脚本的内容	
主体标签		
<BODY>	标识主体内容的开始和结束	Text、Bgcolor、Background 等
<H>	标题标记,定义了6级,H1 到 H6	
<P>	段落标记	
 	换行标记	
<CENTER>	居中标记	
<HR>	水平线标记	Width、Size、Color 等

续表

标签	描述	属性
\<A\>	链接标记	Href、Name、Title、Target
\<IMG\>	插入图片标记	Src、Width、Height 等
\<TABLE\>	表格标记	Width、Height、Bgcolor 等
\<TR\>	表格行标记	
\<TD\>	表格列标记	
\<FORM\>	表单标记	Name、Method、Action
\<INPUT\>	输入标记	Name、Type
\<SELECT\>	菜单标记	Name、Size、Value 等
\<MARGUEE\>	滚动文字标记	Width、Height、Bgcolor 等
\<EMBED\>	嵌入多媒体标记	Src、Width、Height
\<BGSOUND\>	背景音乐标记	Src

标题标记的格式为\<h\>和\</h\>，被用来设置标题字体大小。HTML准许有\<h1\>到\<h6\>6级标题，输入以下代码则显示结果如图16.2所示。

```
<html>
<head>
    <title>测试文件</title>
</head>
<body>
    <h1>H1 标题字</h1>
    <h2>H2 标题字</h2>
    <h3>H3 标题字</h3>
    <h4>H4 标题字</h4>
    <h5>H5 标题字</h5>
    <h6>H6 标题字</h6>
</body>
</html>
```

HTML提供了字体定位的三个标记：align=left 左对齐，align=center 居中对齐，align=right 右对齐。把前面的代码修改为下面代码，显示效果如图16.3所示。

```
<html>
<head>
    <title>测试文件</title>
</head>
<body>
    <h2 align=left>文本左对齐</h2>
    <h2 align=center>文本居中对齐</h2>
    <h2 align=right>文本右对齐</h2>
</body>
</html>
```

设置背景颜色，\<body Bgcolor="pink"\>则页面背景变为粉红色，任何纯的颜色都可以用英文来表示，只要把上面代码改为以下代码，显示效果如图16.4所示。

图 16.2　标题字显示

图 16.3　对齐方式

```
< html >
< head >
    <title>测试文件</title>
</head>
< body Bgcolor = "pink">
    < h2 align = left >文本左对齐</h2 >
    < h2 align = center >文本居中对齐</h2 >
    < h2 align = right >文本右对齐</h2 >
</body >
</html >
```

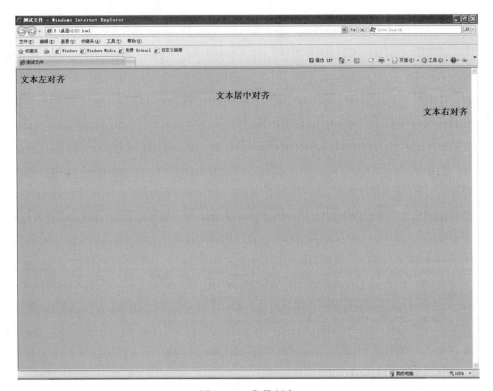

图 16.4　背景颜色

表格不仅可以内嵌各种 HTML 所允许的内容,还能将各个内容按要求整齐地排列,来达到布局效果。下面来学习一下表格元素的用法,输入以下代码,则会显示如图 16.5 所示的内容。

```
< html >
< head >
    <title>测试文件</title>
</head>
< body >
    < table BORDER = 1 width = "70%">
        < TR bgcolor = "yellow">
            < TH ></TH >
            < TH >星期一</TH >
            < TH >星期二</TH >
        </TR >
```

```
            <TR>
                <TH>第一节</TH>
                <TH>语文</TH>
                <TH>数学</TH>
            </TR>
            <TR>
                <TH>第二节</TH>
                <TH>英语</TH>
                <TH>数学</TH>
            </TR>
            <TR>
                <TH>第三节</TH>
                <TH>英语</TH>
                <TH>语文</TH>
            </TR>
</body>
</html>
```

图 16.5　表格的制作

插入图片标记的格式是<img src=url>,url 是图片的路径。

下面来制作一个简单的网页,输入如下代码则会显示如图 16.6 所示的网页。

```
<html>
<head>
    <title>测试文件</title>
</head>
<body Bgcolor="pink">
    <h1 align=center>我的第一个网页</h1>
```

```
            < h2 align = left >文本左对齐</h2 >
            < HR color = "red">
            < h2 align = center >文本居中对齐</h2 >
            < HR color = "yellow">
            < h2 align = right >文本右对齐</h2 >
            < HR color = "black">
            < img src = ju.jpg >
            < a href = "http://www.163.com">链接</a>
     </body>
</html>
```

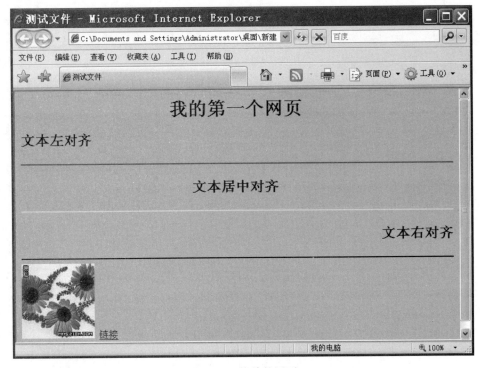

图 16.6　简单的网页

介绍这些内容的目的就是使读者对 HTML 有所了解,知道它的基本结构,知道标记是如何控制网页格式的。

16.2　Dreamweaver 简介

　　Dreamweaver 是 Macromedia 公司开发的网页制作工具。"所见即所得"如今已成为网页设计领域的一种标准模式,Dreamweaver 就是该模式的佼佼者,Dreamweaver 作为网页三剑客的重要一员,没有人会怀疑它在网页设计领域的专业性。其默认的设计模式就是一种"所见即所得"的工作模式,为网页设计初学者与入门者提供了试图化的操作环境,可方便快捷地对页面内容进行布局编排。用于设计网页的软件并不只有 Dreamweaver,对于拥有其他网页软件设计经验,却没接触过 Dreamweaver 的人来说,由于其"所见即所得"的操作环境使这部分人可以很快熟悉 Dreamweaver 的各项操作来进行网页设计。

16.2.1 Dreamweaver 8 初识

在默认状态下，Dreamweaver 8 的界面布局由标题栏、菜单栏、"插入"面板、编辑区、属性面板、标签选择器和面板组构成，如图 16.7 所示。

图 16.7　Dreamweaver 8 的界面

（1）标题栏：显示 Dreamweaver 的版本、网页的名字以及路径。

（2）菜单栏：位于标题栏的下方，其中包含了 Dreamweaver 8 绝大部分功能，有"文件""编辑""查看""插入""修改""文本""命令""站点""窗口""帮助"组成，选择相应的菜单项，就可以展开一个下拉菜单，选择相应的命令进行相关操作。

（3）"插入"面板：Dreamweaver 8 将网页相关的内容比如超链接、表单控件、特殊字符等封装成各种对象，并把它们放到"插入"面板上，当要在网页中插入某个对象时，只要单击对应的对象按钮即可。

（4）编辑区：Dreamweaver 8 中有"代码""设计"和"拆分" 3 种编辑模式，随着编辑模式的不同，我们看到编辑区也不同。"代码"模式下显示网页中所有 HTML 代码，以及其他代码内容，是一个专业的代码编写模式。"设计"模式就是"所见即所得"模式，在此模式下可以查看网页的设计效果。"拆分"模式由"代码"和"设计"两种模式组成，可同时看到页面设计和网页代码内容。

（5）属性面板：显示和编辑选定对象的各种属性，属性面板是最常用的面板，无论要编辑哪个对象的属性，都要用到它，其内容也随着选择对象的不同而改变。

（6）标签选择器：用来查看网页内容的代码标签，当用户在页面上选择某一项内容或是定位光标于某个位置时,将显示所选内容或当前位置所属标签,用户也可单击所显示标签中的项目,从而在网页中选取该标签中包含的内容。

（7）面板组:Dreamweaver 8 为用户提供了丰富的功能面板,将大部分面板集合在一起组成面板组,包括"CSS""应用程序""标签检查器""文件"。"CSS"面板用来定义和管理网页中的样式。"应用程序"面板包含了"数据库""绑定""服务器行为"和"组件"4 个面板。"标签检查器"面板包含了"常规""浏览器特定的""CSS/辅助功能"和"语言"4 个面板。"文件"面板包含了"文件"和"资源"两个面板,分别用来管理网站的所有文件和各类资源。

16.2.2 简单操作

1. 插入文本

文本是网页中的基本元素,虽然向网页中添加文本的方法非常简单,但要组织协调它们并不容易,这就要使用文本的属性标记对文本进行格式化。在文档窗口内输入一些文字,下面就来设置这些文字的属性,可以通过屏幕下方的"属性"面板来设置这些文字的属性。用"格式"下拉框可以设置文字的大小,"格式"下拉框对文本的整个段落起作用。用"大小"下拉框也可以设置文字的大小。不过,"大小"下拉框设定的数据仅对选中的文字有效,跟一般的文字处理相同,也可以设置字体、加粗和倾斜等格式,如图 16.8 所示。

图 16.8　文字的属性

2. 插入图片

将文本光标移到要插入图片的地方,选择"插入"菜单中的"图像"选项,在出现的文件对话框中选择要插入的图片。打开如图 16.9 所示的"属性"面板,图片的"属性"面板跟文本的差不多,也有不一样的地方,如图 16.9 所示的宽度、高度等。

图 16.9　图片的属性

3. 超链接

使一些文字成为超链接的方法非常简单,用鼠标选中要变成超链接的文字,然后在"属性"面板的"链接"输入框中输入要跳转到的目标页面,也可以按下输入框旁的文件夹图标,选择要跳转的文件。当单击超链接文字时,页面就会自动跳转到链接的页面或文件。图片与文字的超链接很相似,图片也可以作为超链接。在 HTML 中还可以实现功能更强大的超级链接,就是一幅图片被分为若干区域,这些区域被称为热点区域,不同的热点区域对应不同的超级链接,即用鼠标点击画面不同位置可以跳转到不同的页面。现在学习制作热点区域,如图 16.10 所示。在画框工作区选择多边形工具把鼠标移到雪人的边缘一点处,单击鼠标,沿学人边界移动鼠标(鼠标左键没有按下)当移动到一点时,单击鼠标,在图像上沿雪人的边缘画一个多边形，这样就制作了雪人这个热点区域，然后设置热点区域的链接目标，选中热点区域，在"属性面板"的"链接"输入框中输入链接目标。按照这种方法可以把一幅图片设置多个超链接。

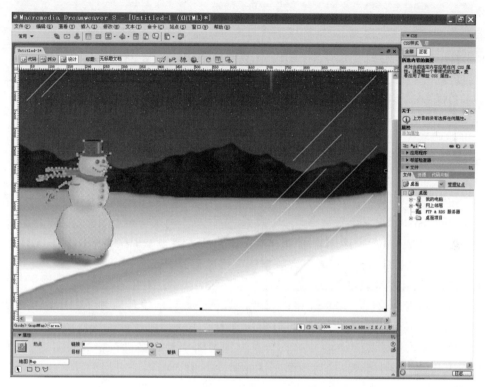

图 16.10　图片的超链接

16.2.3　页面布局

在编辑网页前应该首先对网页进行整体布局设置。合理的布局使网页看起来美观大方，并且便于网页元素的插入与编辑。创建页面布局的一种常用的方法是使用 HTML 表格对元素进行定位。但是，使用表格进行布局不太方便，因为最初创建表格是为了显示表格数据，而不是用于对 Web 页进行布局。为了简化使用表格进行页面布局的过程，Dreamweaver 8 提供了"布局"模式。

在"布局"模式中，您可以使用表格作为基础结构来设计您的页面，同时避免使用传统的方法创建基于表格的设计时经常出现的一些问题。

表格是用于在 HTML 页上显示表格式数据以及对文本和图形进行布局的强有力的工具。表格由一行或多行组成；每行又由一个或多个单元格组成。在创建表格之后，可以方便地修改其外观和结构。您可以使用表格快速轻松地创建布局。在绘制布局表格或布局单元格之前，必须从"标准"模式切换到"布局"模式。如果在"布局"模式中创建布局表格，则在向表格中添加内容或对表格进行编辑之前最好切换回"标准"模式。若要切换到"布局"模式，请执行以下操作：如果您正在"代码"视图中工作，选择"查看"下拉菜单下的"设计"。

在"代码"视图中您无法切换到"布局"模式。执行下列操作之一：

(1) 选择"查看"下拉菜单中"表格模式"的"布局模式"。
(2) 在"插入"栏的"布局"类别中单击"布局模式"按钮。
(3) "文档"窗口的顶部会出现"布局模式"。如果您的页上存在表格，则它们显示为布局表格。

若要切换出"布局"模式，请执行以下操作之一：
(1) 在"文档"窗口的顶部，单击标有"布局模式"中的"退出"按钮。
(2) 选择"查看"下拉菜单中"表格模式"的"标准模式"。
(3) 在"插入"栏的"布局"类别中单击"标准模式"按钮。

1. 插入表格

可以使用插入栏或"插入"菜单来创建一个新表格。具体步骤如下：
(1) 在文档窗口的设计视图中，将插入点放在需要插入表格的位置。
(2) 单击插入栏"常用"类别中的"表格"按钮，或选择"插入"下拉菜单中的"表格"选项。
(3) 按需要设置表格参数，完成表格的创建。

2. 向单元格中添加内容

(1) 可以像 Word 等文本编辑器中一样在表格单元格中添加文本和图像等元素。
(2) 在该对话框中，输入有关包含数据的文件的信息。

3. 设置表格和单元格的格式

可以通过设置表格及表格单元格的属性或将预先设置的设计应用于表格来更改表格的外观。若要设置表格中文本的格式，可以对所选的文本应用格式设置或使用样式。

(1) 关于表格格式设置中的冲突。当在设计视图中对表格进行格式设置时，我们可以设置整个表格或表格中所选行、列或单元格的属性。如果将整个表格的某个属性设置为一个值，而将单个单元格的属性设置为另一个值，则单元格格式设置优先于行格式设置，行格式设置又优先于表格格式设置，即表格格式设置的优先顺序为：单元格→行→表格。

(2) 查看和设置表格属性。选择一个表格，单击"窗口"菜单中的"属性"命令，打开属性检查器，通过设置属性更改表格的格式设置。

4. 调整表格的大小

通过拖动选择控制点可以调整整个表格或单个行和列的大小，当调整整个表格的大小时，表格中的所有单元格按比例更改大小。

5. 更改行高或列宽

通过使用属性检查器或拖动行或列的边框，可以更改行高或列宽。还可以使用代码直接在 HTML 代码中更改单元格的高度和宽度。

6. 添加及删除行和列

(1) 添加、删除行和列，应首先确定操作的位置，选定当前的行或列。
(2) 添加及删除行和列，单击"修改"菜单中"表格"子菜单中的命令。
(3) 若要一次添加多行或多列，或者在当前单元格的下面添加行或在其右边添加列，单击"修改"菜单中"表格"子菜单中的"插入行或列"命令，此时会出现"插入行或列"对话框。在该对话框中输入必要的信息，然后单击"确定"按钮。
(4) 清除完整的行或列时，可以在选择后直接按 Delete 键；整个行或列将从表格中删除。

7. 嵌套表格

嵌套表格是放置在另一个表格的单元格中的表格。可以像对其他任何表格一样对嵌套表格进行格式设置；但是，其宽度受它所在单元格的宽度的限制。

8. 剪切、拷贝和粘贴单元格

可以一次剪切、拷贝或粘贴单个单元格或多个单元格，并保留单元格的格式设置。

16.2.4 网页制作举例

下面我们制作一个简单的网页

使用 Dreamweaver 8 新建一个 HTML 网页。

单击"文件"菜单中的"保存"命令，保存网页并命名为"index.html"。

设置网页标题，即在"文档"窗口的文档工具栏中的标题文本框中输入网页的标题"中国大学介绍"。

单击常用对象面板上的表格图标，插入一个 4 行 2 列宽度为 70%、边框为 1、单元格边距为 4、单元格间距为 0 的表格。把表格设置对齐方式为居中。

合并第一行所有单元格，并设置其背景颜色为浅蓝色，高度为 60。在合并的单元格中输入"中国大学"，设置格式为标题 1、字体为黑体、颜色为白色。

单击常用对象面板上的图片图标，在第 2 行的第一个单元格中插入中国人民大学的图片，在其属性面板的"替换"属性中输入"中国人民大学"，"链接"属性中输入中国人民大学的网址建立图片超链接，在第二个单元格输入中国人民大学的介绍文本。

依次在下面的单元格中仿照上面步骤输入其他大学，输入完成后，保存并浏览这个网页如图 16.11 所示。

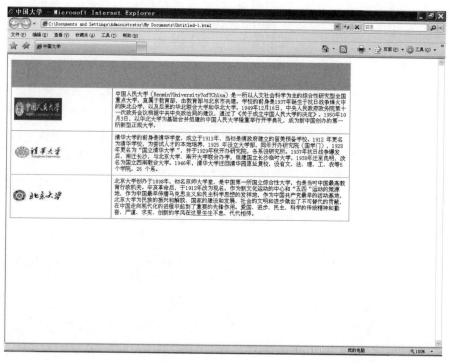

图 16.11 中国大学介绍网

16.3　Flash 简介

Flash 是一种动画编辑软件,用它可以制作动画,这个动画可以插入到 HTML 里,也可以单独成为网页。Flash 特别适用于创建通过 Internet 提供的内容,因为它的文件非常小。Flash 是通过广泛使用矢量图形做到这一点的。与位图图形相比,矢量图形需要的内存和存储空间小很多,因为它们是以数学公式而不是大型数据集来表示的。位图图形之所以更大,是因为图像中的每个像素都需要一组单独的数据来表示。Flash 已经成为业界的标准,并代表着新技术发展的方向。

16.3.1　Flash 8 初识

Flash 是一种创作工具,设计人员和开发人员可使用它来创建演示文稿、应用程序和其他允许用户交互的内容。Flash 可以包含简单的动画、视频内容、复杂演示文稿和应用程序以及介于它们之间的任何内容。通常,使用 Flash 创作的各个内容单元称为应用程序,即使它们可能只是很简单的动画。您可以通过添加图片、声音、视频和特殊效果,构建包含丰富媒体的 Flash 应用程序。

Flash 特别适用于创建通过 Internet 提供的内容,因为它的文件非常小。Flash 是通过广泛使用矢量图形做到这一点的。与位图图形相比,矢量图形需要的内存和存储空间小很多,因为它们是以数学公式而不是大型数据集来表示的。位图图形之所以更大,是因为图像中的每个像素都需要一组单独的数据来表示。

要在 Flash 中构建应用程序,可以使用 Flash 绘图工具创建图形,并将其他媒体元素导入 Flash 文档。接下来,定义如何以及何时使用各个元素来创建设想中的应用程序。

在 Flash 中创作内容时,需要在 Flash 文档文件中工作。Flash 文档的文件扩展名为 .fla(FLA)。Flash 文档有四个主要部分:

(1) 舞台是在回放过程中显示图形、视频、按钮等内容的位置。

(2) 时间轴用来通知 Flash 显示图形和其他项目元素的时间,也可以使用时间轴指定舞台上各图形的分层顺序。位于较高图层中的图形显示在较低图层中的图形的上方。

(3) 库面板是 Flash 显示 Flash 文档中的媒体元素列表的位置。

(4) ActionScript 代码可用来向文档中的媒体元素添加交互式内容。

完成 Flash 文档的创作后,可以使用"文件"中的"发布"命令发布它。这会创建文件的一个压缩版本,其扩展名为 .swf(SWF)。然后,就可以使用 Flash Player 在 Web 浏览器中播放 SWF 文件,或者将其作为独立的应用程序进行播放。这里我们只学习一下 Flash 8 的一些简单操作和图形绘制。

运行 Flash 8,首先映入眼帘的是"开始页","开始页"将常用的任务都集中放在一个页面中,包括"打开最近项目""创建新项目""从模板创建""扩展"以及对官方资源的快速访问,如图 16.12 所示。

如果要隐藏"开始页",可以单击选择"不再显示此对话框",然后在弹出的对话框中单击"确定"按钮。

如果要再次显示开始页,可以通过单击"编辑"菜单中的"首选参数"命令,打开"首选参

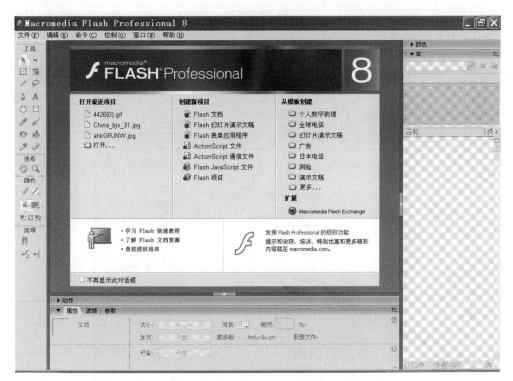

图 16.12　Flash 8 开始页

数"对话框,然后在"常规"类别中设置"启动时"选项为"显示开始页"即可。

下面介绍工作窗口:

在开始页,选择"创建新项目"下的"Flash 文档",这样就启动 Flash 8 的工作窗口并新建一个影片文档,如图 16.13 所示。

Flash 8 的工作窗口由标题栏、菜单栏、主工具栏、文档选项卡、编辑栏、时间轴、工作区和舞台、工具箱以及各种面板组成。

窗口最上方的是"标题栏",自左到右依次为控制菜单按钮、软件名称、当前编辑的文档名称和窗口控制按钮。

"标题栏"下方是"菜单栏",在其下拉菜单中提供了几乎所有的 Flash 8.0 命令项,通过执行它们可以满足用户的不同需求。

"菜单栏"下方是"主工具栏",通过它可以快捷地使用 Flash 8.0 的控制命令。

"主工具栏"的下方是"文档选项卡",主要用于切换当前要编辑的文档,其右侧是文档控制按钮。

"文档选项卡"下方是"编辑栏",可以用于"时间轴"的隐藏或显示、"编辑场景"或"编辑元件"的切换、舞台显示比例设置等。

"编辑栏"下方是"时间轴",用于组织和控制文档内容在一定时间内播放的图层数和帧数。

时间轴左侧是图层,图层就像堆叠在一起的多张幻灯胶片一样,在舞台上一层层地向上叠加。如果上面一个图层上没有内容,那么就可以透过它看到下面的图层,如图 6.14 所示。

Flash 中有普通层、引导层、遮罩层和被遮罩层 4 种图层类型,为了便于图层的管理,用户还可以使用图层文件夹。

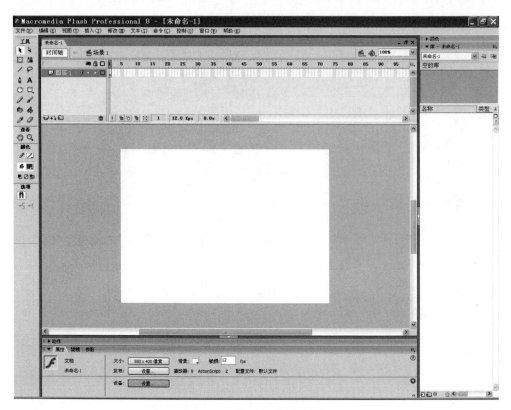

图 16.13　Flash 8 的工作窗口

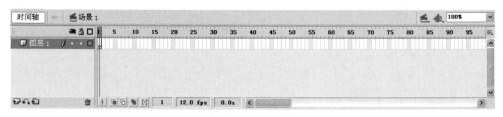

图 16.14　时间轴

"时间轴"下方是"工作区"和"舞台"。Flash 8 扩展了舞台的工作区,可以在上面存储更多的项目。舞台是放置动画内容的矩形区域,这些内容可以是矢量插图、文本框、按钮、导入的位图图形或视频剪辑等,如图 16.15 所示。

16.3.2　基本操作

1. 新建 Flash 文件

在 Flash 8 中可以创建出多种类型的文件,包括"Flash 文档""Flash 幻灯片演示文稿"和"Flash 表单应用程序"等,下面以新建"Flash 文档"为例说明一下。

启动 Flash 8 后,在 Flash 工作区域中弹出 Flash 8 向导,单击 Flash 向导中的"Flash 文档"选项,就可创建一个空的 Flash 文档。如果已经打开了 Flash 文档,想再创建一个新的文档,现在就没有 Flash 向导了,我们可以通过单击菜单栏中的文件,再单击下拉菜单中的新建命令,这时弹出"新建文档"窗口,在"新建文档"窗口"类型"列表中选择"Flash 文档",

图 16.15　舞台

然后单击"确定"按钮,这样又创建了一个新的文档。其他类型的文件跟"Flash 文档"的创建方法是一样的。

2. 选择、移动 Flash 对象

单击菜单栏中的"文件",在下拉菜单中单击"打开"命令,弹出"打开"对话框,选择要打开的文件,单击"打开"按钮,将所选择的文件打开,单击"工具"中的"选择工具"按钮,单击所要选中的图像即可选中图像,在舞台空白区单击鼠标左键,取消对图像的选择。对于 Flash 中的绘制图形,分为线段和填充颜色两部分,如果使用单击图像选中的方法,只能将对象的填充颜色部分选择,我们还可以在对象中双击鼠标左键的方法来选中对象,这样可以将填充颜色和线段部分同时选择。如果要选择对象中的一部分,可以单击"工具"中的"部分选择工具"来完成。将对象选中后可以使用"选择工具"来拖曳对象。

3. 导入、导出 Flash 对象

要想导入图像,单击菜单栏中的"文件",单击下拉菜单中"导入"命令中的"导入到舞台"命令,弹出导入对话框,找到要导入的文件,单击"打开"按钮即可把图像文件导入舞台当中。

在 Flash 中制作动画只是动画的源文件,如果想制作成可以观看的动画,必须将其导出为".swf"的文件。单击菜单栏中的"文件",单击下拉菜单中"导出"命令中的"导出影片"命令,弹出"导出影片"对话框,在"文件名"输入要导出动画的名称,选择"保存路径",单击"保存"按钮,弹出"导出 Flash Player"对话框,设置完相关参数单击"确定"按钮,动画就被导出到所选的路径中。

16.3.3 绘图工具

在 Flash 8 中，制作动画所需的图形与文字不必借助外部软件来制作，用户可以直接通过 Flash 8 自带的工具和相应的面板完成动画图形的绘制。

1. 线条工具

单击"工具箱"中的"线条工具"按钮并将其选择，单击"颜色"中的"笔触颜色"按钮，选择所要绘制线条的颜色，在舞台中拖曳鼠标，就可绘制一条直线。选中线段，此时在"属性面板"中出现线段的属性，如图 16.16 就可以设置线段的属性了。

图 16.16 线条属性

2. 铅笔工具

Flash 8 中预置了三种铅笔模式：伸直模式、平滑模式和墨水模式。选择"铅笔工具"后，在"工具箱"面板的"选项"中就会出现"铅笔模式"按钮，单击此按钮就会弹出铅笔模式菜单，选择一种模式，在属性面板中设置铅笔的属性，在舞台中拖曳鼠标绘制线段。

3. 椭圆工具和矩形工具

使用"椭圆工具"可以绘制椭圆图形，绘制图形分为外部线段和内部填充颜色两部分。单击"工具"中的椭圆工具按钮，单击"工具"中"颜色"按钮中的"笔触颜色"按钮，设置椭圆外部线段的颜色。单击"工具"中"颜色"按钮中的"填充色"按钮设置椭圆填充颜色。在舞台中按住鼠标左键拖曳鼠标绘制椭圆或圆形。矩形的画法跟椭圆形的画法基本一样，矩形在"选项"中多了一个"边角半径设置"，可以把矩形的角圆形化，如图 16.17 所示。

"矩形工具"还可以转换成"多角星形工具"，还可以画出多边形，还可以设置边的条数，如图 16.18 所示，设置边数是 6。

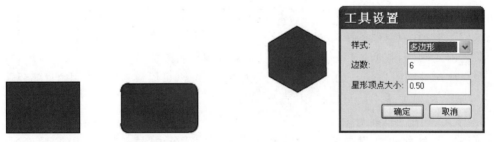

图 16.17 绘制不同效果矩形图   图 16.18 绘制多边形和设置边数

4. 钢笔工具

"钢笔工具"主要是用来绘制连续的直线或贝赛尔曲线的。单击"工具箱"中的"钢笔工具"按钮，在舞台中单击鼠标左键确定绘制曲线的第一个节点，确定图形的第二个节点，单击鼠标左键，此时两个节点连接成一条线段。将光标移动到其他位置，按住鼠标左键拖曳鼠标，会拖出一个控制手柄，拖动控制手柄调整出一条曲线，继续绘制直线或曲线，当结束时快速双击鼠标左键即可结束操作,如图 16.19 所示。

图 16.19　用钢笔工具绘制线条

5. 刷子工具、墨水瓶工具和颜料桶工具

"刷子工具"的使用方法与"铅笔工具"相同,不同的是"刷子工具"使用的颜色是"填充色",而不是线段的"笔触颜色"。"墨水瓶工具"用于填充线段的颜色,但不能填充图形的颜色。"颜料桶工具"正好相反,可以填充图形的颜色,但不能填充线段颜色。

习　　题

一、选择题

1. HTML 中标题标记是(　　)。
   A. <P>　　　　　B. <H>　　　　　C. <HR>　　　　　D. <A>
2. 下列(　　)是 HTML 的文件。
   A. index.html　　B. show.asp　　C. book.htm　　D. study.doc
3. Flash 文档的主要部分包括(　　)。
   A. 舞台　　　　　　　　　　　　B. 时间轴
   C. 库面板　　　　　　　　　　　D. ActionScript 代码

二、填空题

1. HTML 的格式非常简单,是由_____和_____组合而成。
2. Dreamweaver 8 中有_____、_____和_____3 种编辑模式。
3. HTML 提供了字体定位的三个标记_____、_____和_____。

三、简答题

写出 HTML 语言的基本框架。

四、操作题

1. 制作一个背景为黄色的简单网页。
2. 用 Dreamweaver 8 制作一个带有图片超链接的网页。
3. 了解 Flash 8 绘制图形并进行相应的属性操作。

附录 习题答案

第 1 章

一、选择题

1. ABCDE 2. ABCD 3. ABC 4. AB 5. ABCDEF 6. A
7. A、B 8. C 9. C 10. C 11. A、C 12. A、B、D
13. ACD 14. A、B、C、D

二、填空题

1. 数值计算、实时控制、数据处理
2. 1946
3. 电子管计算机、晶体管计算机、集成电路计算机、大规模集成电路计算机
4. ENIAC
5. 大规模集成电路和超大规模集成电路
6. 硬件系统、软件系统
7. 中央处理器
8. 存储程序、程序控制原理
9. 程序
10. 系统软件、应用软件
11. 主频
12. ROM、RAM
13. MIPS
14. 字长
15. 内存容量

三、简答题（略）

第 2 章

一、选择题

1. C 2. BCD 3. B 4. A 5. B

二、填空题

1. 原码、反码、补码
2. ASCII 码
3. 0～127、128～255

4. 10110101011.10001100111

5. 536.542

三、简答题（略）

第 3 章

一、填空题

1. 感觉媒体、表示媒体、显示媒体、存储媒体、传输媒体
2. 多媒体硬件系统、多媒体软件系统、多媒体应用程序接口、创作工具、多媒体应用系统
3. 创作工具
4. 多媒体核心系统（Multimedia Kernel System）
5. 多媒体计算机

二、简答题（略）

第 4 章

一、选择题

1. ABC   2. ABCD   3. ABCD   4. ABC   5. AB

二、填空题

1. 网络硬件、软件系统
2. 客户机
3. 网络应用软件
4. 诞生阶段、形成阶段、高速网络技术阶段、互联互通阶段
5. 物理层、数据链路层、网络层、传输层、会话层、应用层、表示层

三、简答题（略）

第 5 章

一、填空题

1. 程序或指令集合
2. 寄生性、隐蔽性、非法性、传染性、破坏性、可触发性、潜伏性
3. 通过计算机网络进行传播、通过硬盘传播、通过软盘和光盘传播

二、简答题（略）

第 6 章

一、选择题

1. B   2. A   3. D

二、填空题

1. 可靠性能的缺乏
2. 网络地址
3. 1995
4. TCP 协议、IP 协议

三、简答题(略)

第 7 章

一、选择题

1. B 2. D 3. B 4. C 5. B

二、填空题

1. 机器语言、汇编语言、高级语言、高级语言
2. 数据结构、算法
3. 自顶向下、逐步求精
4. 顺序、选择、循环
5. 自然语言、图形、算法语言、形式语言

三、简答题(略)

第 8 章

一、选择题

1. B 2. B 3. D 4. C 5. C

二、填空题

1. 过程、方法、工具
2. 计划、分析、设计、实现、测试、集成、交付、维护
3. 数据字典、实体-关系图、数据流图、状态-迁移图
4. ERD、DFD、STD
5. 强行排错、回溯法排错、归纳法排错、演绎法排错

三、简答题(略)

第 9 章

一、选择题

1. C 2. D 3. D 4. B 5. A

二、填空题

1. 人工管理阶段、文件管理阶段、数据库系统管理阶段
2. 层次数据模型、网状数据模型、关系数据模型
3. 一对一、一对多、多对多
4. 外模式(子模式、用户模式)、模式(逻辑模式)、内模式(物理模式、存储模式)
5. 需求设计、概念设计、逻辑设计、物理设计

三、简答题(略)

第 10 章

一、选择题

1. B 2. C 3. B 4. A 5. D 6. A

二、填空题

1. 裸机

2. 进程管理、文件管理、作业管理、设备管理

3. 批处理操作系统、分时操作系统、实时操作系统、网络操作系统、分布式操作系统

4. 进程管理、执行时间

5. 分布式操作系、数据共享

三、简答题(略)

第 11 章

一、填空题

1. 外设、计算机

2. 单击、双击、右击、拖动

3. 标题栏、状态栏

4. 窗口、菜单、对话框

5. Alt＋F4

二、操作题(略)

第 12 章

(略)

第 13 章

(略)

第 14 章

(略)

第 15 章

一、选择题

1. C　　　2. D　　　3. B

二、填空题

1. 子网掩码

2. 全文搜索引擎、目录索引搜索引擎、元搜索引擎

3. 网络标识、主机标识

三、简答题(略)

四、操作题(略)

第 16 章

一、选择题

1. B　　　2. A　　　3. ABCD

二、填空题
1. 文字、标记
2. 代码、设计、拆分
3. align=left、align=center、align=right

三、简答题（略）

四、操作题（略）

参 考 文 献

[1]　杨振山,龚沛曾,杨志强,等.计算机文化基础[M].北京:高等教育出版社,2003.
[2]　席小慧,王永玲.计算机软件技术基础[M].北京:北京邮电大学出版社,2004.
[3]　谭浩强.C程序设计[M].北京:清华大学出版社,2005.
[4]　张海藩.软件工程[M].北京:人民邮电出版社,2004.
[5]　蒋加伏,魏书堤.大学计算机基础[M].北京:北京邮电大学出版社,2007.
[6]　宋旭东,李瑞.计算机应用基础[M].北京:中国科学技术出版社,2006.
[7]　卢湘鸿.计算机公共基础[M].北京:电子工业出版社,2007.
[8]　路玲.大学计算机基础[M].北京:北京航空航天大学出版社,2005.
[9]　汪静,赵绪辉.计算机文化基础[M].大连:大连理工大学出版社,2004.
[10]　王秀玉.Internet基础与应用[M].南京:南京大学出版社,2007.
[11]　陈少红,吴萍.网页设计技术[M].北京:清华大学出版社,2007.
[12]　刘健康.Dreamweaver 8.0网页设计[M].北京:机械工业出版社.2006.
[13]　殷人昆.软件工程[M].北京:清华大学出版社,2004.
[14]　周登文.C++语言程序设计[M].北京:清华大学出版社,2004.
[15]　萨师煊,王珊.数据库系统概论[M].北京:高等教育出版社,2000.
[16]　赵坚,姜梅.数据结构(C语言版)[M].北京:中国水利水电出版社,2005.
[17]　冯建华.数据库系统概论[M].北京:清华大学出版社,2004.
[18]　赵致格.数据库系统及应用[M].北京:清华大学出版社,2004.
[19]　李秀,安颖莲,姚瑞霞等.计算机文化基础[M].北京:清华大学出版社,2005.
[20]　杨东慧,高璐.大学计算机应用基础[M].上海交通大学出版社.2019.
[21]　刘文香.中文版Office 2016大全[M].清华大学出版社,2017.

图书资源支持

感谢您一直以来对清华版图书的支持和爱护。为了配合本书的使用,本书提供配套的资源,有需求的读者请扫描下方的"书圈"微信公众号二维码,在图书专区下载,也可以拨打电话或发送电子邮件咨询。

如果您在使用本书的过程中遇到了什么问题,或者有相关图书出版计划,也请您发邮件告诉我们,以便我们更好地为您服务。

我们的联系方式:

地　　址: 北京市海淀区双清路学研大厦 A 座 701

邮　　编: 100084

电　　话: 010-83470236　010-83470237

资源下载: http://www.tup.com.cn

客服邮箱: 2301891038@qq.com

QQ: 2301891038（请写明您的单位和姓名）

用微信扫一扫右边的二维码,即可关注清华大学出版社公众号"书圈"。

书圈

扫一扫,获取最新目录

课程直播